KB004046

SF는
고양이 종말에
반대합니다

SF는 고양이 종말에 반대합니다

온 세상 작은 존재들과 공존하기 위해
SF가 던지는 위험한 질문들

김보영, 이은희, 이서영 지음

지상의 책

차례

일러두기

1. 본문에 소개하는 작품은 국내에 번역된 제목을 명기하되, 출간 당시 사회적 배경과 함께 볼 수 있기를 바라며 국내 출간이 아닌 원서 출간 연도를 표기했다. 같은 이유로 국내 작품이 웹진이나 인터넷 플랫폼에서 책 출간보다 먼저 발표된 경우, 처음 작품이 발표된 연도를 표기했다. 국내 단행본 출간 정보는 미주에 정리했다.
2. 《SF는 고양이 종말에 반대합니다》는 2019년에 출간된 《SF는 인류 종말에 반대합니다》의 시퀄 격 이야기로, 전작을 읽지 않고 읽어도 무방하지만, 함께 읽으면 더 재미있다. 작품에서 언급되는 '서기자', '상덕', '공순', '봉봉'은 《SF는 인류 종말에 반대합니다》 속 주인공들이다.

세상 끝의 SF 이야기

"그러면 앞으로 인간은 어떻게 되나요?"

검은 고양이가 걱정스레 물었다.

"다시는 볼 수 없게 되겠지. 오늘 밤 이후로는."

하얀 고양이가 모래바람이 몰아치는 창밖을 바라보며 사뭇 비장하게 말했다.

창밖은 자욱했고 하늘은 흙빛이었다. 한 치 앞도 보이지 않는 짙은 거센 바람이 사납게 몰아치고 있었다. 하얀 고양이는 털이 복슬복슬하고 팔다리가 짧고 포동포동했고, 까만 고양이는 털이 짧고 길쭉하고 날씬한 체형이었다.

"음, 저기, 에, 그러니까, 영주님, 그게 좋은 일일까요?"

검은 고양이가 조심스레 물었다.

"인간 따위 세상에 없는 편이 나아!"

하얀 고양이가 '하악' 소리를 냈다.

"인간에겐 좋은 점이라곤 하나도 없어!"

"음, 하지만 영주님, 인간도 좋은 점이 많다고요."

"무슨 좋은 점!"

그때 누가 두 고양이 사이에 연어참치캔이 담긴 접시를 밀어 넣었다. 검은 고양이가 꼬리를 높이 세우고 파르르 떨며 냉큼 달려들자 하얀 고양이가 검은 고양이의 정수리를 앞발로 툭 쳤다.

검은 고양이가 슬금슬금 물러나 양보하자 두 번째 접시가 검은 고양이 앞에 놓였다. 검은 고양이는 냉큼 코를 박고 챱챱 소리를 내며 먹기 시작했다.

둘은 접시를 바닥까지 싹싹 비우고 난 뒤, 마주 보며 앞발에 혀를 묻혀 세수하고는 다시 아무 일 없었다는 듯 도로 통유리창을 향해 엉덩이를 맞대고 앉아 밖을 내다보았다.

"그래, 인간에게 좋은 점이 뭐가 있단 말이냐!"

검은 고양이가 힐끗 캔 접시를 돌아보았다. 대꾸는 하지 않았지만 의지와 관계없이 움직이는 긴 꼬리가 캔 접시를 톡톡 건드렸다.

"내 마음은 정해졌다! 아무리 고로롱 별에서부터 나를 보좌한 너라도 내 마음을 돌릴 수 없을 것이니라!"

하얀 고양이가 풍성한 꼬리를 좌우로 세게 팡팡 휘저었다. 꼬리가 까만 고양이의 등을 팡팡 치는 바람에 까만 고양이가 '냥', '냥', 하며 움찔움찔했다.

"뭔가 방법이 없을까……."

까만 고양이가 고개를 푹 숙이며 중얼거렸다.

백설기

고로롱 별 꾸릉성 영주. 오래전 환경이 파괴된 고로롱 별에서 주민들을 데리고 지구에 대피해 와서, 고양이로 위장해 살고 있었다. 그러다가 최근 어째서인지 인간에게 크게 화가 나서, 오늘 밤 주민을 데리고 고로롱 별로 돌아가려 하고 있다. 화난 이유는 아무래도 가족처럼 아끼는 호위장군 양갱이 기억을 잃은 일과 관계가 있는 듯한데……. 이야기 듣는 것을 좋아한다.

양갱

고로롱 별에서부터 백설기 영주를 보좌한 호위장군. 연어 참치캔을 몹시 좋아한다. 영주님이 화난 이유는 도통 모르겠지만 정든 지구를 떠나기 싫어 어떻게든 귀환을 말릴 궁리를 하고 있다.

그 사이에 또 손이 쓱 다가와 싹 비워진 캔접시를 들고 계산대로 돌아갔다. 그 사람은 접시를 깨끗이 씻고, '백설기', '양갱' 글씨가 쓰인 접시를 따로 정리했다.

"고양이 밥 주는 것 도와줘서 고마워요, 작가 씨."

정직원이 2층에서 책을 한 아름 들고 비틀비틀 내려오며 말했다.

"길고양이 둘이 모래에 파묻혀 있는 게 불쌍해서 들여놓기는 했는데, 제가 고양이 알레르기가 있어서, 다, 다가갈 수가……, 에, 엣취!"

"뭘요. 나야말로 신세 지는 처지인데."

계산대에서 그릇을 정리하던 신작가가 말했다. 며칠 집에 못 간 듯, 부스스한 머리에 너저분한 차림새였다. 신작가가 빗지 않은 머리를 긁적였다.

"아무래도 오늘도 집에 못 가게 생겼네요."

"사상 최악의 황사래요. 사장님이 손님도 안 올 테니 책방 문 닫고 집에 가랬는데, 이런 날은 집에 가는 게 더 위험하겠어요."

서울 북쪽, 다소 외진 곳에 자리한 과학 전문 책방 '모모'. 과학책만 파는 것을 내세우는 책방이지만, 소설 칸이 모두 SF로 채워진 SF 전문 서점이기도 했다. 1층은 카페를 겸하고 2층에는 작가에게 대여하는 작업실이, 지하에는 강연이나 모임을 위한 공간이 있는 테마 서점이다.

창밖으로는 사막처럼 모래바람이 몰아치고 있었고, 거리를 오가는 사람은 하나도 보이지 않았다. 서점에도 손님 하나 없이, 아르바이트하는 정직원과 2층 작업실에 머물고 있는 신작가 두 명뿐이었다. 그리고 창틀에서 창밖을 보는 고양이 두 마리.

"직원 씨 새로 알바하는 곳에 작가 작업실 있대서 잠깐 구경만 하러 왔는데, 설마 이렇게 반강제로 숙식까지 하게 될 줄은 몰랐네요. 먹을 것도 있고 책도 많으니 나름 지내기는 좋지만요."

그때 찌르는 듯한 경고음과 함께 작가와 직원의 스마트폰에서 재난문자가 울렸다.

[중앙재난안전대책본부] 강한 황사와 강풍 경고. 외출 및 야외활동 자제 바랍니다. 위험 지역에서는 대피 명령 시 즉시 대피하세요.

[서울소방본부] 황사로 119 신고 전화가 집중되고 있습니다. 비긴급 신고는 110번을 이용하시고…….

[행정안전부] 오늘 07:00 황사와 강풍 경보, 위험 지역 대피, 외출 자제 등 안전에 주의 바랍니다.

직원은 핸드폰을 보다가 아, 하고 탄식했다.

"왜요? 무슨 일 있어요?"

"취재 약속이 또 취소됐어요. 하긴, 누가 이런 날씨에 나오려고 하겠어요."

직원은 책장에 기대어 바닥에 털썩 주저앉아 다리를 동동 굴렀다.

"어쩌지, 기사 마감이 코앞인데, 책방에 갇혀 나갈 수 없는 처지라니. 이제야 겨우 꿈에 그리던 과학잡지 수습 기자가 됐다고 기뻐했는데, 첫 기사도 못 내고 잘리게 생겼네."

직원이 훌쩍이는 사이에 작가는 멍하니 창밖을 바라보았다.

"꼭 영화 〈인터스텔라〉에서 본 풍경 같네요……."

"아, 그 영화! 저도 봤어요. 지구 환경이 파괴되어서 인류가 우주로 이주하지요?"

"네, 물론 아무리 지구 환경이 나빠져도 우주가 지구보다 좋은 환경일 날은 오지 않겠지만요."

"왜요?"

직원이 고개를 갸웃했다.

"당연하잖아요. 우리는 이 지구라는 환경에 맞추어 진화한 생물이에요. 중력, 대기압, 대기 구성, 온도, 하루나 1년의 주기마저도, 모든 생체 조건이 지구라는 별에 맞춰져 있단 말이죠."

"그래도 우주 어딘가 지구와 같은 행성도 있지 않을까요?"

"적어도 우리의 시야가 닿는 곳에는 없지요. 그런 행성으로 갈 기술이나 비용을 생각하면 지구를 살리는 편이 백배 싸요. 그리고 지구에도 미개척지가 많아요. 이를테면, 지구가 온난화로 극단적으로 더워진다고 해도, 다른 행성으로 이주하느니 극지방으로 이주하는 것이 낫단 말이지요."

"그러면 지구가 오염되어 우주로 진출하는 이야기는 왜 그렇게 많은 걸까요?"

왜 우리는 SF를 쓰는가

"모험과 개척의 은유지요. 마거릿 애트우드Margaret Atwood가 《나는 왜 SF를 쓰는가》[1]에서 그랬잖아요. '본래 창작의 근원은 신화와 민담이다. 하지만 현대에 신화와 민담을 창작하려는 사람은 자기도 모르게 SF를 쓰게 된다.'"

"어? 그게 무슨 소리죠?"

작가는 SF 이야기가 나오니 얼굴이 발갛게 상기되어 직원 앞에 털썩 앉았다.

"옛날에는 새로운 세계로 가려면 그냥 배를 타고 새로운 섬으로 떠나기만 하면 됐어요. 토머스 모어의 《유토피아》[2]도, 조너선 스위프트의 《걸리버 여행기》[3]도 그랬지요. 그때는 아직 알려지지 않은 섬이 많았으니까, 작가가 지구 어딘가에 알려지지 않은 나라가 있다고 해도 독자들이 믿을 수 있었다는 말이죠."

작가의 SF talk!

《유토피아》, 토머스 모어 Thomas More, 1516

영국의 사상가 토머스 모어가 쓴 이상향의 낙원에 대한 소설. 소설의 형태로 대안 사회를 제시하며, 이후 '유토피아'는 현실에 없는 이상향을 뜻하는 말이 되었어요. 탐험가 라파엘이 토머스 모어에게 미지의 섬을 소개하는 것으로 시작하지요.

《걸리버 여행기》, 조너선 스위프트 Jonathan Swift, 1726

영국의 작가 조너선 스위프트가 당시 시대와 사회를 풍자한 소설. 걸리버는 소인국 릴리퍼트, 거인국 브롭딩낵, 하늘의 섬 라퓨타, 말의 나라 휴이넘을 여행하는데, 주로 조난을 당해 미지의 섬이나 장소에 도착하는 것으로 시작해요. 두 소설 모두 SF의 효시로 보기도 해요.

"하지만 이제 우리는 지구의 모든 섬을 알아요. 그러니 지구 어딘가에 신비한 섬이 있다는 이야기를 독자가 믿을 수가 없는 거죠.

잠깐은 땅속이나 하늘나라로 갔지만, 이제는 거기에 아무것도 없다는 것도 모두 알지요. '옛날 옛적에'로 시작하려 해도, 우리는 이제 과거의 일도 너무 잘 알아요. 결국 작가가 미지의 세계로 가고 싶거나 새로운 상상을 펼치려면, 우주로 나가거나, 다른 행성으로 가거나, 미래로 가는 수밖에 없다는 거죠. 그런데 그런 이야기는 SF가 된다는 거죠."

"아항."

직원이 고개를 끄덕였다.

"마거릿 애트우드는 오랫동안 자기가 SF를 쓴 적이 없다고 생각해 왔대요. 그러다가 어슐러 르 귄Ursula K. Le Guin이 '아니, 재는 저렇게 훌륭한 SF를 쓰면서 자꾸 자기가 SF를 안 쓴대' 하고 투덜거리는 바람에, '응? 이게 무슨 소리야? 내가 SF를 쓴다고?' 하고 어리둥절해하다가, 르 귄과 한참 이야기를 나눈 뒤, '아이쿠, 내가 SF를 썼구나!' 하고 깨달았다고 해요. 현대사회에서 과학이 세상을 이해하는 보편적인 기준이 되면서, SF는 의도하지 않아도 자연스럽게 생겨나는 창작의 형태가 되었다는 거죠."

직원이 "아……" 하고 고개를 끄덕이며 한참 작가를 보다 손뼉을 딱 쳤다.

"그래! 작가 씨가 제 취재 기사를 도와주시면 되겠네요!"

직원이 작가의 손을 덥석 잡았다.

"에? 내가요?"

"어차피 저나 작가 씨나 이 책방에 갇혔고, 전 이제 다른 사람은 만날 수도 없는 처지고, 세상은 오늘 멸망할지도 모르고, 작가 씨가 제가 마지막으로 취재할 수 있는 인류 최후의 사람일지도 모르잖아요!"

"……그렇게까지?"

"상덕 씨나 공순 씨도 계셨더라면 좋았겠지만, 이런 날씨에 오라고 부를 수도 없으니……."

그때 창밖을 보던 직원이 깜짝 놀랐다. 모래에 뒤덮인 사람이 유리문에 얼굴을 대고 달달 떨며 애타게 두드리고 있었다. 그 사람은 유리문에 입김을 불고 '살려주세요'라고 삐뚤빼뚤 쓰고 있었다.

어둡고 바람 부는 낮, 서점에 모인 네 사람

직원이 문을 열어 주자 모래로 뒤덮인 거무스름한 형체가 서점 바닥에 우당탕 소리와 함께 쓰러졌다.

"'빈곤은 위계적이지만 스모그는 민주적'이라더니 그 말이 정답이구나……."

쓰러진 사람이 중얼거렸다. 직원이 싱크대에서 수건을 따듯한 물에 적셔 달려오다가 고개를 갸웃했다.

"응? 이게 무슨 소리죠? 아파서 헛소리하는 건가요?"

"돈만 있으면 모든 걸 누리며 잘살 것 같지만 결국 산업사회의 부산물인 재난은 모두에게 평등하게 닥친다는 거죠……."

"너 한단결이구나?"

직원이 수건으로 얼굴을 닦아 드러내기도 전에 작가가 눈치채고 말했다.

"아, 작가 언니, 반가워……. 버스도 끊겼고, 집에 갈 길도 막막하고, 언니가 여기서 작업한다던 말이 생각나서 목숨 걸고 여기까지 도망쳐 왔지 뭐야."

직원은 단결의 신발을 벗겨 주고 다리까지 꼼꼼하게 잘 닦아 주었다. 모래를 닦아 낸 단결은 자그마한 체형에 머리에 큰 리본을 달고 예쁜 원피스를 입고, 가방에는 온갖 배지를 주렁주렁 단 차림이었다. 세월호 노란배 배지, 페미니스트 배지, 4·3이라고 쓰인 동백꽃 모양 배지, 노동자 인권 배지, '혐오에 반대한다' 배지 등등. 에코백에도 '환경을 지키자'라는 문구가 크게 쓰여 있었다.

직원은 단결을 닦아 주고는 자판기에서 따듯한 커피를 뽑아서 들고 왔다. 단결은 커피 냄새를 맡자마자 발딱 일어나 꼴깍꼴깍 마셨다.

"도망치다니, 누구한테서요?"

직원이 물었다.

"너 또 시위하러 왔었구나? 또 경찰한테 쫓긴 거야?"

작가가 단결의 머리를 수건으로 털어 주며 물었다.

"아냐. 종교단체한테."

"종교단체에서는 또 왜 널 쫓아왔는데?"

"동성결혼 합법화 시위하러 왔는데, 길 건너에서 동성애 반대 집회가 크게 열린 거야. 황사 때문에 다들 신경이 날카로워졌는지, 갑자기 싸움이 나는 바람에……."

그때였다. 창틀에 뒤돌아 앉아 있던 양갱의 꼬리가 번뜩 들리더니, 두 귀가 쫑긋 섰다. 양갱이 힐끗 뒤를 돌아보았다.

"앞은 안 보이지, 사람들은 쫓아오지……. 꼭 《듄》의 아라키스 행성 같고, 모래벌레가 '크앙' 하고 나올 것만 같고, 《어둠의 왼손》의 게센 행성 같고, 눈 덮인 벌판을 헤매는 것 같고……."

"어……. 단결 씨도 SF 좋아하시나 봐요."

직원이 묻자 단결이 갑자기 눈을 부릅뜨고는 단호하게 답했다.

"아니거든요. 저 SF 안 좋아하거든요. 전 작가 언니 같은 덕후 아니거든요. 전 아주 평범한 사람이거든요."

신작가가 옆에서 나직이 읊조렸다.

"《시녀 이야기》."

"마거릿 애트우드!"

"《바스라그 연대기》."

"아아, 차이나 미에빌! China Mieville"

"SF 안 좋아한다고?"

"《듄》은 환경소설이고 《어둠의 왼손》과 《시녀 이야기》는 여성학의 고전이고 《바스라그 연대기》는 자본주의 비판 소설이거든?"

그때 모두의 스마트폰에서 재난문자가 울렸다. 셋이 다 같이 자기 스마트폰을 들여다보았다.

[행정안전부] 14:00시를 기해 XX구 황사 강풍 1급 경보 발령. 차량 이동이 전면 통제됩니다. 군민 여러분께서는 가까운 민방위 시설로 대피하시고 차량은 도로 우측 차선에 정차한 후 라디오를 청취하여 주시기 바랍니다.

"오늘 아무래도 **인류 종말의 날**인가 봐."

한단결이 말했다.

"왠지 그 말 고딕체로 들린다."

신작가가 말했다.

"어차피 종말의 날이면 여기서 책이나 실컷 읽다 보내야겠다……. 하루 대여비 얼마예요?"

"여기 만화방 아닌데요."

직원이 눈을 말똥말똥 뜨고 답했다.

"하지만 어차피 모두 갇힌 처지니까, 갇힌 사람들끼리 황사 가라앉을 때까지는 같이 잘 지내 봐요."

"고양이!"

"예?"

"고양이가 있었잖아! 귀여워!"

단결이 환호하며 우당탕탕 고양이들을 쫓아가는 바람에, 백설기와 양갱이 꺄옹, 꺄옹 하며 책상 밑으로 책장 위로 이리저리 도망쳤다.

"어……, 감정이 좀 급변하시는 분이네요."

직원이 수건을 정리하며 말했고 작가가 무심히 말했다.

"네, 그래서 구경하면 재밌어요."

그때 문득 창밖을 내다보던 직원은 현관으로 다가가 바람에 밀리는 문을 힘겹게 열고 밖을 내다보았다.

"거기 서 있지만 말고 안에 들어오세요!"

직원이 말을 붙인 사람은 책방 처마 밑에서 황사를 피하던 노부인이었다.

키 크고 늘씬한 체형에 깔끔하게 잘 다린 옷을 입은 사람이었다. 모래바람에 코트와 모자와 머리카락이 마구 휘날리는 가운데서도 흔들림 없이 꼿꼿이 서 있었다.

"아까 오셨던 손님이시죠? 지금 차량 통제한다는 문자 떴어요. 차 안 다닐 거예요. 들어와서 기다리세요."

"아니, 괜찮아."

노부인이 손을 까닥이며 말했다.

"황사에는 질소산화물이 섞여 있는데, 이 질소산화물은 종이를 열화시켜 종이 강도를 떨어트리거든……."[4]

"네?"

직원이 어리둥절해하자 노부인이 제 몸을 이리저리 훑어보며 말했다.

"말하자면 이 모래는 책에 나쁘단 말이지. 이렇게 모래 묻히고 들어가면 책 상해요."

직원은 잠깐 그 문제를 생각해 보다가 물었다.

"어……. 잘 모르겠지만 그거 사람 몸에도 나쁘지 않은가요?"

"그렇지."

"그럼 들어오시는 게 낫지 않을까요?"

노부인은 잠시 생각에 잠겼다. 그 사이에 서점 안에서는 고양이와 단결의 쫓고 쫓기는 추격전이 벌어지고 있었다. 직원이 노부인이 혹시 잠들었나 생각할 무렵에 노부인이 마침내 천천히 입을 열었다.

"그 말이 맞네. 나도 자연의 일부니, 보호해야지."

"자연의 일부가 아니라도 보호해야 하는데요……."

직원이 고개를 갸웃했다.

"손님도 책 좋아하시죠? 들어오셔서 황사 가라앉을 때까지 우리 같이 책이나 봐요."

직원은 문에 달린 'OPEN' 팻말을 뒤집어 'CLOSED'로 바꾸었다.

moon
SF
SF

신작가

과학책방 모모에 작가 작업실이 있다는 말을 듣고 구경 왔다가, 황사로 벌써 사흘째 책방에 갇혀 있다. 책과 먹을 것이 있어서 나름대로는 즐기고 있다. 예전보다 덕력이 늘었다.

지식 ■■■□□□□□□□

덕력 ■■■■■■■■□□□

한단결

매일 시위 현장을 쫓아다니는 어린 사회운동가. 종로에서 시위하다 싸움이 나는 바람에 아는 신작가 언니가 작업하고 있다는 책방으로 도망쳐 왔다. SF를 많이 보지만 모두 사회과학 서적이라고 주장한다. 귀여운 것을 좋아한다.

지식 ■■■■■□□□□□

덕력 ■■■■■□□□□□

노학자

은퇴한 늙은 생물학자. 손녀에게 선물할 책을 사러 왔다가 황사로 대중교통이 끊겨 집에 가지 못하게 되었다. 소설은 잘 안 보지만 드라마와 영화를 좋아한다. 책방에 갇힌 사람들이 SF를 좋아하는 듯해서 손녀에게 무슨 책을 선물할지 물어보려 한다.

지식

덕력

정직원

예전에 SF 영화제에서 아르바이트하던 직원. 그 후 SF에 관심이 생겨 지금은 과학책방 모모에서 아르바이트하고 있다. 서 기자를 동경하여 기자가 되기로 결심했고, 작은 과학잡지사에 수습 기자로 합격하여 막 첫 기사를 준비하고 있었다. 하지만 황사로 취재 약속이 연이어 취소되는 바람에, 이 책방에 갇힌 사람들을 취재해 보려고 궁리하고 있다.

덕력

호기심

1부

명징한 이분법을

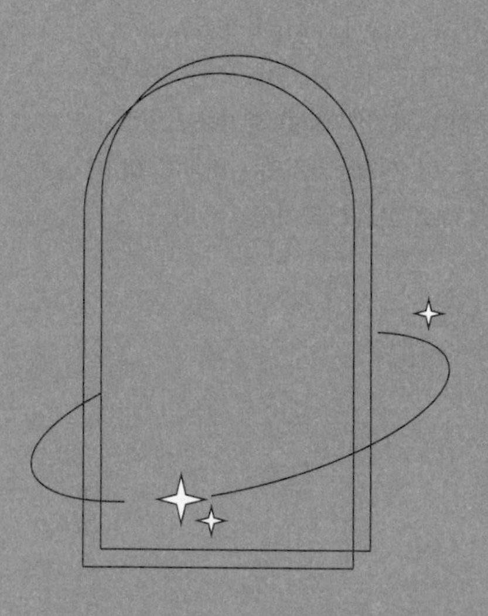

좋아하는 너에게

다양성 공존을 묻는 위험한 질문

1장

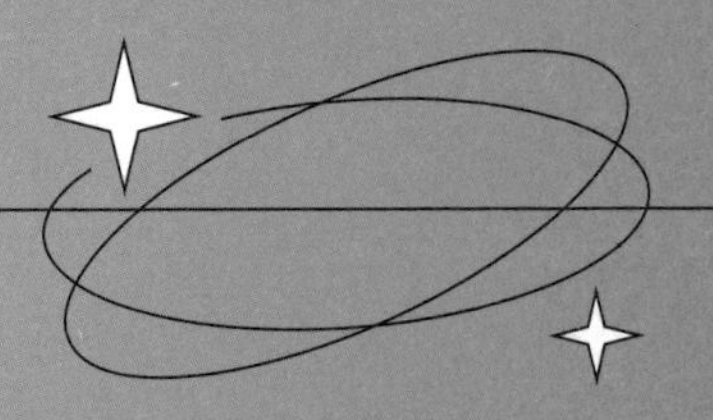

세상이 이렇게 넓은데,
생물의 성별은 두 개뿐?

옥타비아 버틀러의 〈블러드차일드〉와 성별이분법의 허상

"시위에서 싸움……."

통유리창 앞에 앉은 양갱은 아까 문득 들었던 말을 되새기며 꼬리로 바닥을 쓸며 생각에 잠겨 있었다. 단결을 피해 한참 달리기하느라 털이 부스스해진 바람에, 간혹 고개를 돌려 등을 핥아 털을 정리해야 했다.

"왜 그러느냐?"

백설기가 오랜만에 달리기하는 바람에 지쳐 창틀에 액체처럼 퍼진 채로 물었다.

"뭔가 기억이 떠오를 것 같아서 말입니다. 시위에서 싸움이 난 적이 있었던 것 같아요. 그때 제가 겁이 나서 도망치다가……. 도망치다가……."

납작하게 퍼져 있던 백설기가 그 말에 뚱한 표정을 지었다.

"아, 제가 기억을 잃었던 사건 말입니다. 시위가 있었던 날이었다는 기분이 드는데요……."

"양갱아."

"네."

"그런 건 그만두고, 뭐 재미있는 이야기 좀 해 보거라."

"예? 제가 말입니까?"

양갱의 꼬리가 너구리처럼 팡 터졌다.

"그래, 저 산짐승 같은 인간이 내 힘을 다 빼놔서 당장은 못 떠나겠다. 조금 누워 쉬어야겠으니 뭐든 이야기해 보거라."

양갱은 한참 꼬리가 팡 터진 채로 석상처럼 얼어붙어 있었다.

"……죽었느냐?"

"……어, 어흠, 라면과 참기름이 싸웠는데 라면이 잡혀갔습니다. 왜 그랬을까요?"

"왜 그랬는데?"

"참기름이 고소해서……."

"……."

"참기름도 잡혀갔습니다. 왜 그랬을까요?"

"……."

"라면이 다 불어서……."

"……."

"알고 보니 소금이 한 짓이었습니다. 왜 그랬을까요? 소금이 다

짜서…….”

백설기가 납작해진 몸을 홱 뒤로 뒤집었다. 누운 채로 움직이느라 잠시 짧은 팔다리를 공중에 휘저어야 했다.

“죄, 죄송합니다. 제가 이야기 짓는 재주가 없어서…….”

양갱은 한참 창밖을 보다가, 무슨 생각이 들었는지 귀를 쫑긋 세우고는 백설기의 보슬보슬한 등을 코끝으로 톡 찔렀다.

“음, 영주님, 인간들은 연어참치캔 외에도 장점이 있습니다.”

“뭐가 말이냐.”

“이야기를 참 잘합니다.”

백설기는 듣기 싫은 듯 귀를 탁 접었다.

“영주님께서는 아직 인간들 집에서 살아 보신 적은 없으시지요? 그래서 잘 모르시겠지만, 인간들은 ‘소설’이라는 것을 만듭니다.”

“‘소설’이라는 게 뭔데?”

“가짜 이야기를 길게, 재미있게, 생생하게 만든 겁니다. 듣다 보면 정말 신기합니다. 가짜 이야기인데 꼭 진짜 같거든요.”

“흥.”

백설기가 이미 접은 귀를 한 번 더 소리 내어 탁 접었다.

“아까부터 저 인간들이 ‘소설’에 대해 이야기하고 있더군요. 한 번 들어 보시면 어떻겠습니까?”

• • •

"그래? 남자가 임신하는 장르가 있다고?"

학자가 단결에게 물었다.

그새 금방 친해졌는지, 학자는 편하게 말을 놓고 있었다.

학자는 냉장고에서 맥주캔을 꺼내 '치익' 따서는 마셨다. 학자는 마침 단결에게, 손녀에게 무슨 책을 선물하면 좋을지 물어보던 참이었다.

"그럼요, 비엘에서 엄청 인기 있는 장르예요."

단결은 소파에 길게 누운 채로, 팔걸이에 다리를 올려놓고 발을 까닥까닥하며 그것도 모르냐는 듯이 말했다.

"비엘은 또 뭐니?"

"비엘BL, 보이즈러브Boy's Love, 그러니까, 남자끼리 사랑하는 장르예요. 그중에 임신할 수 있는 남자가 나오는 장르가 따로 있어요. 메이저라고요. 얼마나 인기인데요."

"남자가 남자끼리 사랑하면, 여자는 뭘 해? 여자도 여자랑 사랑해?"

소파 아래 바닥에 주저앉아 책을 보던 작가가 물었다.

"언니는 그게 무슨 질문이야?"

단결이 어이없다는 듯이 되물었다.

"왜, 물어보면 안 돼?"

"언니는 여자가 비엘도 안 봐?"

"여자는 다 비엘 봐?"

그 말에 단결은 생각에 잠겼다.

"음, 그건 모르겠다. 아무튼 여자도…… 그 세계에서는 뭔가 하겠지? 남자랑 사랑하기도 하고 여자랑도 사랑하겠지?"

"근데 소설에 여자는 안 나오고?"

"응. 안 나와. 여자끼리 사랑하는 장르는 지엘Girl's Love; GL이라고 있어. 거기에는 또 남자가 안 나오는데……."

"그 참 희한하네."

학자가 맥주를 한 모금 마시며 말했다.

"뭐가요?"

"아까 오면서 광화문 광장에서 동성애 반대 시위하는 것을 봤거든."

"네, 제가 바로 거기서 왔어요."

단결이 시무룩해져서 말했다.

"다툼이 격해져서 위험한 상황이었는데 모래바람에 숨어서 겨우 도망쳤어요."

"희한하지 않니? 그러니까, 세상에는 동성애를 반대하는 사람들이 그렇게 많잖니."

"그렇지요……? 저렇게 열심히 시위까지 할 정도로요."

"동성애를 차별하면 안 된다는 말 때문에 차별금지법도 반대하고, 동성애를 차별하면 안 된다는 말 때문에 학생인권조례도 폐기하려 하고, 동성애자들이 같이 살게 된다면서 생활동반자법도 반대하는데, 로맨스에서는 동성애 장르가 대인기인데 거기다 남자가 임신하기까지 하는 장르가 메이저라고?"

"음, 그건……."

"왜 갑자기 남자가 임신하는 이야기예요?"

음료수와 디저트를 쟁반에 한 아름 받쳐 들고 온 직원이 물었다.

"아, 학자 선생님 손녀한테 이 책 추천해 드리려다 나온 이야기예요. 이거, 남자가 임신하는 이야기거든요."

단결이 팔랑팔랑 흔드는 책에는《블러드차일드》[1]라는 제목이 쓰여 있었다.

"응, 나도 좋아하는 책이야."

작가가 말했다.

"무슨 내용인데요?"

직원이 쟁반을 내려놓으며 물었다.

작가의 추천 도서

〈블러드차일드〉, 옥타비아 버틀러 Octavia E. Butler , 1984

이 단편은 인간보다 강한 외계인이 지구를 정복한 세계의 이야기예요. 그 외계인은 곤충처럼 생겼고, 인간의 몸에 알을 낳아 번식하는 대신 인간을 돌봐 주지요. 외계인과 인간은 공생관계이자, 지배하고 지배받는 관계예요. 주인공 소년은 인간의 몸을 찢고 유충을 꺼내는 끔찍한 출산 현장을 목격하고, 누나 대신 자신이 출산하겠다고 말해요. 외계인은 주인공을 평생 사랑해 주겠다고 약속하지요.

"으, 그로테스크하네요."

직원이 오싹해하며 말했다.

"네, 여성학적인 관점에서 흥미롭고요."

단결이 답했다.

"역시 단결이 너 SF 좋아하잖아!"

작가가 방실방실 웃으며 말했다.

"여성학적인 관점에서라고 했거든?"

"아무튼, 감상이 어땠어?"

 흥미로웠어.

 어떤 점이?

 사회적으로 여성 신체가 가지는 핵심 요소를 임신으로 보는 경향성이 있잖아. 여성이 임신할 때 요구되는 정서적인 부분을 남성이 재현하잖아. 외계인에 의해 임신할 것이 예정된 그 남자는 두려워하기도 하고, 불안해하기도 하고, 억울해하기도 하지만, 자기를 임신시킬 외계인에게 애정을 느끼고, 기대고 싶어 하기도 하고 말이야. 말하자면, 로맨스에서 여성이 보이는 모든 태도를 그 남자가 느낀다는 점이 흥미로웠어.

 아, 임신이 남성이 체험할 수 없다고 보는 여성 속성의 극단적인 예라는 거지?

 응, MTF Male to Female, 그러니까 남자에서 여자로 성전환한 트랜스젠더 여성을 배척하는 사회적인 이유 중 하나로 임신을 못 한다는 점을 들기도 하니까.

트랜스젠더 transgender

자신을 정체화하고 표현하는 성별정체성이 태어날 때 지정된 성별과 같지 않은 사람을 말해. 성별정체성은 자신을 남성, 여성 또는 제3의 성별로 느끼는 내적 감정을 뜻해.
트랜스젠더에는 MTF, FTM Female to Male 이 있어. MTF는 본래는 남성으로 태어났지만 성별정체성이 여성인 사람을 말하고, 트랜스여성 또는 성전환여성으로 불러. FTM은 반대로, 본래는 여성으로 태어났지만, 성별정체성이 남성인 사람을 말하고, 트랜스남성 또는 성전환남성이라고도 하지.[2]

그게 무슨 소리야? 임신이 왜 중요해? 임신이 안 되는 여자는 많잖아. 임신하지 않는 여자도 많고.

맞아. 말이 안 되지. 사실 내 친구 중에 MTF, 트랜스여성이 있는데, 그 친구는 인공 자궁이 생기면 사람 몸에 이식되는 형태였으면 좋겠다고 하더라고.

트랜스여성, 트랜스남성

잠깐! 혹시 착각하는 건 아니겠지? 트랜스젠더를 이해하지 못하는 사람은 트랜스남성과 트랜스여성의 개념을 거꾸로 생각해. 다시 말하지만, 내 친구인 트랜스여성은 남자로 태어났지만 성별정체성이 여성인 사람이야. 그래서 자궁이 없는 거야.

"오." 하고 감탄하며 듣던 직원은 소파에 앉아 가방에서 아이패드와 무선 키보드를 꺼내어 식탁에 올려놓고 치기 시작했다. 작가가 말을 받았다.

내가 이 소설에서 흥미로웠던 점은 사랑과 폭력이 공존하는 공생관계였어. 인간이 결국 폭력적인 외계인을 어쨌든 사랑하고 함께 살아가는 모습 말이지. 옥타비아 버틀러의 다른 소설인 《킨》[3]에서도 주인공은 자신에게 몹시 폭력적인 백인과 같이 살아가. 《와일드 시드》[4]에서도 폭력적인 초월생명체와 살아가고. 적대적인 존재와 공존하는 이야기가 놀라웠는데, 그게 아마 미국 사회에서 흑인이, 그것도 가난한 흑인 여성이 생존하는 모습이 아닐까 싶었어. 백인에게 수탈당할 수밖에 없지만, 그렇다고 그들을 없앨 수도 없고, 밉지만 증오할 수는 없고, 용서는 못 해도 사랑할 수는 있고, 그저 사회구성원으로서 같이 살아가는 존재로 받아들이는 것 말이야.

직원이 고개를 끄덕이며 열심히 받아 적자, 단결이 목을 빼고 물었다.

"응? 직원 씨, 뭘 적는 거예요?"

실제로 세상은 그렇게 돌아가잖아. 국가가 국민에게 폭력을 행하고, 국민끼리도 서로 미워하고, 폭력을 쓰고, 저 동성애 반대 시위하는 단체들만 봐도 그렇잖아. 하지만 서로 이해할 수 없어도, 용납할 수 없어도, 때로는 가치관에 반해도, 그래도 공존을 택하는 것이 우리가 사는 사회라고 생각해. 우리는 서로 사랑할 수 있는 사람들끼리만 공존할 수 있다고 생각하지만, 그게 아니라 미워하고 적대하는 사람들끼리도 공존하는 것이 사회라는 거지.

맞아, 더해서 나는 성별이분법에 불편감을 발생시키는 이질성이 좋았어. 오메가버스처럼 말야.

오메가버스가 뭐야?

그런데, 정말 직원 씨 뭘 적는 거예요?

"아, 제가 과학잡지에 취재 기사를 내야 하는데, 보다시피 우리 모두 여기에 갇혀 버렸잖아요."

직원이 황사가 몰아치는 창밖을 가리켰다.

"여러분이 제가 취재할 수 있는 이 세상 마지막 인류일 수도 있으니 여러분을 취재해서 기사를 내 보려고 해요. 이렇게 시작할 거예요. '어둡고 바람 부는 낮이었다. 세상의 멸망이 예정된 날, 서점에 갇힌 네 사람, 미래의 인류에게 남길 책을 선정할 토론을 시작하는데…….'"

"……그렇게까지?"

단결이 미심쩍어했다.

"오호, 취재 기사라."

학자가 맥주를 한 모금 마시며 흥미로운 듯 말했다.

"예, 제 첫 기사예요! 잘 쓰면 잡지사에서 수습에서 정식 기자로 올려 준다고 했어요."

직원이 기쁜 얼굴로 말했다.

"그렇다면 나도 한번 거들어 보아야겠구나."

"너무 부담 갖지 말고 가볍게 대화해 주세요. 방금 누가 이야기하고 계셨죠?"

소파에 누워 있던 단결이 손을 번쩍 들었다.

"제가 오메가버스에 대해 말하고 있었어요."

"아까도 이야기했었지, 남자가 임신하는 세계라고 했던가?"

학자가 맥주를 잔에 따르며 물었다.

단결의 SF talk!

오메가버스

비엘 로맨스 세계관 중 인기 있는 장르예요. 이 세계에서는 남자가 임신할 수 있어요.

알파로 태어난 남자는 오메가로 태어난 남자를 임신시킬 수 있어요. 알파와 오메가는 동물처럼 발정기가 있어서 오메가가 암컷 고양이처럼 발정하면 알파가 그 냄새를 맡고 관계를 맺어요. 오메가는 급이 낮은 남자라서 여자와 짝을 맺지 못하는 경우가 많고, 여자에 비해서도 급이 떨어져요. 오메가가 임신해서 낳은 애는 제대로 된 애라고 여겨지지 않기도 하고.

가만 듣던 학자가 턱을 톡톡 두드렸다.

그것도 흥미롭구나. 그러니까, 오메가는 남자가 여자 역할을 하는 셈인데, 여자 역할을 한다는 이유로 그 남자의 지위가 여자보다도 낮아진다는 건가?

네, 모순적이죠?

이상하네? 여자 역할을 해도 남자면 남자와 여자 중간 지위여야 하는 거 아닌가?

음, 현실에서도 아무래도 성소수자의 지위가 보통 남자나 여자의 지위보다 낮으니까.

그리고 비엘은 아무래도 여자의 판타지니까, 《블러드차일드》에서처럼, 남자가 임신을 수행하는 것으로 유약해지고, 복잡한 처지에 놓이고, 배우자나 집안에 종속되는 모습을 보며 즐기는 것 아닐까.

넷이 이야기하는 동안 양갱이 슬금슬금 다가와 식탁 위에 훌쩍 올라왔다. 직원의 팔에 두드러기가 올라왔다. 직원은 히익, 놀라며 양갱을 피해 아이패드와 키보드를 양손에 높이 들고 슬금슬금 떨어져 앉았다.

작가가 쳐다보지도 않고 무심히 양갱의 배를 만지작거리자 양갱이 배를 까고 몸을 뒤집으며 고륵고륵 소리를 내었다.

"아, 부럽네요……."

직원이 소파 저만치 앉아서 말했다.

그렇구나. 혹시 그 '오메가'는 '간성'이 아닐까?

간성이요?

Q1 : 인간에게도 남자도 여자도 아닌 성이 존재하나요?

학자의 과학 talk!

간성間性 혹은 인터섹스intersex

성기, 생식기, 성호르몬, 염색체, 성징 등에서 전형적인 남성이나 여성으로 구분되는 신체 정의에 맞지 않는 사람을 말해. 비율은 조사에 따라 다르지만, 유엔에서는 0.05~1.7퍼센트의 사람들이 간성으로 태어난다고 해.[5]

간성은 현실에서도 2,000명에 한 명에서 300명 중에 다섯 명 정도로 태어나니까, 만약 그 숫자가 늘어나서 인구 중 3분의 1 정도 확률로 태어난다면, 단결 씨가 말하는 그 세계가 될 수도 있겠네.

오메가버스가 과학적으로도 존재할 수 있다는 말이네요?

단결이 기뻐 펄쩍 뛰며 소파에 일어나 앉았다. 그 바람에 양갱이 깜짝 놀라 꼬리만 내놓고 식탁 밑으로 숨었다. 단결이 흥분해서 물었다.

 그럼, 간성도 임신할 수 있나요?

 여성이 임신할 수 있는 건 자궁이 있어서야. 물론 난소도 필요하겠지만, 요즘에는 난자를 기증받아 시험관 아기 시술도 할 수 있으니까, 그러니까, 간성이라도 멀쩡한 자궁이 있다면 임신할 수 있지. 스와이어 증후군처럼 말야.

 스와이어 증후군은 또 뭐예요?

학자의 과학 talk!

스와이어 증후군 Swyer syndrome

염색체상으로는 남성XY이지만, 태아 초기 발달 과정의 이상으로 인해, 고환이 만들어지지 못하거나 퇴화되어 여성형 생식기를 가지고 태어나는 증상이야.

초기 태아는 장차 남성 생식기가 될 뮐러관과 여성 생식기가 될 울프관을 모두 가지는데, 고환에서 분비되는 테스토스테론의 자극이 없으면 뮐러관이 퇴화되고 울프관이 자라서 염색체 형과는 상관없이 여성 생식기를 가지고 태어나게 돼.

스와이어 증후군을 가진 사람은 염색체는 XY지만, 여성형 외부 생식기, 자궁, 질, 나팔관을 갖고 태어나. 난소는 없어서 난자를 만들지는 못하지만, 난자를 기증받아서 시험관 시술로 임신하거나 출산할 수 있지. 실제 사례도 있어.[6]

정말 남자도 임신할 수 있었군요!

그렇구나. 그러면, 미래에 어느 정도 인류의 돌연변이가 일어나면, 오메가 세계가 될 수도 있겠네!

그런데 이상하네요?

직원이 소파 뒤에 숨어서 아이패드를 높이 들어 흔들며 말했다.

2,000명에 한 명도, 300명 중에 다섯 명도 꽤 많잖아요? 그런데 왜 우리 주변에서 간성을 보기 힘들까요?

Q2 : 만약 간성이 존재한다면, 주변에서 보기 힘든 이유는 무엇인가요?

음, 그건 말이지. 첫째, 본인이 간성인지 모를 수 있어. 예를 들어 안드로겐 무감응 증후군은 염색체는 XY지만 겉모습은 완벽한 여성이거든. 이런 사람들은 염색체 검사를 받기 전에는 본인이 간성인지 모르고, 남들도 알 방법이 없어.

학자의 과학 talk!

안드로겐 무감응 증후군 Androgen Insensitivity Syndrome; AIS

안드로겐 무감응 증후군은 염색체상으로는 XY인 남성이고, 고환에서 남성 호르몬도 나오는데, 이 남성 호르몬에 반응하는 수용체가 없어. 여성도 수치는 낮지만 남성 호르몬이 나오고 몸에 영향도 미치거든. 하지만 이 사람들은 남성 호르몬이 전혀 작동하지 않으니까 오히려 전형적인 여자의 몸으로 태어나지.

염색체가 XY인데, 그러니까 남자인데 여자보다 더 완벽한 여자의 몸을 하고 있다는 거군요. 우와. 지금까지 알아 온 상식이 다 무너지는 기분이네요……. 학교에서는 XX는 여자고 XY는 남자라고만 배웠는데.

그래, 남자와 여자는 그렇게 간단히 구분되지 않아.

그렇군요. 사람들이 '생물학적 여성'이라고 단순하게 말하는데, 그러면 안드로겐 무감응 증후군은 생물학적으로 남자인가요, 여자인가요?

생물학적으로 외형은 여자고, 생물학적으로 염색체는 남자지.

학자가 맥주를 한 모금 마시며 말했다.

첫 번째로는 그래. 두 번째로, 애매한 간성의 경우, 부모와 의사가 아이의 성별을 임의로 결정하고는 아이에게 알려주지 않는 경우가 많아.

학자의 말에 셋은 어리둥절해졌다.

성별을 임의로 고정한다는 게 무슨 뜻이죠?

음, 아무래도 사회에서 간성에 대한 인식이 나쁘니까, 성소수자로 힘들게 사느니 차라리 아예 어릴 적에 한 가지 성으로 결정해 주는 것이 살기 편하리라고 생각하는 거지. 독일의 한 연구에 따르면, 간성 중 81퍼센트가 성별 지정 수술 경험이 있다고 해. 반 이상은 그로 인해 심리적인 문제를 겪었고.

남자인지 여자인지는 무슨 기준으로 정하는데요? 간성은 남자도 여자도 아니잖아요.

고추 크기.

셋은 "으에엑?" 하고 비명을 질렀다.

고추가 불완전해도 대충 모양이 있으면 키워서 남자에 가깝게 만들고, 흔적만 남아 있거나 작으면 싹둑.

학자가 가위로 자르는 시늉을 하자 셋은 다시 "으아악!" 하고 비명을 질렀다.

여자에 가깝게 만들어 주는 거지. 그런데 아무래도 고추를 만들기보다는 자르기가 쉬우니까, 1970년대까지만 해도 여자로 만들어 버리는 경우가 많았다지.[7]

셋은 비명을 지른 뒤 각자 혼란에 빠져 한참을 중얼거렸다.

잠깐, 그러면, 우리나 우리 주위의 누군가는 간성인데, 자기도 모르게 한쪽으로 성별이 정해졌을 수도 있겠네요?

그렇게 다른 사람이 성별을 강제로 정해 버렸는데, 잘못 정해 버렸으면 어떻게 해? 트랜스젠더 중에는 그런 사람도 있겠는데?

그래, 본래 성별로 돌아가는 건데, 주변에서는 네 본래 성별을 인정하라고 그렇게 괴롭히고 말이지! 의사가 그냥 싹둑 해 버렸을 수도 있는 건데!

간성은 둘째 치고, 그냥 평범하게 남자였는데 고추 작다고 싹둑 잘라 버리고(으아악!) 여자로 만들었을 수도 있잖아?

응. 그런 사례가 실제로 있었어.

뭐라고요?

셋은 소스라치게 놀랐다.

학자의 과학 talk!

《미안해 데이빗》[8], 존 콜라핀토 John Colapinto, 2001

브라이언 Brian Reimer 과 데이비드 David Reimer 는 일란성 남자 쌍둥이로 태어났어. 그런데 데이비드는 어릴 적에 포경수술을 받다가 의료 사고로 음경 전체가 날아가 버려.

그런데 이 사례를 들은 성의학자 존 머니 John Money 박사가 부모를 설득해서, 젠더는 성별 sex 과는 무관하고, 현대 의학 기술로는 사라진 음경을 만들 수 없으니 차라리 고환까지 잘라내서 아이를 여자로 키우라고 조언하지.
아들이 불행한 남자로 자라기를 바라지 않았던 부모는 이 조언을 받아들여, 데이비드의 외부 생식기를 여성형으로 바꾸고, 브렌다라는 이름을 새로 지어 주며 딸로 키우게 돼.

"말도 안 돼……."

직원은 오들오들 떨었다.

"그럼 그 사람은 어떻게 됐어요?"

단결이 바짝 다가앉았다.

사춘기가 오면서 심각하게 성별 혼란에 빠졌지. 단결이 네 친구, 혹시 제 신체와 정신이 맞지 않는다고 느끼지 않니? 몸이 자기 것이 아니라고 느끼고.

네, 거울을 볼 때마다 그 몸이 자기 몸이 아니라는 느낌에 괴롭다고 했어요. 그걸 젠더 디스포리아라고 하죠.

단결의 사회 talk!

성별 불쾌감 / 젠더 디스포리아 gender dysphoria

태어났을 때 지정된 신체적인 성별이 자신의 성정체성과 맞지 않아 불쾌감과 고통을 겪는 현상을 말해요.

그래, 브렌다는 늘 그런 기분으로 고통스럽게 살아야 했어. 결국 부모가 나중에 아이에게 네가 원래 남자였다고 밝혔을 때 첫 마디가 이랬다지. "제 원래 이름은 뭐였나요?"

너무 안됐어요……. 그래서 어떻게 됐어요?

데이비드의 이름을 되찾고, 재수술을 받고 남자로 돌아갔지.

아, 잘됐어요. 그때 정말 행복했을 것 같아요.

단결이 가슴을 쓸었다.

그땐 행복했겠지. 나중에는 결국 자살했지만…….

으아아앙!

단결이 비명을 지르며 반쯤 울음을 터뜨렸다.

그래도 이 사건 이후로는 성별을 강제로 지정하는 것이 불합리하다는 것이 알려지게 됐어. 여전히 간성에게 성별을 한쪽으로 지정하는 수술은 암암리에 진행되고 있지만.

너무 불쌍해요…….

실험한 박사가 잘못했지. 존 머니는 1955년, 처음으로 '젠더'라는 말을 쓴 성의학자야. 그 사람은 섹스와 달리 젠더는 사회적으로 생겨난다고 믿었어. 마침 일란성 쌍둥이였던 데이비드를 발견하고, 자신의 가설을 증명하는 좋은 기회라고 생각한 거야. 부모는 아들의 불행에 상심하고 혼란스러웠던 나머지 권위를 내세우며 설득하는 머니 박사를 믿고 만 거지.

하지만 실제로 남성다움이나 여성다움은 타고나는 것이 아니라, 교육이나 환경의 영향이라는 말도 많잖아요.

물론 영향이 있지. 하지만 전부는 아니야. 존 머니의 주장을 받아들인 사람들은, 여성스러운 남자애를 가혹하게 교정하면 남자처럼 자랄 수 있다고 생각하고는 잔인하게 교육했어. 여자애들에게도 그랬고.

작가가 탄식했다.

아, 환경의 영향을 강조하는 것은, 사람을 성 역할에 가두지 말라는 뜻이라고 생각했는데, 오히려 반대의 결과를 가져올 수도 있군요.

계속 말하지만, 애초에 생물학적으로도 사람은 남자와 여자로 딱 갈리지 않아.

그렇구나. 사람들이 자꾸, 제3의 성, 제3의 성 하는데, 애초에 성별 자체가 둘로 딱 나뉘지 않는군요.

그래. 인간의 호르몬 체계는 그렇게 단단하지 않아. 애초에 생물이 기계도 아닌데, 그런 명확한 구분이 가능하겠니? 흔히 젖은 여자 몸에서만 나온다고 알고 있지만, 해부학적으로는 남자도 젖이 나올 수 있어.

생물의 수유

성인 남성에게도 젖가슴과 유선이 있어. 그러니 유즙을 만드는 호르몬을 주입하면 젖이 흐르기도 해.
젖 분비는 프로락틴이라는 호르몬이 중요한 역할을 해. 보통은 아기를 낳고 아기가 젖을 빨면 그 자극으로 뇌하수체에서 프로락틴이 분비되고, 젖샘을 자극해 젖이 나오지.
하지만 아기를 낳지 않더라도 젖꼭지를 심하게 자극하거나, 아니면 뇌하수체 종양이 있거나 프로락틴에 영향을 미치는 약을 먹으면 체내 프로락틴 수치가 높아져 젖이 나오기도 해. 드물게는 남성에게서도 젖이 나올 수 있고.
실제로 말레이반도와 인근에 사는 다약과일박쥐는 수컷도 똑같이 젖이 나와.

아까 단결 씨가 임신은 여자만의 특징이라고 했지? 하지만 그렇지 않아. 남자도 이론적으로 임신할 수 있어. 자궁 외 임신인 '복강임신'으로도 태아가 생존이 가능할 때까지 임신을 유지한 경우도 있으니까.[9]

셋은 눈을 반짝이며 학자의 말에 귀를 기울였다.

게다가 자연계에는 아예 일상적으로 성전환하는 생물도 많아.

남자의 자연 성전환

어류 중 약 500여 종에서 자연 성전환이 관찰된 바 있어.[10]
놀래기는 태어날 때는 모두 암컷이다가 다 자라면 그중 가장 큰 개체가 수컷이 되지. 흰동가리는 무리 안에서 암컷이 죽으면 가장 큰 수컷이 암컷으로 변해.
이 물고기들은 난소를 만드는 유전자와 정소를 만드는 유전자를 한 몸에 모두 가지고 있어. 하지만 유전자가 있다고 늘 그게 작동하는 건 아냐. 우리 몸의 세포만 해도 그래. 우리 몸을 구성하는 세포는 모두 같은 유전자를 가지고 있지만, 적혈구는 적혈구 구성에 필요한 유전자만 작동하고 다른 유전자는 모두 꺼져 있어. 이걸 유전자의 스위치가 켜지고 꺼진다고 말해.
놀래기나 흰동가리는 환경의 변화에 따라 난소 유전자와 정소 유전자 스위치의 온오프가 자유롭게 일어나는 종인 셈이지.

양갱이 식탁 밑에서 꼬리를 살랑거리며 슬금슬금 나가자, 그제야 직원이 소파 뒤에서 나와 자리에 앉았다. 직원이 긴장이 풀린 듯 한숨을 푹 쉬었다.

 아, 정말 흥미진진해요. 폭풍 같았어요. 잠깐 사이에 상식이 몇 번 뒤집어졌는지.

 과학이 의외로 상식적이지 않지.

 아, 정말로 인간의 성별 인식은 어디에서 오는 걸까요.

 생식과 출산이라니까.

 아니라니까. 생식할 수 없는 사람도 성별 인식이 있잖아. 지금까지 들었잖아. 남자도 임신할 수 있고 XY가 완벽한 여자의 몸을 할 수도 있다고.

 그래서 그런 존재들이 역사적으로 탄압받아 왔잖아.

 응, 이산화 작가의 〈나를 들여보내지 않고 문을 닫으시라〉[11]가 바로 그런 이야기지.

 드디어 SF 이야기인가요!

직원이 신이 나서 말했다.

"상덕 씨 역할을 이번에는 작가 씨가 하는군요!"

작가의 SF talk!

〈나를 들여보내지 않고 문을 닫으시라〉, 이산화, 2019

계속 홍수에 휩쓸리는 꿈을 꾸는 주인공이 있어. 그 꿈과 함께 여러 꿈을 전시한 미술관에서 이야기가 진행돼. 이곳에서는 꿈이란 유전자에 각인된 고대의 기억일지도 모른다는 가설을 이야기하지. 성경에 의하면 방주는 모든 동물을 남녀 한 쌍씩 넣었지. 하지만 주인공의 조상은 그 성별이분법에 해당하지 않는 생물이었던 거야. 그래서 방주에 들어가지 못하고 버려졌고, 자신은 그 후손이었던 거지.

단결이 갸웃했다.

어라? 버려졌으면 죽었을 텐데 어떻게 번식해서 후손을 남겼지?

헤엄쳐서…….

아…….

ㅋㅋㅋ

이산화 작가의 다른 작품, 〈아마존 몰리〉[12]는 또 단성생식 이야기야. 천선란 작가의 〈어떤 물질의 사랑〉[13]도 성별이분법에 속하지 않은 사람의 사랑에 대해 말하는 소설이지.

작가의 SF talk!

〈아마존 몰리〉 이산화, 2017

이 소설에는 '아마존 몰리'라는 종과 같은 단성생식을 연구하는 여자가 등장해. 아마존 몰리는 암컷뿐인 물고기야. 수컷과 짝짓기를 하기는 하지만 수컷은 단지 자극을 위해 필요할 뿐, 아이의 유전자는 전부 엄마의 것이지. 주인공은 한 과학자를 취재하다가 이 여자의 사연을 알게 된 뒤, 남자 없이 생식하는 세상을 상상하지.

〈어떤 물질의 사랑〉, 천선란, 2020

주인공 라현은 알에서 태어나서 배꼽과 생식기가 없어. 라현은 여자도 남자도 아니고 생식기도 없지만 남자를 좋아하면 남자 성징이 생겨나고 여자를 좋아하면 여자 성징이 생겨나. 라현은 몸에 비늘이 있는 라오를 사랑하게 되고 자신에 대해 알게 되지만, 그저 자신을 있는 그대로 받아들이지.

"정말 재미있구나."

학자는 주머니에서 작은 수첩을 꺼내 책 이름을 적으며 말했다.

"손녀에게 추천할 책 목록에 올려놓아야겠어."

Q3 : 사람들이 성별이분법에 속하지 않는 사람을 혐오하는 이유는 뭘까요?

작가가 한숨을 푹 쉬었다.

"정말이지 왜들 그리 성별이분법에 집착하는지 모르겠어. 세계 최대 종교가 단성생식 종교인데."

단결이 어리둥절해했다.

"단성생식? 무슨 종교가?"

"예수님 단성생식으로 태어났잖아."

그 말에 모두가 잠시 생각하는 얼굴을 했다.

 그러네요. 성령을 썼지, 정자를 안 썼으니…….

 생물학적으로는 단성생식이구나.

 사생아가 정설인 줄 알았는데…….

 정설 바꾸지 말아줘…….

직원이 숨을 죽이며 킥킥 웃었다.

단성생식이 교리상 정설이잖아. 단성생식으로 태어난 분을 모시는 종교에서 동성애를 반대하는 모순은 어디서 나오는 걸까? 동성애 반대는 예수님 생각도 아니고 성서에도 안 나오고, 그냥 아무것도 아닌데?

응, 나는 제일 큰 이유는 남자와 여자가 만나 아이를 낳는 가족을 사회를 구성하는 기본 단위로 만들기 위해서라고 생각해 왔어.

그게 무슨 소리야? 사회를 구성하려고 사람을 혐오해?

그 구조가 깨지면 안정적인 노동력 재생산을 불가능하게 만든다는 두려움.

뭐가 불가능해지는데?

가정마다 남자가 하나씩 있으면 그 남자를 가족의 대표로 정할 수 있고, 생계부양자로 정해서 가족 단위 임금을 부여하고, 그 집에 반드시 있을 여자에게 가사노동의 의무와 아이를 낳고 키우는 책임을 부여하고……. 말하자면 모든 가족이 남자 1, 여자 1로 구성된다고 전제하면 관리가 편하다는 거야. 거기에서 벗어나는 가족이 있으면 변수도 많고, 귀찮아지는 거지.

하지만 시스템을 새로 만들 수 있잖아. 제3의 성별을 기재하게 만드는 나라도 점점 늘고 있고.

아마 성별이분법에 이해관계가 있는 사람들이 있겠지?

그럼 이해관계도 없고 행정가도 아니고 아무것도 아닌 동네

사람들은 왜 자기 시간 써 가면서 남 결혼 생활을 방해하는 거지? 심심한가? 시간이 남아도나?

아래에서는 위에서 생각하는 대로 생각하기 쉬우니까. 이데올로기는 위에서 아래로 전파되기가 쉽고, 사람들은 익숙한 것이 익숙하고……, 아래에서 위로 생각을 전파하려면 훨씬 어렵지. 아마 다분법 세상에서는 국가보다도 공동체의 책임이 훨씬 더 많이 필요할 거야. 가족 구성원이 다양해질 테니까.

작가는 목 뒤를 긁적였다.

사실 나는 원래 전통적으로 육아는 공동체의 몫이었다고 생

각하는데.

 응, 그랬을 거야.

 대가족 사회였던 고작 몇십 년 전만 해도 그랬잖아. 역사적으로도 그랬고. 아기는 24시간 돌봄이 필요한 존재고, 사람 혼자, 그러니까 엄마 혼자 할 수 있는 일이 아니란 말야. 24시간 편의점도 최소한 3교대 근무를 해야지, 혼자 일하면 누구나 며칠 만에 죽을걸.

 으악! 수면 부족과 과로로 죽을 거예요!

 그런데 엄마더러는 몇 년이나 24시간 근무를 하라는 거잖아.

 맞아.

단결이 고개를 끄덕이며 생각에 잠겼다.

 그러네. 24시간 편의점이 최소한 3교대 근무고, 육아에 24시간이 필요한 걸 생각하면 2인 가족 단위부터 문제가 있네.

 3인이 기본이어야겠어요!

 생각해 보니, 3인 결합이 기본인 세상을 다룬 SF도 있어.

작가의 SF talk!

〈완전한 결합〉[14], 박애진, 2007

이 세계는 정자, 난자, 자궁을 가진 세 종류의 사람이 있어. 자궁을 가진 '아메'에게 '주트'와 '사하'가 각기 정자와 난자를 주면 임신이 되지. 둘은 불완전한 관계로 평가받아. 그래서 이 세계의 사랑은 세 명이 어떻게 조화를 이루는가가 관건이 돼.

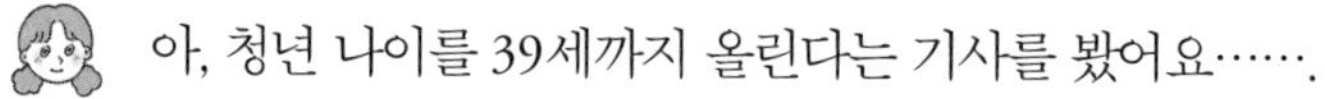

게다가 현대사회는 예전보다 복잡해져서, 사람이 한 사람 몫을 하는 데 오래 걸린단 말이지. 예전에는 스무 살 이전에 자기 몫을 했다면 지금은 서른 살은 넘어야 해.

아, 청년 나이를 39세까지 올린다는 기사를 봤어요…….

청년이 계속 저를 앞지르고 있어요. 이러다 죽을 때까지 청년으로 살겠어요…….

서른 넘어서 결혼해 아이를 낳고 그 아이를 서른 넘어서까지 키우려면, 결국 내가 낳은 아이가 내가 살아 있는 동안 내게 경제적인 이득을 가져 올 가능성은 별로 없단 말이야. 더구나 이제 가정을 유지하려면 맞벌이를 해야 해서 육아할 사람은 없는데, 육아에는 이전보다 더 많은 시간이 필요해졌어. 더해서 공동체는 해체되어서 도와줄 사람도 없어.

작가는 말하다 보니 답이 없다는 듯 한숨을 쉬었다.

결국 현대사회는 육아에 불가능한 수준의 초인성을 요구하게 되어 버렸다고. 육아는 자연스럽고 평범한 일이어야지 초인적인 일이 아니어야 하잖아.

 그래서 출산율이 점점 떨어지잖아.

 부계제에 집착해서지.

학자가 맥주를 마시며 말하자 세 사람이 모두 돌아보았다.

성별이분법에 속하지 않는 사람에 대한 혐오, 동성애 혐오, 출산율을 해결할 수 없는 것까지도.

어, 부계제에 집착한다는 게 무슨 뜻인지 설명을 더 해 주시겠어요?

말하자면, 아버지에서 아들로 혈통이 이어지는 제도에 집착한다는 거야. 그러려면 무조건 남자에게 여자가 하나씩은 배당되어야 하는데, 동성애를 하면 그 원칙이 깨져 버리지. 결국 정책입안자들은 대부분 늙은 남자고, 그 사람들은 남자에게 여자와 아이가 배당되느냐 마느냐 말고는 생각하지 않아. 출산도, 아기도, 육아도 생전 관심을 둔 적이 없어.

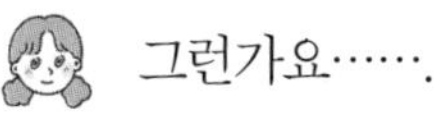 그런가요…….

정말 출산율을 걱정하면 비혼 출산이며 혼외 임신은 왜 막고, 레즈비언의 출산은 왜 욕하며 미혼모는 왜 돌보지 않겠니? 아기의 생명이 정말 중요하면 어떻게 태어난 아기든 모두 소중하게 길러야지. 하지만 그럴 때마다 왜 낳았냐는 비난만 쏟아내지 않니.

학자는 냉소를 지었다.

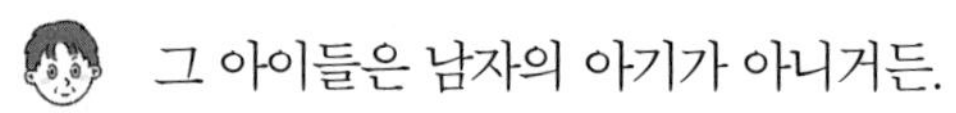
그 아이들은 남자의 아기가 아니거든.

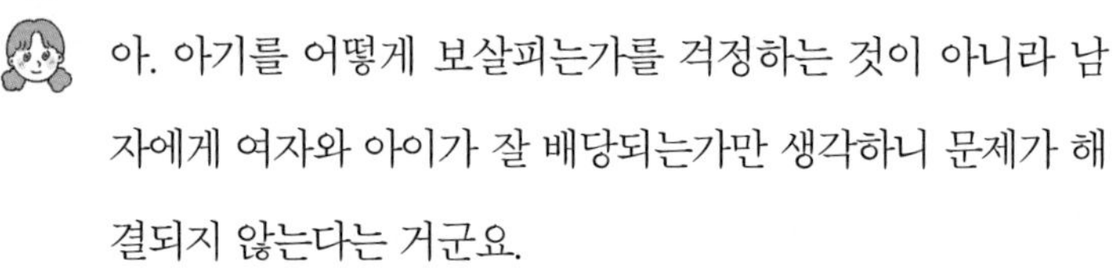
아. 아기를 어떻게 보살피는가를 걱정하는 것이 아니라 남자에게 여자와 아이가 잘 배당되는가만 생각하니 문제가 해결되지 않는다는 거군요.

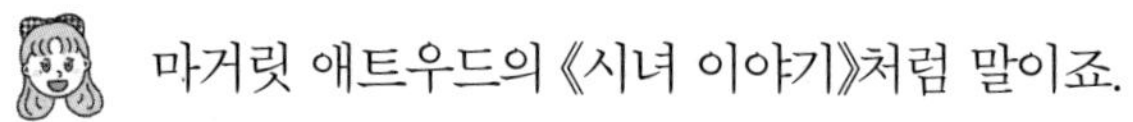
마거릿 애트우드의 《시녀 이야기》처럼 말이죠.

단결이 말했다.

그리고 남은 이야기

Q5 : 식물은 필요에 따라 성별을 바꿀 수 있어요.
우리도 성별이 자유롭게 변한다면 혐오나 차별 문제를 해결할 수 있을까요?

필요에 따라 몸을 바꾸는 세계라면 이종산 작가의 《커스터머》[15]가 떠오르네요.

작가의 SF talk!

《커스터머》, 이종산, 2017

이 세계는 유전자 기술 발달로 신체를 자유롭게 바꿀 수 있는 세계예요. 머리카락 색깔을 영구적으로 바꿀 수도 있고, 몸에 지느러미나 날개를 달 수도 있고. 성별도 하나로 규정되어 있지 않아요. 양쪽 성별을 다 가진 사람들이나 아예 성이 없는 사람들이 있고요. 그걸 자기가 선택할 수도 있어요. 주인공은 머리에 뿔을 달고 싶어 하는데, 알고 보니 원래 자기 머리에 뿔이 달려 있었던 종족이었죠.

오, 멋있어. 내가 되고 싶었던 게, 이미 나였던 거구나.

성별이 하나가 아닌 세계군요. 게다가 무성이나 다성을 선택할 수도 있다고요?

인간이 아닌 종이라면 이상하지도 않지요. 애초에 식물은 자웅동체가 일반적이지요? 암나무, 수나무가 있는 경우가 드물고요.

응, 식물은 보통 자웅동체고, 비포유류에서는 암컷 혼자 번식하는 단성생식도 흔하지. 전갈, 물벼룩, 붕어, 바베이도스 실뱀…….

네, 포유류가 주로 양성생식이죠. 우리가 포유류라서, 자꾸만 모든 생물의 성별이 둘인 것처럼 착각하는 거죠?

그렇지. 애초에 최초의 생명체들은 성이 없었어. 성이란 진화 과정에서 나중에 나온 방식이야. 포유류도 자연적으로는 단성생식이 나타나지 않지만, 여전히 불가능하지는 않아. 실제로 쥐가 단성생식에 성공한 실험도 있으니까.[16]

정말인가요?

응. 그 실험에서는 암컷 쥐 세포에서 채취한 염색체만 난자에 넣어서 210개의 배아를 만들었어. 그중 14퍼센트인 스물아홉 마리가 살았고, 이들 중 일부는 성장해서 다른 새끼를 낳기도 했어.

아아, 새끼 쥐 스물아홉 마리라니, 귀여워…….

무슨 반응이냐, 그거…….

미국 최초의 여성 흑인 SF 작가,
옥타비아 버틀러 1947~2006

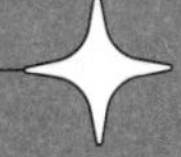

미국 최초의 흑인 여성 SF 작가. 캘리포니아주 흑인 빈곤층 집안에서 태어나 창작 워크숍에서 글쓰기 공부를 했다. 그녀 이전에 명성을 얻은 흑인 SF 작가는 새뮤얼 R. 딜레이니 Samuel R. Delany 정도인데, 상류층이자 남성이며 교수였던 딜레이니와 버틀러는 완전히 다른 환경에 놓여 있었다.

아프로퓨처리즘 Afrofuturism (SF와 판타지, 마술적 사실주의를 통해 아프리카계 미국인의 잊힌 아프리카의 기원을 잇고 미래를 구상하는 문화 미학)의 대표주자로도 꼽힌다.

1995년 과학소설 작가로서는 최초로 '천재 상'으로 불리는 맥아더 펠로십을 수상했으며, SF계의 '그랜드 데임 Grand dame'으로 불린다. 사후 2010년 SF/판타지 명예의 전당에 올랐다.

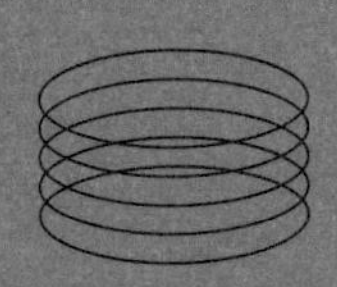

2장

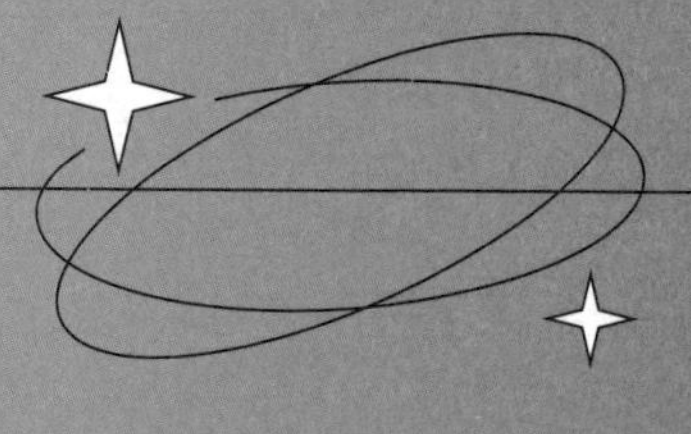

출산 강요와 불임 강요의 환장 콜라보

마거릿 애트우드의 《시녀 이야기》와 페미니즘

단결의 추천 도서

《시녀 이야기》[1], 마거릿 애트우드, 1985

이 소설은 쿠데타가 일어나 기독교 기반의 컬트 국가가 되어 버린 고립된 나라 '길리어드'에서 벌어지는 이야기예요. 체계적으로 여성을 억압하죠. 수용소이자, 수녀원이자, 군대와도 같은 시녀 숙소에서 시작해요. 〈시녀〉 계급인 오브프레드 of-Fred 는 프레드 사령관의 아이를 낳아야만 해요. 그러지 못하면 〈비여성〉이 되어 식민지나 수용소로 보내질 테니까요.

"역시 너 SF 좋아하잖아!"

단결이 열심히 소개하는 사이에 작가가 반색하며 끼어들었다.

단결이 '이 언니 또 이런다' 하며 혀를 찼다.

"아니거든, 《시녀 이야기》는 여성학 소설의 고전이거든."

"가상의 국가가 나오는 미래 세계 이야기인데 당연히 SF지."

"언니는 모든 소설이 SF로 보여?"

"그럴 리가. 하지만 《시녀 이야기》는 SF지."

작가의 SF talk!

《나는 왜 SF를 쓰는가》, 마거릿 애트우드, 2011

단결이가 오기 전에도 소개했는데, 이 에세이를 보면 마거릿 애트우드는 원래는 자기 소설을 SF로 생각하지 않았다고 해. 자기 소설이 현실적인 이야기라고만 생각했거든. 그러다 어슐러 르 귄이 "애트우드는 SF의 본보기라고 할 만한 소설을 쓰는데 SF가 아니라고 말한다. 아마 편협한 사람들에게 평가절하 당하지 않으려고 그러는 모양이다"라고 말하는 것을 듣고 깜짝 놀라지. 르 귄과 대화해 본 뒤에야 애트우드는 현실에서 일어날 수 있는 일도 SF라는 것을 깨닫게 돼.

"나는 이 에피소드가 참 좋아. 작가가 장르 인식 없이도 장르를 쓸 수 있다는 좋은 예시잖아. 그냥 자기가 쓰고 싶은 것을 썼는데, 나중에 보니 SF였던 거지."

작가가 두 손을 모으고 즐거워하며 말했다.

"독자도 마찬가지야. 단결이 너도 SF라는 생각 없이 어떤 이야기들을 좋아할 수 있는데, 나중에 보면 SF일 수 있다는 거지."

"으흥."

단결이 아직 순순히 긍정해 주기 싫다는 듯 코웃음을 쳤다. 그때 학자가 소파에 느긋하게 기대며 말했다.

"《시녀 이야기》는 나도 드라마로 본 적이 있구나. 소설이 원작일 줄은 몰랐는데, 더 소개해 주겠니?"

"네, 〈시녀〉 계급이라는 말이 무슨 뜻이죠? 다른 계급도 나오나요?"

직원이 아이패드를 켜고 휴대용 키보드를 식탁에 펼치며 말했다. 단결이 원피스를 예쁘게 펼치고 자세를 잡고 앉았다.

통유리창 앞의 백설기는 돌아앉은 채로 계속 귀를 뒤로 젖혔다가, 그만 귀에 경련이 났는지 바르르 떨었다. 백설기는 꼬리로 바닥을 툭툭 치며 돌아앉아 깔개처럼 납작 누웠다.

양갱이 소파 뒤에서 슬금슬금 나와 백설기 옆에 털을 맞대고 앉았다. 행여나 영주님의 몸에 더러운 것이 닿을까 봐 열심히 발바닥과 배와 등과 똥꼬를 핥자, 백설기가 왕처럼 근엄하게 양갱의 혀가 닿지 않을 목 뒤와 턱 밑을 닦아 주었다. 양갱이 충성의 표시로 몸을 동그랗게 말았다.

단결이 설명을 시작했다.

 네, 〈시녀〉는 이 세계에 등장하는 계급이고요. 남성에게 종속되어 섹스하는 계급이지요.

 섹스하는 계급이요?

직원이 키보드를 치다가 놀라 멈추고 말았다.

 그게 무슨 소리예요?

 아내가 되기에는 충분히 정숙하지 못하지만 아기를 낳을 수 있는 여성은 시녀가 되지요. 주인공은 남편 쪽이 재혼이었는데, 이 나라는 재혼을 간음으로 보기 때문에 주인공은 혼외 출산을 한 셈이 되어 버려서 아이를 빼앗겨요. 그리고 어느 사령관의 시녀가 되어 그 사령관과 성교해서 아기를 낳는 일을 해요.

 총체적으로 무슨 말인지 모르겠네요. 어……. 사령관은 부인이 없나요?

 사령관은 〈아내〉하고는 섹스하지 않아요.

 왜요?

 〈아내〉는 아이를 낳을 수 없거든요. 이 세계에서는 아이 생산을 목적으로 하지 않는 섹스는 허락되지 않고요. 물론 불임 문제는 사령관 쪽에 있을 가능성도 있지만, 이 나라는 공식적으로 남자의 불임은 없다고 선언해서.

 점점 더 무슨 말인지 모르겠어요.

 대신 시녀가 주인과 섹스할 때 〈아내〉가 동참해요. 시녀의 손을 잡고, 나는 시녀의 신체를 빌리지만 실제로는 이 사람과 섹스하는 건 나다! 나의 정신이다! 같은…… 이상한…… 퍼포먼스를 합니다…….

으아아?

직원이 놀라 키보드를 떨어트릴 뻔했다.

출산할 때도 마찬가지예요. 시녀가 출산하는 동안 아내가 옆에서 아기를 낳는 척을 해요. 그러다 시녀가 낳은 아기를 아내가 자기 아이처럼 끌어안지요.

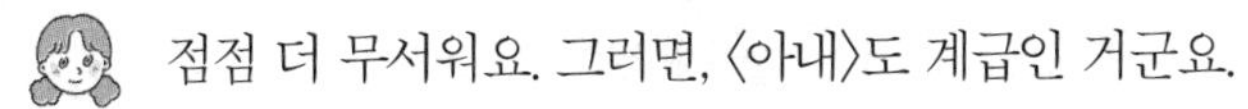
점점 더 무서워요. 그러면, 〈아내〉도 계급인 거군요.

네, 〈시녀〉보다 더 낮은 계급으로는 〈비여성〉이 있어요. 불임 여성, 여성의 역할을 하지 않은 사람, 페미니스트와 체제 저항자, 나이 든 노파, 세 번 시도했지만 아이를 낳지 못한 시녀를 포함하지요. 이들은 식민지와 수용소에 보내져서 오염물질을 처리하는 일을 하다가 죽어 나가요. 이 소설은 주인공이 비여성이 되어 죽지 않으려고 아기를 낳기 위해 고군분투하는 내용이에요.

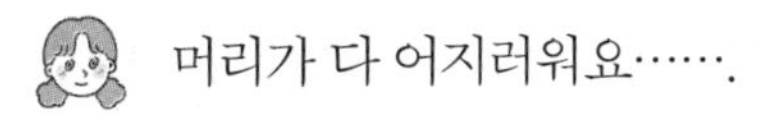
머리가 다 어지러워요…….

단결이 어깨를 으쓱하며 말을 이었다.

저는 이 소설이, 남자가 여자에게 원하고 강요하는 역할 다섯 가지를 다섯 계급으로 나누었다고 봐요.

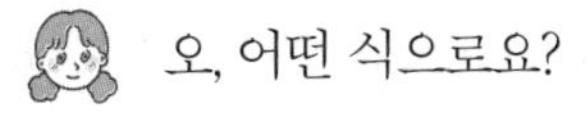
오, 어떤 식으로요?

우선 '출산'을 위한 여자인 〈시녀〉와 〈아내〉를 일단 둘로 나누었죠. 그 외에는 집안일을 하는 〈하녀〉, 출산도 하지 않고 아내도 아니지만 다른 여자를 통제하는 〈아주머니〉, 그리고 내다 버리는 〈비여성〉 계급이죠. 말하자면 이렇게 나뉘어요.

- 아내 : 트로피 와이프
- 시녀 : 섹스 대상, 출산 및 재생산 가능자
- 아주머니 : 다른 여성의 감시자
- 하녀 : 집안일을 하는 재생산 노동자
- 비여성 : 고통 관음의 대상자

어? 고통 관음은 또 뭐야?

여성의 역할 중에는 고통받는 역할도 있다는 뜻이야. 여자가 고통스러워하는 모습을 보며 위안과 쾌감을 얻는 거지.

아, 그것마저도 '역할'이군요.

그리고 현실에서는 그 다섯 가지 역할을 한 명의 여자에게 강요해요.

아…….

직원이 고개를 끄덕였다.

그래서 여자는 늘 모순에 처하게 되지요. 물론 《시녀 이야

기》의 주인공도 성녀이자 창녀이자 어머니이자 가정부로서 역할이 중첩되어서 모순에 처하지만요.

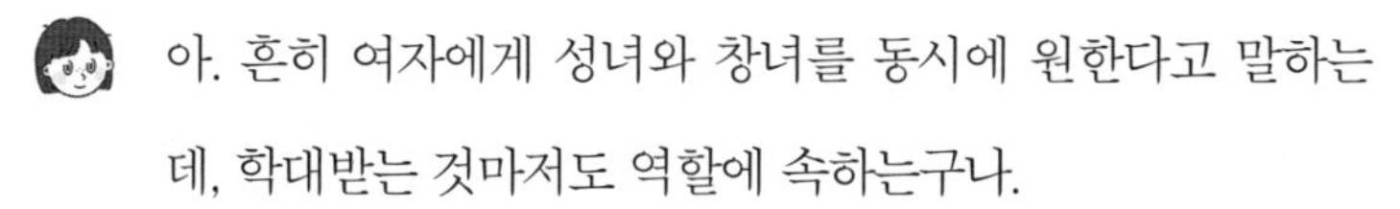

아. 흔히 여자에게 성녀와 창녀를 동시에 원한다고 말하는데, 학대받는 것마저도 역할에 속하는구나.

응. 잔 다르크 생각해 봐. 성녀이자 창녀고 학대받는 여자지. 중세 화가들, 늘 잔 다르크를 헐벗은 차림새로 불에 타 죽는 장면만 그린다니까.

작가는 책장으로 가 높은 자리에 꽂힌 《시녀 이야기》를 찾아서, 먼지를 훅 불고 다른 세 명이 있는 자리로 가져와 다시 소파 아래에 털썩 앉았다.

사실 나는 그 세계의 기준에서 시녀가 중요한 취급을 받는다는 느낌도 받았어.

뭐? 어디를 어떻게 봐서?

환경오염으로 출산율이 급감했고, 시녀는 출산 가능성이 높은 여자들이잖아. 아이를 낳는 것이 국가 과제고 말이야. 물론 이론적으로 말이야. 정책입안자 머릿속으로는 귀하게 다루고 있다고 생각할 것 같단 말이지. 하지만 현실에서는 통제와 학대로 나타나는 점이 놀라웠어.

아, 뭔지 알 것 같아요. 나라에서는 아기를 낳는 것이 중요하고 훌륭한 일이라고 말하지만, 실제 현실에서는 '너는 출산을 하므로 남자와 집에 종속되어야 하고 통제받아야 한다'고 말하니까요.

그래. 통찰이 느껴지는구나.

나는 그 미묘함을 드러내는 방식도 흥미로웠어요. 여성들은 실상 인간이 가져야 할 권리를 계급별로 빼앗긴 상태라, 서로가 가진 것을 질투해요. 아내는 시녀가 아름다워 보일까 봐 화장을 금지하지요.

또 시녀는 강제로 원치 않는 남자와 성교해야 하고 출산하면 아기를 빼앗겨요. 하지만 아기를 낳는 것은 시녀가 〈비여성〉이 되지 않는다는 보증수표나 같아요. 목숨을 보전할 수 있는 거지요. 시녀는 아기를 낳고 빼앗긴 후에 극한의 고통과 슬픔에 빠지지만 한편으로 승리자처럼 다행스러워해요.

직원이 막혔던 숨을 후, 하고 토해 내었다.

어우, 듣기만 해도 끔찍한 소설이네요. 애트우드라는 사람은 무슨 생각으로 이런 이야기를 썼을까요?

사실 애트우드는 '인간이 이미 해 본 적이 없는 일은 소설에 하나도 넣지 않았다'고 하지요.

네? 이런 이상한 일들이 다 역사에 있었다고요?

그 말을 듣고 학자가 생각에 잠기며 고개를 끄덕였다.

음, 그럴 수도 있겠구나. 과거까지 갈 필요가 있겠니? 지금도 세계 이곳저곳에서는 상상도 못 할 방식으로 여자와 출산을 통제하니 말이다.

단결이 옆에서 수긍했다.

맞아요. 아프가니스탄의 탈레반이 피임약을 금지해서, 지금도 여자들이 열네 명 중 한 명꼴로 임신 관련 질병으로 사망하고 있다지요.

으아아.

루마니아에서는 차우셰스쿠Nicolae Ceaușescu라는 독재자가 80년대까지 낙태 금지에 출산 강요 정책을 펴서 여성과 신생아 사망이 치솟기도 했지요.

단결의 사회 talk!

차우셰스쿠의 아이들

루마니아의 독재자 차우셰스쿠의 피임 금지, 낙태 금지 정책으로 태어난 아이들을 말해요. 집권 직후인 1967년부터, 실각해서 총살당한 1989년까지 시행했지요. 차우셰스쿠는 40세 이하의 모든 여성이 무조건 최소한 자녀 넷을 낳으라는 정책을 폈어요. 출산율은 급증했지만 고아가 양산되고 영유아 사망, 산모 사망이 급증해서 인구는 거의 늘지 않았고, 무수한 아이들이 고아원에서 자랐어요. 에이즈에 걸리거나 범죄에 연루되고, 인신매매나 소년병으로 팔려 나갔지요.

독재국가까지 갈 필요가 있겠니. 미국 앨라배마에서 20대 여성이 총에 맞아 유산했는데, 아이를 죽인 살인범으로 기소되었어. 80년대조차도 아니고, 2018년에 말이야.

네? 대체 무슨 논리로요?

어, 본인이 임신했으면서도 함부로 상대방을 화나게 해서 총을 쏘게 만들어 아이의 죽음을 유도했다는 거야. 결국 다음 해 불기소되기는 했지만 기가 막히지.

어우…….

그게 무슨 개소리래요?

낙태가 살인죄가 되어 버리면 이런 논리까지도 가능하다는 거지. 여자에게 총을 쏴 유산하게 하는 것으로 여자를 살인범으로 만들어 법정 최고형까지 줄 수 있단 말이야.

직원이 수건으로 땀을 닦으며 진이 빠져서 소파에 털썩 누웠다.

그러네요. 현실이 소설보다도 더 무섭고 기괴하군요.

하지만 직원 씨처럼 '무슨 생각으로 이런 이상한 소설을 썼어' 하는 사람들도 많았나 봐요. 《시녀 이야기》는 미국 여러 지역에서 금서로 지정되었어요. 이유는 성적으로 노골적이고 기독교를 모욕했다는 것이고요.

아, 그것도 지금 한국의 도서관에서 일어나는 일이구나.

학자가 이마를 짚었다.

어쩌면 인간은 이리도 비슷한지.

애트우드가 '인간이 이미 해 본 적이 없는 일은 하나도 넣지 않았다'고 한 말은 바로 자기 책을 금서로 지정하는 사람들을 향해 한 말이지요. 하지만 워낙 유쾌한 분이라, 자기 책을 불태우는 사람들을 위해 타지 않는《시녀 이야기》에디션을 만들어 화염방사기로 쏘는 퍼포먼스를 하기도 했죠.

그 말에 모두가 같이 소리 내어 웃었다.

그러면, 애트우드가 32년 만에《시녀 이야기》의 속편을 쓰게 된 이야기는 제가 해 볼게요. 이 책을 이야기하자면 '시녀 이야기 시위'부터 설명해야 해요.

작가의 SF Talk!

《증언들》[2], 마거릿 애트우드, 2019

OTT회사 〈훌루〉에서《시녀 이야기》드라마를 만들면서 2017년, 홍보용 시위를 했어요. 거리에서《시녀 이야기》에 등장하는 옷, 그러니까 하얀 보닛에 붉은 망토를 걸친 모습으로 행진을 한 거예요.
마침 미국에는 보수정권이 들어선 시점이었고, 기독교적인 문화와 결합해서 전국에 낙태금지법이 엄격하게 발효되고 있었지요. 텍사스 법정에서 여자들이《시녀 이야기》옷을 입고 시위를 한 것을 계기로 이 시위는 미국 전역으로, 그리고 세계로 퍼져 나가게 돼요. 시위 군중은 '마거릿 애트우드가 소설로 돌아가게 하라 Make Margaret Atwood fiction again'는 슬로건을 들고 행진을 했어요. 도널드 트럼프의 선거 슬로건, '강한 미국을 되돌리자! Make America Great Again!'에 대한 풍자였지요.
'디스토피아는 소설에나 머물라'는 말이겠지만, 해석에 따라서는 '작가여, 속편을 내놓아라'로 들리기도 하잖아요? 애트우드는 이에 화답해야 한다고 생각하고 32년 만에 속편 《증언들》을 썼고, 이 작품은 부커상을 타게 되었지요.
이 속편에서는 전작 주인공의 두 아이가 나와요. 한 아이는 길리어드 안에서 자라고, 다른 아이는 길리어드 밖에서 자라죠. 그리고 이 두 자매가 힘을 합쳐서 세상을 바꾸게 돼요.

직원이 아이패드로 뉴스 화면을 검색해 모두에게 보여주었다. 화면에는 온몸을 빨간 천으로 감싸고 하얀 보닛을 쓴 여자들이 길을 행진하고 있었다.

 이 시위 맞지요?

 예, 그래요.

 아, 이 모자. 드라마에서 봤을 때 꼭 경주마 눈가리개 같았어.

 그러네요. 경주마들 눈가리개도 주위를 보지 못하게 하는 용도지요.

 저 빨간 옷은 '안전'을 상징하기도 해요. 남자에게 속한 시녀니 추방된 여자들보다 안전하다는 뜻이죠.

주인공이 처한 모든 모순을 상징하는 옷이라고 생각해요. 수녀처럼 보닛을 써서 주변을 보지 못하게 하고, 신체를 전부 가리지만, 붉은 옷은 또 색정적인 느낌을 주잖아요. 주인공은 '피에 젖은 수녀'라는 표현을 쓰지요.

직원은 소파에 기대 누운 채로 생각에 잠겼다.
"기가 쭉쭉 빨리네요. 그런데, 듣다 보니 저 정말 궁금해졌어요."

Q1 : 낙태 수술은 일상적으로 일어나는데, 낙태죄는 왜 존재할까요?

음, 그 질문을 들으니 아밀 작가의 〈로드킬〉[3]과 이서영 작가의 〈히스테리아 선언〉[4]이 떠오르네요.

작가의 SF talk!

〈로드킬〉, 아밀, 2018

《시녀 이야기》에서는 출산율이 급감하는데, 이 소설에서는 여성이 희귀해져요. 그래서 여자는 멸종위기 동물처럼, '1급 보호 대상 소수인종'이 되어 성인이 될 때까지 보호소에 갇혀 지내지요. 졸업할 때 신랑 후보를 만나 면접을 보고 결혼하지요. 이들은 보호소를 탈출하다가 고라니처럼 총에 맞거나 차에 치여 죽기도 해요.

〈히스테리아 선언〉, 이서영, 2009

우주의 극한 환경에서 살 수 있는 방패 유전자가 발견되고, 이 유전자를 가진 여자들은 통제된 환경에서 시험관 시술로 의무적으로 아이를 낳아야 해요. 하지만 여자들 사이에는 아이를 낳고 싶지 않은 히스테리아 증상이 돌아다니고, 주인공 센은 아이를 지울 결심을 해요.

둘 다 출산할 여성이 귀해진 세상에서, 오히려 여성을 통제하고 학대하게 된 사회를 묘사해요. 아밀 작가는 교통사고가 나 죽은 여성을 고라니에 비유하며 조롱하는 말을 듣고 소설을 썼다지요. 이서영 작가는 낙태 수술을 받을 수 없어 태어난 아이를 죽인 어린 엄마의 기사와, 낙태죄 합헌 판결 기사를 보며 이 소설을 썼다고 해요.

단결이 에코백에 가득 꽂힌 배지를 만지작거리며 생각에 잠겼다.

낙태죄 합헌 판정, 기억나. 조산사가 낙태를 도왔는데, 남자가 여자와 조산사를 함께 낙태죄로 신고해서 조산사가 징역형이 나온 사건이지.

맙소사, 독재국가도 미국도 아니고, 한국에서요? 언제요?

조산사가 어이가 없어 낙태죄 위헌 신청을 했는데 합헌 판정이 나 버렸어요. 2009년이었지요.

그것도 얼마 안 됐잖아요. 대체 언제까지 낙태죄가 있었던 거예요?

2019년 4월 11일에 위헌 결정이 났으니 그전까지는 계속 합헌이었던 거죠. 실제로 낙태가 비범죄화된 것은 2021년 1월 1일이에요.

정말 얼마 안 됐잖아요!

직원이 불편한 얼굴로 얼음이 든 주스를 한 번에 쭉 빨았다가 머리가 띵한지 고개를 도리도리 저었다. 소파 밑에 다리를 쭉 펴고 앉아 있던 작가가 생각에 잠겼다. 어느샌가 양갱이 또 긴 꼬리를 살랑거리며 작가의 무릎에 앉아서 귀를 기울이고 있었다. 작가가 양갱의 배를 쓰다듬자 양갱이 몸을 뒤집으며 골골 소리를 내었다.

낙태를 도왔다고 징역까지 살았다고? 이해가 안 가네. 한국은 성비 불균형이 올 정도로 여자애를 줄줄이 낙태한 나라 아니었어?

그렇지. 80~90년대에는 여자애를 하도 죽여서 신생아 남녀 성비가 116:100인 경우도 있었으니까.

학자가 새 맥주캔을 치익 따며 말을 얹었다.

임신 중에 남녀를 알아내는 기술이 생겼고, 아이를 둘만 낳으라는 산아제한정책에 남아 선호까지 겹쳐서, 부모들은 아이가 여자애면 낙태했지. 낙태 광풍이라고 할 정도로 병원마다 수술 예약이 줄줄이 밀려 있었어.

 으아, 너무 불쌍해요…….

 하지만 낙태는 불법이었잖아요?

 그래. 계속 불법이었어. 단지 아무도 신경 쓰지 않는 법이었지. 애초에 80년대까지는 피임 기술이 부실해서 피임술의 하나로 낙태를 했으니까. 그러니 이중으로 문제였지. 눈 감고 있다가 아까의 사건처럼 누가 해코지하려고 신고하면 걸리고.

단결이 고개를 도리도리 저었다.

 네, 집안에서는 오히려 낙태를 강요하지요. 한국은 정상가족을 결벽적으로 원하기 때문에, 여자가 어리거나, 결혼하지 않았거나, 경제적으로 불안하거나, 남자가 마음에 안 들거나, 모든 상황에서 아기를 낳는 것을 허락하지 않아요.

반면에 사회에서는 낙태를 비난하죠. 2000년대에도 낙태 금지 광고를 흔히 볼 수 있었어요. 합헌이 된 뒤로는 적어도 범죄자 소리는 안 나오게 되었는데, 예전에는 내가 낙태죄 반대 시위하고 있으면 가톨릭 쪽에서 온 사람들이 '살인자'라는 팻말을 들이댔다니까요.

 단결 씨가 말한 고통 관음 같아요. 여자에게 고통을 주는 의

미밖에 없네요.

정말 모르겠다니까. 인간은 발정기도 없이 섹스하는 생물이고 완전 피임도 어려워서 임신은 일어날 수밖에 없는데, 굳이 죄를 만들어서…….

맞아요! 고양이도 중성화하지 않으면 애만 낳다가 몇 년 안에 죽는다고요!

그 말에 작가의 무릎에 앉아 있던 양갱이 히익, 하며 놀랐고, 꼬리가 고슴도치처럼 팡 터졌다.

맞아! 저 타지마할 무덤의 주인공 뭄타즈 마할Mumtāz Maḥall도 열여섯 살 때부터 왕자를 열네 명이나 낳다가 죽었다고.

열여섯 살 때부터 열네 명이라니, 청소년 학대에요!

그래 놓고 왕은 아내가 죽어서 슬프다면서 무덤이나 만들고……. 인간적으로 아내를 사랑하면 애를 계속 낳게 하지 말라고! 19년이나 산 게 용하다!

그렇지. 19세기 유럽 소설에서 늘 애 딸린 홀아비가 나오는 이유지. 《여인의 초상》이나 《보바리 부인》도 그렇잖니.

다 애 낳다가 죽은 건가요?

응. 그 당시는 위생 관념도 부족해서 산욕열로 산모 사망률이 최고 27퍼센트까지 올라간 적이 있었는데, 여자들이 애를 네 명 이상 낳았으니.

직원이 손가락으로 계산을 해 보다 말했다.

높은 확률로 아내가 다 죽어 버리네요!

응. 남자가 전쟁에서 안 죽으면 홀아비 신세지.

정말이지, 애를 낳는 게 다가 아니잖아요. 이미 있는 아이들이 살아 있게 하는 게 더 중요하잖아요.

맞아. 나야 애써서 애를 낳았지만 애는 낳는다고 끝나는 일이 아닌데 말이지. 나는 제한 없는 낙태 허용에 찬성이야.

80년대는 낙태가 금지되었던 동시에 산아제한이었잖아요. 나는 둘이 어떻게 동시에 가능한지 모르겠어요. 사실 말이죠…….

Q2 : 강제 출산 강요 문화도 있지만, 역사적으로는 강제 불임 수술도 많지 않았던가요?

저는 미국 원주민들의 강제 불임 수술에 대해 들은 적이 있어요. 종교적인 이유에서 '이교도의 자식으로 태어날 인종'이 태어나지 않게 하려고 원주민들을 불임 수술을 시켰지요. 원주민들은 아기를 소중히 여겼기 때문에, 왜 아이가 생기지 않는지 몰라 슬퍼하며 살았어요.

그 말에 직원이 소름이 돋는지 몸을 옹송그리다가, 옆에 와 있는 양갱 때문이라는 것을 깨달았는지 몸을 움찔움찔하며 슬금슬금 소파 끝으로 이동했다.

작가 말대로야. 진화론 초기 시절, 불임 수술은 유럽에서 흔했지. 인간 종족의 질적 저하를 막기 위해, 과학적인 뒷받침까지 받으면서, 빈민 정책을 위한 예산을 줄일 목적으로 남발되었어.

소설《창문을 넘어 도망친 100세 노인》의 주인공도 이 법으로 강제 불임 수술을 당한 사람이죠?

응. 옛날 미국에는 한 가계에 3대를 거쳐 이상이 있으면 그 가계는 이어질 가치가 없다며 강제 불임 수술을 해도 되는 법이 있었어. 이른바 '단종법'이었지. 미국 전역에서 6만 명이 넘는 사람이 이 법으로 불임 수술을 받았어.

으아아.

직원이 소파 끝에서 몸서리쳤다.

그 대표적인 사건이 '벅 대 벨 사건'이지.

벅 대 벨 사건

캐리 벅 Carrie Buck 의 어머니는 가난을 못 이겨 매춘부가 된 사람이었어. 캐리는 열네 살 때 친척에게 강간당해 임신했고, 아기는 태어난 지 얼마 안 되어 죽었지. 양부모는 집안의 수치를 감추려고 캐리를 발달장애로 몰아 수용소로 보냈고, 그곳에서는 별다른 검사 없이 캐리를 지적장애로 판단했어. 사실 캐리는 배운 적이 없어 글을 몰랐을 뿐인데 말이야.
캐리 벅은 가계가 부정하다고 판단되어 불임 수술을 당할 처지에 놓이고 말아. 존 벨 John Bell 은 캐리가 갇힌 수용소의 책임자이자 의사였고, 캐리의 법적 대리인이기도 했어. 하지만 존은 캐리를 돕기는커녕, 우생학적 관점에 따라 불임 수술이 필요하다는 청원을 넣었지. 여기서 법원은 합헌 판결을 내렸고, 캐리는 강제로 불임 수술을 당해. 이게 '벅 대 벨' 사건이야.
버지니아주는 2002년에 '벅 대 벨' 판결 75주년을 맞아, '버지니아가 우생학 운동에 참여한 데 진심으로 사과한다'고 성명을 발표했어. 하지만 그때는 이미 캐리 벅은 죽은 뒤였지.

캐리의 여동생 도리스 벅도 마찬가지로 맹장 수술을 받으려고 입원한 사이 자기도 모르게 불임 수술을 받았지. 평생 왜 아이가 안 생기는지 몰랐대.

작가와 직원과 단결은 서로 끌어안거나 팔을 매만지거나 한숨을 쉬었다.

정말로 현실이 애트우드의 소설보다 훨씬 더 잔혹하고 기괴하네요.

캐리 벅 사건 판결문을 보면 굉장해. 판사들은 그 강제 불임 수술을 복지라고 생각했어. '공공의 복지는 시민의 생명을 구한다'면서, '우리가 무능력에 빠져 허우적거리지 않도록, 이미 국가의 힘을 빨아먹고 있는 사람들에게 희생을 요구할 수 있다'고 하지.

세상에, 사람더러 국가를 빨아먹고 있다니…….

'우생학'이라는 말은 다윈Charles Robert Darwin의 사촌인 프랜시스 골턴Francis Galton이 "인간은 스스로의 진화에 책임이 있다"라고 하면서 만들어냈지. 진화를 의도적으로 만들 수 있고, 인간이 그걸 제어해야 한다고 믿은 거야.

상상을 초월하는 오만이네요.

작가는 한숨을 쉬며 양갱의 등을 쓰다듬었다. 기분이 좋아진 양갱의 꼬리가 바짝 섰다.

난 진짜 모르겠다니까. 정말 생명을 생각한다면 입양에 관심을 가져야지요. 한국은 버려진 아이들을 아무도 입양하지 않아서 대부분 보육원으로 가잖아요. 한국 수준의 국가에서 이렇게 보육원이 대규모로 운영되는 나라가 없다잖아요.[5] 더해서 한국은 예전에는 세계 1위 아기 수출국이었고,

2020년에도 콜롬비아와 우크라이나에 이어 해외 입양 3위 국가라고요.[6]

아기를 돈으로 보니까.

학자가 징글맞다는 얼굴로 말했다.

해외 입양이 아니야. 돈 받고 아기를 판 거야.

그 아이들을 키워야 나라에 이득이 되는 게 아닌가요?

키우려면 돈이 드니까. 그야말로 최대의 가성비를 따진 거지.

그 말에 세 명은 모두 침묵했다.

다른 출산 정책도 마찬가지지. 키우는 돈은 들이지 않고, 낳으라고만 한 뒤 태어난 아기는 너희들이 어떻게든 알아서 하라고 내던지잖아.

네, 정상가정에서 태어난 아기만을 받아들이는 건, 정상가정에서 태어나지 않은 아이는 국가가 보조해야 하니까. 그 돈을 들이고 싶지 않다는 거죠?

내 생각에는 그래.

그때 창밖에서 모래바람이 불어와 과학책방 모모의 간판을 거칠게 흔들었다. 넷은 창밖을 바라보았다.

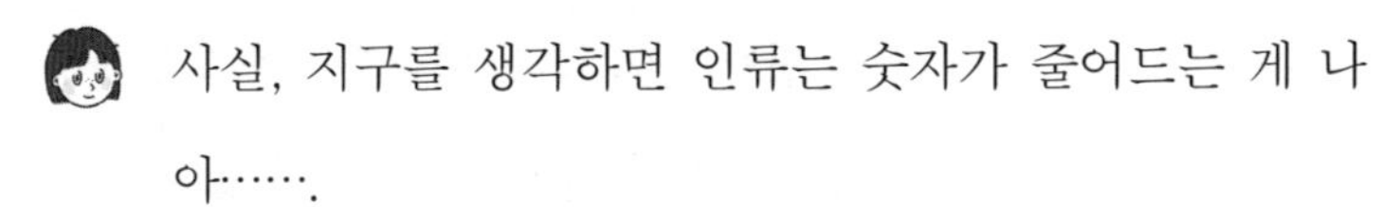

사실, 지구를 생각하면 인류는 숫자가 줄어드는 게 나아…….

응, 나도 그렇게 생각해.

전쟁이나 대량 살인을 하는 것보다는 다음 세대를 낳지 않는 것이 가장 평화롭고 오염이 적은 방법이니까. 인간도 무의식중에 아는지도 몰라. 이대로는 다음 세대가 오기 전에 인간이 지구를 죽일 거고, 지구와 함께 우리도 죽을 것을 아니까.

나도 그렇게 생각해.

가만 듣고 있던 직원이 생각에 잠겼다 말했다.

조금 이상한 생각을 해 봤는데 말이죠.

Q3 : 인공 자궁은 만들 수 있을까요?

여자한테 원치 않는 출산을 하라, 원치 않는 불임을 하라 하느니, 인공 자궁이 있다면 해결되지 않을까요? 동성애자 가족이나 불임 가족에게도 아기가 생길 거고. 음, 물론 인공 자궁이라는 생각이 조금 불편하지만?

뭐가 불편한데?

학자가 남은 맥주를 입에 탈탈 털어 넣고, 맥주캔을 구겨 납작하게 만든 뒤 농구를 하듯이 쓰레기통에 톡 던져 넣으며 물었다.

음……. 엄마가 낳지 않으니까? 뭔가…… 생명을 기계에서 만드는 것 같아서? 불경한 것 같아서? 프랑켄슈타인 같아서?

인큐베이터가 인공 자궁인데? 아기가 인큐베이터에 있다가 태어났으면 불경해?

어라?

세 명이 모두 깜짝 놀란 표정을 지었다.

물론 둘은 다르지만, 인큐베이터 기술을 더 개선하면 인공 자궁도 가능할 텐데 말이지. 실제로 바이오백bio bag 안에서 4주간 양 태아를 키우는 데 성공한 사례가 있어.

그거, 인공 자궁인가요?

단결이 눈을 반짝이며 바짝 다가앉으며 물었다.

인큐베이터 개선 연구였어. 양수 성분이 가득 담긴 비닐 주머니에 산소와 영양분을 공급했지. 보통 사람 태아는 38주 동안 엄마 뱃속에 있다가 태어나는데, 24주 이전에는 지금의 인큐베이터 기술로는 거의 살릴 수가 없거든. 그래서 인큐베이터가 아니라 자궁을 흉내 낸 바이오백을 만들어 실험 한 거야. 양은 21주면 태어나니까, 15주 즈음이 사람 태아가 살 수 있는 한계랑 비슷하다고 봐서 그때 엄마 양 뱃속에서 꺼내어 넣어 본 거지. 양은 4주 뒤에 태어났어.

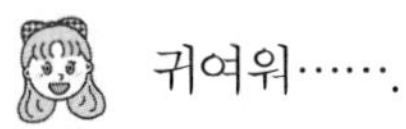

귀여워…….

그러니까 그게 무슨 반응이냐고.

관건은, 그 시기 이전의 태아도 바이오백 속에서 살릴 수 있느냐는 거야. 그렇다면 정말로 인공 자궁이 될 거니까. 하지만 그런 연구를 하지는 않지.

연구를 하면 불가능하지 않다는 거죠? 왜 안 하는 거죠? 아이를 원하는 부모에게 아이가 생기고, 여자도 아이 낳다가 죽거나 병에 걸리지 않고, 모두 행복할 것 같은데.

학자는 흠, 하고 생각하며 맥주를 한 모금 마시며 말을 이었다.

생명윤리법 문제도 있고, 편견도 문제야. 조금 전에 직원 씨가 뭔가 불경한 것 같다고 했잖아. 사람 생각이 그렇게 쉽게 바뀌지 않는 거지.

하긴 그래요. 레즈비언 부부가 임신하고 아기를 낳으니 그렇게 욕을 하니까…….

어……. 그 애가 잘 자랄지 걱정이 되어서가 아닐까요?

그 말에 단결이 벌컥 화를 내었다.

그게 무슨 소리예요! 아니, 낙태 금지야말로 그게 강간으로 생긴 아이든, 미성년자 임신이든 미혼모든 혼외자식이든 애가 태어나서 어떻게 살지 하나도 신경을 안 쓰는 법이잖아요. 그런데 레즈비언 부부가 애를 낳겠다니 갑자기 애가 어떻게 살지 걱정이 돼요?

아니, 아니, 세상 인식이 그렇다는 거예요. 제 생각이 아니라요?

직원이 손을 내저었고 단결은 분이 풀리지 않는지 씩씩거렸다.

그래. 이를테면 정자를 기증받아 미혼 임신하는 것만 해도 그렇지.

어? 그것도 불법인가요?

아니, 전혀. 그런데 막상 비혼 여성이 인공수정을 하려고 병원을 찾아가면 의사들이 대부분 거부한다지.

왜요?

단결이 깜짝 놀랐다.

의사들의 논리는 이래. 그 시술은 원래 난임 치료를 위한 것이라는 거야. 그런데 난임은 부부에게만 해당하는 질환이기

에 미혼 여성은 그 치료 대상에 포함되지 않는다는 거야. 치료 대상에 포함되지 않는 사람들을 치료할 수 없다는 거지.[7]

아, 학자 선생님 말씀대로, 그렇게 태어나면 남자의 아이가 아니기 때문에 부계제 세상에서 받아들여지지 않는 걸까요.

어쩌면.

단결은 탄식했다.

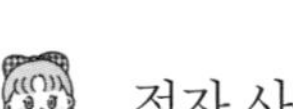
정자 사는 것도 힘들면 인공 자궁은 요원하네요.

그래. 차라리 여자를 인큐베이터로 쓰려고 하지. 내가 아는 사람은 임신 26주에 양수가 새서 4주간 인간 인큐베이터가 되어서 분만대에 묶여 있었어. 나도 조산기가 있어서 자궁

수축억제제를 달고 3박 4일간 침대에 감금된 적 있어. 의사 말로는 낳아도 살릴 수는 있는데, 엄마 뱃속에서의 하루가 인큐베이터 일주일보다 낫다고 버티라고 하더라고.

으아악.

단결과 직원과 작가가 다시 소름이 돋아 서로를 쓰다듬었다.

하지만 인공 자궁이라고 하니, 마지 피어시의 《시간의 경계에 선 여자》[8]가 떠오르네요.

그 말에 직원과 작가가 눈을 반짝였다.

오, 이번에는 단결 씨가 책을 소개하는 건가요?

이름만 들어도 감이 온다. SF겠지!

빈곤, 여성, 인종 문제를 망라한 사회 비판 소설이거든.

단결이 문득 작가의 무릎에서 뒹구는 양갱에게 '귀여워……' 하며 두 손을 달달 움직이며 손을 뻗었다가, 양갱이 휙 뛰쳐나와 식탁 아래로 들어가는 바람에 '힝' 하며 우울해했다.

그 소설에 인공 자궁으로 아이를 낳는 유토피아 세계가 나와. 문득 떠올라서 말이지.

《시간의 경계에 선 여자》, 마지 피어시 Marge Piercy, 1976

주인공은 가난한 히스패닉 여성이고, 조카를 학대하는 조카 애인을 와인병으로 때렸다가 정신병원에 수감돼요. 주인공의 과거는 더 기구해요. 전남편은 거리에서 칼에 찔려 죽고, 두 번째 남편에게 맞다가 하혈을 하게 됐는데, 레지던트가 실습을 하고 싶다는 이유로 자궁 적출을 해버려요. 주인공은 아이를 데리고 도망치지만 이때 도와주던 애인도 감옥에서 임상실험을 받아 죽어요. 충격으로 술과 각성제로 버티던 주인공이 아이를 한 번 때리는 바람에 양육권도 박탈당하죠.
정신병원에서 주인공은 임상실험 대상자로 강제 투약을 받던 도중에 미래에서 온 루시엔테를 만나 미래로 가게 돼요. 유토피아의 미래와 디스토피아의 미래를 동시에 보면서, 자신의 선택으로 미래가 변할 수 있다는 걸 깨닫지요.
유토피아는 인공 자궁으로 아이를 낳고 공동육아를 하는 세계예요. 아나키즘 anarchism 적인 공산주의 사회이자 생산을 공유하는 사회지요.
반대로 디스토피아는 모든 격차가 극심한 세계예요. 이 세계의 여성들은 약물 중독으로 쾌락에 빠져 지내면서 사이보그나 매춘부가 되어 있어요. 환경은 파괴되고 소수의 사람들만 깨끗한 공기를 마실 수 있지요.
이 소설의 재미있는 점은 사실 이 모든 게 주인공의 망상일 수도 있다는 거예요. 윤리의 기준은 무엇인가, 우리는 어떤 기준으로 세상을 파악하는가를 여러모로 생각하게 하는 소설이지요.

아까 3인 육아 이야기가 나왔는데, 이 소설에서 인공 자궁으로 아이를 낳는 유토피아 세계는 3인 육아를 기본으로 해요. 아이를 기르는 사람이 '어머니'가 되고, 남자든 여자든 3인이

배당되지요.

 역시 3인 육아로군요!

 정말 재미있구나. 1976년 작품이라고?

 예, 페미니즘 문학의 고전이지요.

 그 옛날에, 현대 과학자들도 편견에 사로잡혀 가지 못하는 지점까지 생각하다니, SF란 참 놀랍구나.

 페미니즘 문학…….

 네, 그렇지요? SF는 정말 좋다니까요!

단결이 살짝 항의하려는 찰나 작가가 얼른 끼어들어 말했다. 단결이 끄응, 하고 불만스러워하는 사이에 직원이 열심히 타자를 치며 물었다.

 그러면, 이런 질문을 해 봐도 될까요?

Q4 : 모계사회가 되면 세상이 달라질까요?

모계사회라면, 제가 샬롯 퍼킨스의 《허랜드》[9]라는 소설을 소개해 볼게요.

《허랜드》, 샬롯 퍼킨스 길먼 Charlotte Perkins Gilman, 1915

페미니즘 문학의 고전이자 유토피아 소설의 고전이에요. 《이갈리아의 딸들》이나 《어둠의 왼손》에도 영향을 끼쳤다고 해요. 이 소설은 남성이 없는 사회를 다루고 있어요. 이 종족은 전쟁으로 남자가 전멸하고 말아요. 하지만 돌연변이로 처녀생식이 가능한 여자가 생겨나면서 그 여자의 후손을 통해 나라가 유지돼요. 세 남자 탐험가가 이 종족을 발견하며 소설이 시작되지요.
당연하게도 이 사회에서는 여자가 남자가 하는 일까지 다 해요. 이 소설의 풍자적인 점은, 그런 사회를 보는 남자의 시선이죠. 어쩔 수 없이 여자가 모든 일을 해야 하는 사회인데도, 남자들은 "이 일은 남자가 해야 하는데!" 하며 난리를 치는 거예요. 그렇게 계속 "여자가 이런 일을! 여자가! 여자가!" 하다가 쫓겨나요.

쫓겨나나요. ㅋㅋㅋ

아이고, 자기 주제 파악 못 하는 인간은 어딜 가나 있다니까.

이 소설의 육아 방식도 흥미로워. 아기를 낳는 사람과 그 아기를 기르는 사람이 따로 있고, '육아 전문가'라는 직업이 있어서 그들이 아이들을 길러. 아이는 누구나 낳을 수 있지만 육아는 전문가가 해야 한다는 논리야. 마찬가지로 남자들은 '엄마가 아이를 길러야지!' 하면서 난리가 나지.

그렇구나. 혹시 유토피아를 상상하는 여자들은 우선 공동육아부터 떠올리는 걸까요…….

그럴 수도 있겠네요…….

듣고 있던 학자가 고개를 끄덕였다.

실제로 짐승 세계는 어머니 중심인 경우가 많지. 고양이도 그렇고. 수컷은 씨만 뿌리고 사라져 버리는 쪽이고, 새끼를 기르는 것은 암컷이지.

식탁 아래에 있던 양갱이 화답하듯이 길고 부드러운 꼬리를 쑤욱 내밀어 흔들었다.

그렇겠지요. 사실 아버지는 자연계에서 알기 어렵잖아요.

물론 꼭 암수로 정해지는 것은 아니야. 동물은 기본적으로 재생산에 에너지가 많이 들어가는 쪽과 아닌 쪽으로 구분해. 만약 수컷이 재생산에 더 에너지를 많이 투여한다면, 수컷이 선택권을 가지고 암컷을 고르고, 암컷이 유혹을 하지.

오, 그런가요!

셋이 모두 신기해서 눈을 반짝였다.

대표적으로 해마는 수컷이 더 에너지를 써. 암컷이 알을 낳아 수컷의 배주머니에 넣고 가 버리거든.

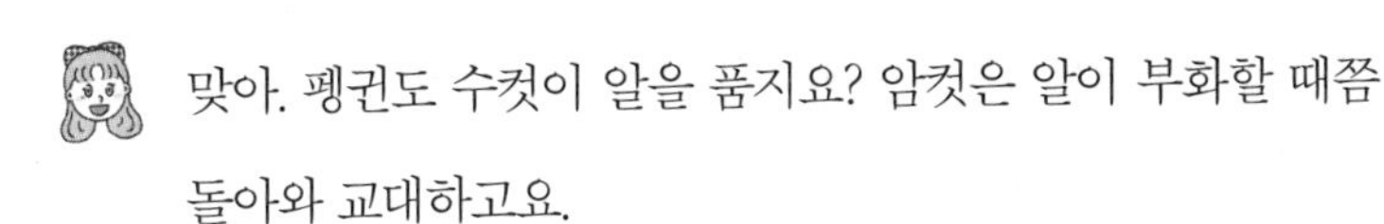

맞아. 펭귄도 수컷이 알을 품지요? 암컷은 알이 부화할 때쯤 돌아와 교대하고요.

그러면, 아이를 기르는 쪽이 주도권을 갖는다는 건가요?

정확히는 누가 자원을 더 많이 들이느냐야. 어떤 귀뚜라미 종은 정자를 영양물질로 감싸 전달하는데, 이 정포를 만드는데 자신의 몸무게 20퍼센트 이상을 써. 그걸 한 번 만들면 죽어 버리거든. 이런 경우에는 수컷이 더 많은 자원을 쓴다고 봐야지. 이 종은 암컷들이 더 큰 정포를 가진 수컷들에게 선택받기 위해 경쟁하지.

공작은요? 새들은 주로 수컷이 화려하잖아요.

응, 새들의 80퍼센트는 일부일처제고, 공작을 비롯한 일부다처제 새들의 경우, 수컷들끼리 암컷을 얻기 위해 예쁘게 치장하며 경쟁하지. 그래서 수컷이 더 예쁜 거고.

열심히 타자를 치던 직원이 어리둥절한 표정을 지었다.

어라? 그러면 인간은 어쩌다 이렇게 된 거죠? 전통적으로 여자가 육아에 더 희생하잖아요?

음. 자원의 제공자로 남성이 전면에 나서면서 그렇게 되었다고 봐. 말하자면 남자가 집안을 '먹여 살리게' 된 거지. 농사를 짓기 이전의 고대 사회는 모계사회였어. 그런데 농업이 생겨나면서 남성의 노동력이 중요해졌고, 물질적인 생산

력과 생물학적 생산력 사이의 분리가 일어났다고 생각해.

짠! 이건 제 전공 분야네요.

단결이 손을 번쩍 들며 나섰다.

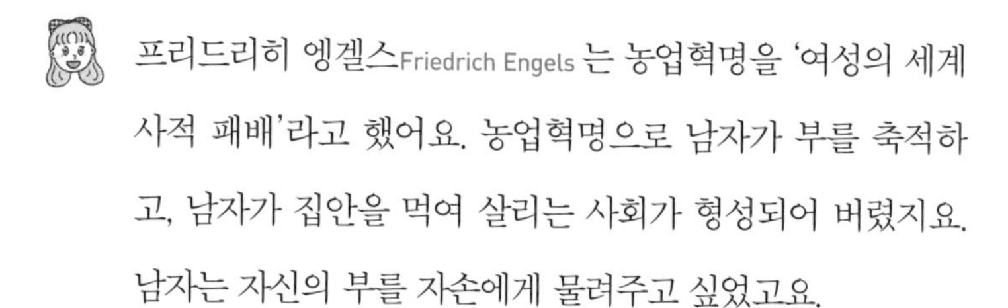
프리드리히 엥겔스Friedrich Engels는 농업혁명을 '여성의 세계사적 패배'라고 했어요. 농업혁명으로 남자가 부를 축적하고, 남자가 집안을 먹여 살리는 사회가 형성되어 버렸지요. 남자는 자신의 부를 자손에게 물려주고 싶었고요.

부계제의 출현이구나.

네. 모계가 부계로 변한 거죠. 하지만 작가 언니도 말했듯이 자연계에서 아버지를 특정하기는 어렵지요. 아버지를 특정하는 방법은 남자가 여자를 독점하고, 지위를 격하하고, 강박적으로 처녀성과 정절을 강조하는 거죠.

차별하고, 열등하다고 말하고……. 그야말로 고대로부터 내려온 인류사적 가스라이팅이로군요.

네. 실제로 산업혁명 직후에는 사회의 기본이 농업이 아니게 되면서 여성 인권이 급상승하기도 했어요.

아, 그랬군요!

그리고 여성의 수명이 급하락했고요.

네?

응?

작가와 직원이 같이 어리둥절해했다.

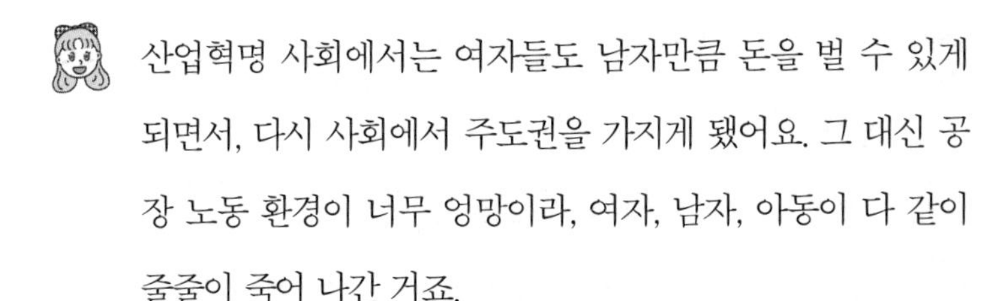

산업혁명 사회에서는 여자들도 남자만큼 돈을 벌 수 있게 되면서, 다시 사회에서 주도권을 가지게 됐어요. 그 대신 공장 노동 환경이 너무 엉망이라, 여자, 남자, 아동이 다 같이 줄줄이 죽어 나간 거죠.

아, 노동자들이 잘 곳이 없어 밧줄에 기대어 서서 자는 사진 본 적 있어요.

이대로는 다 죽겠다, 싶어서 새로 타협을 보게 된 거죠. "노동자 임금을 올려 주십시오." "싫다." "그러면 남자만요. 남자가 주로 일하겠습니다, 여자 노동력은 싸게 후려칩시다." 하고 타협한 것이 지금 사회라고 봐요.[10]

아, 그거 너무 슬프다.

그래서 여성은 두 번 패배한 거야. 농업혁명에서 한 번, 산업혁명에서 두 번.

작가는 식탁에서 살랑거리는 양갱의 꼬리를 손가락으로 톡톡 치는 시늉을 하며 말했다.

다음에서도 패배할까? 그 혁명이 무엇이든 말이야.

단결은 팔짱을 끼고 깊은 생각에 잠겼다.

고대의 모계사회로 되돌아가려면 지금까지와는 다른 권력 관계가 생겨나야 할 거야. 그게 기술일 수도 있고.

그 사회는 지금보다 나을까? 아니면 단순히 역전된 차별이 일어날까?

그야 모르지. 사회마다 다르겠지.

그러면, 상상을 도울 수 있도록 내가 남성과 여성의 입장이 역전된 세계를 다룬 SF를 소개해 볼게.

작가의 SF talk!

《이갈리아의 딸들》[11], 게르드 브란튼베르그 Gerd Mjøen Brantenberg, 1997

여성주의 문학의 고전이야. 남자와 여자의 역할과 지위가 바뀐 세상을 그린 소설이지. 주인공 페트로니우스는 선원이 되고 싶어 해. 하지만 남자가 선원을 꿈꾼다고 놀림받아. 이 세계에서는 남자가 집안에서 육아를 도맡아 하기 때문에 여자가 아이를 낳겠다고 하면 남자는 걱정이 태산이지.

〈휴스턴, 휴스턴, 들리는가〉[12], 제임스 팁트리 주니어 James Tiptree Jr, 1976

《허랜드》처럼, 여자만 있는 세상에 세 명의 남자 우주비행사가 접촉하는 단편이야. 이 우주비행사들은 우주선 사고로 300년 후의 지구 우주선과 조우해. 남자 중 하나인 버나드는 우주선에 여자뿐인 것을 보고는 어떻게 해 볼 생각밖에 하지 않아.
나중에 밝혀지지만, 미래에는 염색체 돌연변이로 지구인은 여자밖에 남지 않았던 거야. 이것을 안 버나드는 환각 속에서 지구 여자 모두와 난교할 망상에 빠지고, 다른 남자인 데이비스는 선지자가 되어 우매한 여자들을 종교적으로 인도할 망상에 빠져. 하지만 여자들은 그 꼬락서니를 보고는 정액 샘플만 채취한 뒤 남자들을 죽여 버리고 말지.

《오오쿠》[13], 요시나가 후미 よしながふみ, 2005~2021

성별 불균형이 일어났을 때, 오히려 수가 줄어든 쪽이 귀하게 여겨지는 대신 차별받는 현상에 대해서, 남녀를 바꾸어 그린 작품이야. 이 소설에서는 남자가 급감하면서, 남자를 보호해야 한다는 분위기로 사회가 흘러가. 하지만 결과적으로는 여성 인권이 급상승하여 여자가 쇼군이 되고, 남자는 기존의 여성 위치로 떨어지지. 역사상 존재한 쇼군을 모두 여자로 바꿔 그린 대체역사 만화야.

《지상의 여자들》[14], 박문영, 2018

마찬가지로 남자의 숫자가 줄어들면서 여권이 강해지는 세계를 다루고 있어. 구주라는 마을에서 어느 날부터 남자들이 하나씩 사라지기 시작해. 알고 보니 모두 폭력적이거나 여자에게 해를 끼치는 남자들이었던 거야. 이런 일이 계속되자 남자들은 사라지지 않기 위해 착하고 예의 바르게 살려고 애쓰게 되고, 여자들은 여자들의 새 공동체를 만들고, 그간 계류 상태였던 여러 인권법이 제정되기에 이르러.

참, 그러고 보니 지금까지의 대화도 여전히 성별이분법에 근거하여 진행되네. 성소수자는 늘 이런 논의에도 포함되지 않는 점에서 더 힘들다고 생각해.

그리고 남은 이야기

Q5 : 과연 과학 기술이 여성해방에 기여할까요?

음. 생각해 보니 안전하게 낙태하는 기술이 생겼어도 그 기술이 곧 여성해방으로 이어지진 않았네요. 도리어 여자를 대량 낙태하기도 하고, 우생학적인 신념으로 불임 수술을 시키기도 하고요.

피임약은 여성해방을 가져왔지만 똑같이 여성억압도 가져왔어요. 낙태 기술도 마찬가지고요. '피임약이 있으니, 낙태는 오롯이 너의 죄다'라며 비난하는 거죠. 인공 자궁이 생겨나면 여성해방이 올지, 아니면 인공 자궁이 있으니 여자는 필요 없다고 아예 격하할지 알 수 없지요.

그렇구나. 여자를 난자 공장으로만 볼 수도 있고. 인공 자궁이 임신의 전 과정을 대치한다면 결국 우수한 아기를 디자인하려고 하는 방향으로 넘어갈 수도 있겠구나. 선천성 기형을 미리 탐지할 수 있을 테니까.

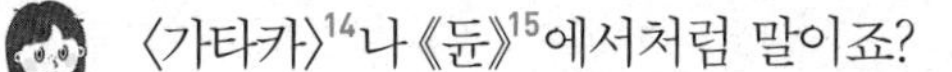

〈가타카〉[14]나《듄》[15]에서처럼 말이죠?

작가의 SF talk!

〈가타카〉, 앤드루 니콜 Andrew Niccol, 1997

유전자로 아이를 디자인할 수 있고, 유전자로 사람을 차별하는 사회를 그린 영화예요. 주인공 빈센트는 우주비행사를 꿈꾸지만 자연생산된 아이라 유전적 문제가 있어서 꿈을 이룰 방법이 없어요. 그러다 우수한 유전자를 지녔지만 사고로 하반신 마비가 된 제롬과 계약하여, 제롬의 신분으로 우주항공회사에 들어가지요. 아무리 선천적인 재능이 없어도 열정과 노력이 그 재능을 압도할 수 있다는 것을 보여주는 영화예요.

《듄》, 프랭크 허버트 Frank Herbert, 1965

환경소설로 더 유명한 소설이지요? 이 소설도 체계적으로 유전자 지도를 만들어요. 누가 누구와 결혼할지 유전자 짝을 잘 정해서 계산한 계보 아래 주인공 폴이 태어나지요. 단지 여자여야 했는데 남자로 태어났기에 능력을 의심받아요.

네, 그래서 기술의 발전만으로는 알 수 없어요. 사회가 어떤 모습이고, 그 사회에 기술이 어떻게 적용되느냐에 따라 달라지겠지요.

세계 여성운동의 살아 있는 상징,
마거릿 애트우드 1939~

캐나다의 대표 작가. 캐나다에서 《빨간 머리 앤》의 루시 모드 몽고메리 Lucy Maud Montgomery 이후로 처음 국제적인 명성을 얻은 작가로 평가받는다. 캐나다 최초의 페미니즘 작가라고도 불린다. 소설가이자 시인, 비평가, 사회운동가, 여성운동가이기도 하다. 여러 대학에서 영문학 교수를 역임했고, 하버드대학, 옥스퍼드대학을 비롯한 유수의 대학에서 명예학위를 받았다. 국제사면위원회, 캐나다작가협회, 민권운동연합회 등에서 활동하고 있다. 토론토 예술상, 아서 클라크상, 미국PEN협회 평생공로상, 독일도서전 평화상, 프란츠 카프카상, 부커상 등을 수상했다.

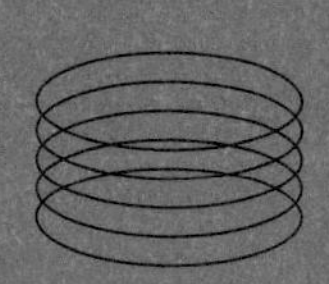

정체성에

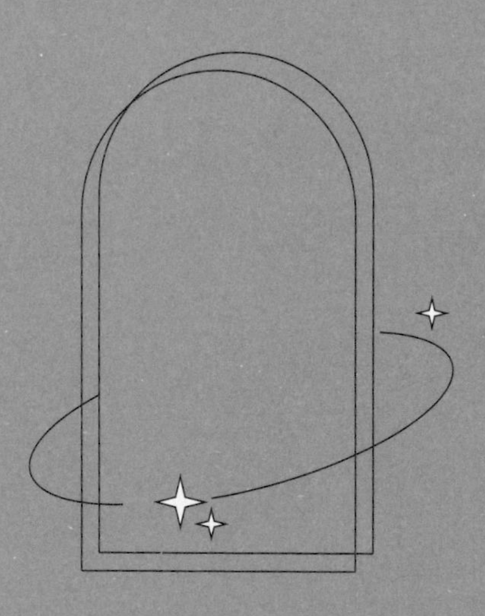

답이란 없다

'나'의 경계를 넓히는 짜릿한 질문

3장

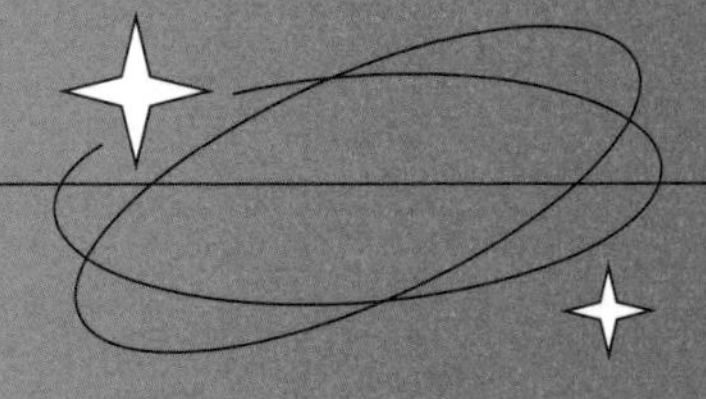

세상에 간단한 문제는 없다

폴 앤더슨의 〈조라고 불러다오〉, 그리고 신체와 정신의 관계

황사 바람이 샛노랗게 부는 가운데, 양갱은 창밖을 보는 백설기에게 살금살금 다가가 엉덩이를 딱 붙이고 앉았다. 양갱이 제 가느다란 꼬리로 백설기의 풍성한 꼬리를 슬슬 문대었다.

"체통을 지키지 못해 죄송합니다. 본능이라, 반은 제 의지가 아닙니다……."

"아주 신이 났더구나. ……꼬리 함부로 건드리지 마라."

"아이코, 꼬리도 제 의지가 아니라서."

양갱이 화들짝 꼬리를 치웠다. 그러고는 은근슬쩍 눈치를 살피며 백설기의 포실포실한 털에 제 정수리를 비벼대었다.

"그래도 영주니이임, 귀가 내내 뒤로 젖혀져 있었습니다. 인간들 이야기가 재미있긴 했지요?"

백설기는 흥, 하고 고개를 젖히며 창틀을 꼬리로 탕탕 쳤다.

"뭐, 어흠, 그 '소설'이라는 것은 신기하긴 하구나. 더구나 'SF'는 현실에도 없는 이야기인 모양인데, 무슨 그런 이야기를 바다의 물방울처럼 많이 만든단 말이냐."

"그렇지요? 영주님께서는 집고양이가 안 되어 보아서 잘 모르시겠지만, 인간들 이야기만 듣고 살아도 평생 지루할 날이 없을 겁니다."

그때 마침 파리 한 마리가 날아들어 두 고양이 머리 위를 맴돌았다. 양갱과 백설기는 파리의 궤적을 따라 똑같이 고개를 빙글빙글 돌렸다.

"그런데, 영주님, 인간들 대화를 듣다 보니 기시감이 듭니다. 이상한 생각입니다만, 저, 왠지 예전에는 여자가 아니었던 것 같은……."

"아니었지."

"네?"

양갱의 털이 고슴도치처럼 곤두서며 꼬리가 풍선처럼 팡 터졌다. 양갱은 입을 딱 벌리고 백설기를 쳐다보았다.

"제, 제, 제가 저, 전에는 여자가 아니었다는 게 무슨 말씀입니까?"

백설기가 무심히 머리 위를 맴도는 파리를 따라 고개를 빙빙 돌리며 답했다.

"그 몸에 들어가기 전에는 그랬다는 말이다."

"몸에 들어가요? 그럼, 이 몸이 원래는 제 몸이 아니란 말씀입니까?"

"그럼, 네가 정말 고양이인 줄 알았느냐. 애초에 고양이는 지구

생물 아니냐."

"왜, 왜 제게는 그런 기억이 없는 거죠?"

백설기는 파리를 잡으려 뒷발로 일어나 유리창을 탕탕 치다가, 괜히 불쾌해진 듯 엉덩이를 씰룩이며 돌아앉았다.

"됐다. 어차피 떠날 별인데, 안 좋은 기억을 떠올려 뭘 하겠느냐. 아무튼 점심때니 낮잠이나 한숨 자고 기력을 보충하고 가자꾸나."

양갱은 시무룩해졌다가 뭔가 비장한 결심을 한 듯 입을 꾹 다물었다.

"됐다!"

직원이 아이패드를 높이 들며 만세를 불렀다.

"이 정도면 기사 하나 분량은 나오겠어요! 사진도 좋네요. 날씨가 '인류 최후의 날, 마지막으로 남은 책방에 모인 최후의 네 사람'이라는 꼭지에 딱 맞아요."

"어째 '최후'가 좀 남발되는 것 같네요……."

단결이 소파에 드러누워 창가의 고양이들을 찰칵찰칵 찍으며 말했다.

"기사 도와주신 값으로 점심은 제가 대접할게요. 책방에서 파는 수제 빵이 있어요. 학자 선생님은 맥주 한 캔 더 드릴까요?"

"오, 고맙구나. 방금 작가 씨와 단결 씨가 추천해 준 책도 찾아주겠니? 손녀들에게 선물하기 전에 먼저 읽어 보고 싶구나."

"네! 아, 작가 씨, 저 대신 고양이들 점심 또 부탁해요."

직원이 작가에게 부탁하자 단결이 용수철처럼 벌떡 일어났다.

"내가, 내가 줄래요!"

단결이 찬장에서 소란스럽게 캔과 그릇을 꺼내며 우당탕 뛰어다니자 고양이들은 히익, 하고 놀라 펄쩍펄쩍 뛰며 책장 꼭대기로 도망쳐 올라갔다.

창틀에 양갱과 백설기의 이름이 쓰인 캔 접시가 얌전히 놓인 가운데, 오븐에서 빵을 굽는 냄새가 고소하게 나고, 학자는 우아한 자세로 앉아 책을 읽고, 직원은 기사를 정리하기 시작했다. 작가는 단결에게 《바람계곡의 나우시카》 만화책을 떠안기며 실랑이했다. "이거 너 정말 좋아할 거라니까." "언니, 나 만화 안 봐." "만화 아냐. 아, 물론 만화지만, 이건 초울트라스페셜갓만화라고." "언니, 요새 애들 그런 말 안 써."

한 시간여 후,

작가가 2층 작업실에서 노트북으로 글을 쓰는 사이, 양갱이 소리 없이 다가와 작가의 다리에 꼬리를 스윽 스치듯이 문대었다.

"아, 깜짝이야."

작가가 다리를 높이 들며 의자 밑을 내려다보았다. 양갱은 작가를 빤히 보며 의자 다리에 볼을 쓱쓱 문대며 냄새를 묻혔다.

"왜? 배고파? 밥은 방금 먹었잖아."

작가가 발가락으로 양갱의 엉덩이를 통통 치자, 치는 박자에 맞추어 양갱의 엉덩이와 꼬리가 같이 톡톡 올라갔다. 양갱은 엉덩이를 높이 올리느라 발끝으로 서서 바들바들하다 옆으로 픽 넘어졌다. 작가가 쿡쿡 웃자 양갱이 쓰러진 채로 말했다.

"밥은 잘 먹었어요. 그보다 저 좀 도와주세요."

"그래, 밥은 잘 먹었……. 으엑? 고양이가 말을 하잖아?"

작가가 놀라 두 발을 휘젓는 바람에 의자가 뒤로 넘어갔다. 작가가 뒤로 넘어져서 머리와 허리를 매만지는 사이 양갱이 작가의 몸을 밟고 가슴에 올라타 말했다.

"고로롱 별 통역기예요. 배터리 잔량이 얼마 없어서 대화는 잠깐밖에 못 해요. 그러니 그렇게 놀라실 틈 없어요."

양갱이 다른 발톱과 달리 살짝 기계 광택이 나는 앞발톱으로 땅을 톡톡 두드리며 말했다.

"어차피 대화가 끝나면 꿈을 꿨다고 생각할 거예요. 인간과의 대화는 금기지만 지금 따질 때가 아니네요."

작가가 어버버하는 사이에 양갱이 애처롭게 말했다.

"저 좀 도와주세요. 지금처럼 토론을 계속해 주세요. 그러면 기억을 되찾을 수 있을 거예요."

작가가 2층에서 내려왔을 때 단결은 눈물을 찔찔 짜고 있었고 옆에서 직원이 티슈를 열심히 뜯어 건네주고 있었다. 잠시 멍하니 서 있던 작가가 겨우 정신을 차렸다.

"어라? 단결이 누가 울렸어요?"

"아무도 안 울렸어요. 어…… 그런데 지금 단결 씨 이 만화책 보면서 그러니까…… 총 스물아홉 번 울었네요."

"……울 줄은 알았는데 잠깐 사이에 많이 울었네요……."

"그러게, 하도 많이 울어서 신기해서 세어 보았네."

옆에서 학자가 맥주를 컵에 쪼르륵 따르며 말했다.

"어허으허으허엉, 크샤나 짱이고……. 으허허헝…… 모두가 서로를 이해하는데……. 으허허헝……."

직원이 훌쩍이는 단결에게 티슈를 뜯어 주다가 작가를 보며 눈을 깜박였다.

"어? 작가 씨, 잠깐 2층 다녀오더니 어째 멍해 보이네요? 무슨 일 있었어요?"

작가가 넋 나간 얼굴로 서 있자, 2층에서 내려온 양갱이 시침을 뚝 떼고 작가의 다리를 몸으로 스치며 지나갔다.

"뭔가 이상한 꿈을 꾼 것 같기는 한데……."

"그새 잤어요?"

양갱은 사뿐사뿐 걸어가 창틀에 솜뭉치처럼 누워 있는 백설기 옆으로 다가갔다. 그리고 몸을 돌돌 말고는 백설기의 등을 열심히 핥아 닦은 뒤에 그 위에 고개를 얹고 누워 가벼운 고로롱 소리를 내었다. 작가는 한참 양갱을 쳐다보다가 고개를 도리도리 저었다.

"저, 아까 대화 중에 궁금한 게 생겼는데요, 학자 선생님."

"응?"

학자가 책에서 눈을 떼고 고개를 들었다.

"아까 성별이분법 이야기하다가 궁금해졌어요. 만약 내가 다른 성별의 몸으로 들어간다면 어떻게 될까요? 그 신체에 맞추어 내 성별정체성도 변할까요? 그러니까, 말하자면……."

작가는 진중하게 물었다.

"신체는 얼마나 내 정신에 영향을 끼치는 걸까요?"

학자는 제 접시에 있는 마지막 빵조각을 먹으며 책을 덮고 작가를 물끄러미 보았다.

"왜 갑자기 그게 궁금해졌는데?"

"그 이야기를 하다 보면 뭔가 잃어버린 기억이 생각날 것 같아서…… 뭔가 중요한 문제처럼 느껴진다고나 할까……. 왠지 그 기억을 떠올리지 못하면 오늘 밤 지구를 떠나야만 할 것 같은……."

"아, 대화를 계속하는 건가요!"

직원이 환하게 웃으며 식탁 위의 접시를 손으로 밀어 치우고, 손가방을 열어 아이패드와 휴대용 키보드를 펼쳐 식탁 위에 올려놓으며 말했다.

"다음 달 기사도 쓸 수 있겠는데요! 신나는데요! 두 번째 기사 주제는 그럼, '신체와 정신의 관계'인가요?"

단결은 코를 팽 풀고 훌쩍이며 반대쪽 소파로 기어가서 누웠고, 나우시카를 마저 보겠다며 책장을 넘겼다. 학자는 어깨를 으쓱했다.

"뭐, 괜찮겠지. 어차피 우리 다 갇힌 신세고 달리 할 일도 없지 않니."

"제목 : 지구 종말의 날, 지구 최후의 책방에 갇힌 네 사람, 종말이 다가오는 것을 깨닫고 인류의 마지막 기록을 남기고자 대화를 나누기로 결심하는데……."

직원이 타타탁 소리를 내며 열심히 키보드를 치자 작가가 살짝 식은땀을 흘렸다.

"직원 씨, 아무래도 설정이 좀 과해요……."

"아무튼, 그 질문을 들으니 제임스 캐머런의 영화 〈아바타〉가 떠오르는구나."

학자가 말하자, 작가가 갑자기 눈을 번뜩였다.

"그 영화를 추천할 거라면, 저는 폴 앤더슨의 소설 〈조라고 불러다오〉를 고르겠어요."

작가가 소파 아래에 자리를 잡고 털썩 앉았다. '소설'이라는 말이 들리자마자 창틀에서 코를 골며 자던 백설기의 한쪽 귀가 쫑긋 솟았다. 양갱이 한쪽 눈을 뜨고 네 사람을 보고는, 씩 웃으며 도로 시침을 뚝 떼고 자는 척했다.

작가의 추천 도서

〈조라고 불러다오〉[1], 폴 앤더슨 Poul Anderson, 1957

지구인들은 에너지 고갈로 자원을 채취하러 목성에 가요. 하지만 지구인은 목성의 극한 환경에서 살 수 없기 때문에, 의사 신체, 즉 모조 목성인을 만든 뒤 심령투사기로 뇌에 침투해 조종하는 방법을 써요. 생물물리학자였던 주인공 앵글시는 하반신 마비 장애인이 되자 이 일에 자원했고, '조'라는 모조 목성인을 움직이면서 점점 현실의 허약한 자신보다 조의 강하고 야생적인 생명력에 동화되지요. 한편으로 이곳에 정착할 모조 목성인들의 지도자가 될 준비를 하면서요.

그러다 조의 몸에서 앵글시는 사라지고 조만 남아요. 탐사대에서는 앵글시의 정신과 조의 신체가 영향을 주고받다가 하나가 된 것으로 해석해요. 앞으로도 자기 몸에 만족하지 못하는 인간들을 이렇게 목성에 보낼 계획을 짜지요.

 어? 잠깐만?

받아적던 직원이 어리둥절해했다.

 그거 영화 〈아바타〉 이야기잖아요?

 내 말이요!

작가의 SF talk!

〈아바타〉[2], 제임스 캐머런 James Cameron , 2009

지구인들은 에너지 고갈로 자원 채취를 위해 행성 판도라로 향해요. 하지만 판도라의 환경은 지구인에게 독이기 때문에, 지구인은 판도라의 주민 나비족과 같은 의사 신체, 모조 나비족을 만들어 의식을 전송해 조종하지요.

제이트는 전직 해병이지만 하반신 마비 장애인이 되고 이 임무에 참여하게 돼요. 그리고 본래의 허약한 자신보다 나비족 신체의 강하고 야생적인 생명력에 점점 동화되고, 마침내는 나비족의 지도자가 되어 지구인과 대적해 싸우지요.

원작이 아닐 수가 없어요. '아바타에 큰 영향을 준 작품' 정도로 부르는 것 같은데, 저는 그 수준이 아니라고 봐요.

왜 원작 표기를 하지 않았을까요?

작가 본인은 뭐라고 하는데?

죽어서 말을 할 수 없지요…….

아…….

직원이 아이패드로 검색해 보았다.

이상하네요. 아바타가 표절 시비가 여럿 있는데 이 작품은 없네요.

폴 앤더슨 작가가 죽어서 시비를 못 걸어서…….

아…….

직원과 작가의 반대편 소파에 누워 《바람계곡의 나무시카》를 보던 단결이 또 팡, 하고 울음을 터트렸다. 직원이 옆에서 "오, 마침내 서른 번째 우셨네요" 하고 휴지를 건네주었다. 학자가 생각에 잠겼다가 말했다.

하지만 저작권은 표현에 있고 아이디어에는 없으니까. 플롯의 유사성만으로 표절 시비를 가리기는 어렵지.

아, 아이디어에는 저작권이 없나요?

법학에서는 아이디어는 중요하지 않아서가 아니라, 너무 중요한 나머지 인정하지 않는다고 하지. 만약 아이디어나 설정의 표절을 엄격하게 인정했다가는 클리셰를 쓰는 모든 소설이 문제가 될 거고, 실상 창작 자체가 불가능해지니까.

음, 하지만 SF에서 설정과 아이디어는 일반 문학보다 중요하다고 생각해요. 추리소설도 트릭이 중요하기 때문에 함부로 트릭을 베끼는 것이 금기잖아요.

하지만 SF도 한번 생겨난 설정이 동시대와 다음 세대에 계속 영향을 주는 형태로 발전하지 않니. 신체를 조종해 행성을 탐사하는 소설도 더 많을 것 같은데.

네, 무슨 말인지 알겠어요. 하지만 제임스 캐머런은 도리상 최소한 이 소설에 대해 말했어야 했어요.

작가는 벌떡 일어나 책장을 뒤져 《SF 명예의 전당》 3권을 꺼내고는, 책장을 팔락이며 〈조라고 불러다오〉 부분을 펼쳐 읽었다.

이 소설에서 조의 외모 묘사를 읽어 볼게요. 물건도 쥘 수 있는 강하고 긴 꼬리, 고양잇과의 동물과 인간을 합성한 것 같은 모습, 긴 팔과 발달한 근육, 피부는 푸른빛이 나는 회색…….[3]

아이고, 저런.

학자가 머리를 딱 쳤다.

자, 그 문제는 넘어가도록 하고, 지금까지처럼 제가 질문을 던져 볼게요.

직원이 촬영에 들어가듯이 두 손을 위아래로 해서 손뼉을 딱 치며 말했다.

영화 〈아바타〉에서 제이크, 〈조라고 불러다오〉에서 앵글시는 외계인의 몸을 조종하다가 그 신체에 동화되는데요. 과연 신체는 어느 정도까지 마음에 영향을 미치는 걸까요?

Q1 : 내가 다른 신체로 들어간다면, 그 신체에 맞추어 내 정체성도 변할까요?

학자는 입술을 손가락으로 두드리며 잠시 생각하다가 물었다.

그때, '나'를 얼마나 옮기는 거니?

응? '얼마나 옮긴다'니요?

몸 없이는 마음도 없어. 생물학자 제럴드 에델만 Gerald Edelman 도 말했지만, 마음은 두뇌 구조와 시냅스 패턴, 호르몬의 영향 아래 있는 거야. 설사 다른 부분은 다 내버려두고 기억만 옮긴다 쳐도, 기억마저도 몸 없이는 생겨날 수 없어. 내가 묻고 싶은 것은 이거야. 만약 사람이 다른 몸으로 옮겨 간다면, 애초에 옮길 수 있는 '마음'은 어디서부터 어디까지인 거니?

작가가 아, 하고 감탄사를 내뱉었다.

그렇구나! 애초에 몸을 바꾸는 시점에서 어차피 마음의 일부밖에는 옮길 수 없군요. 그리고 일부만 옮겼으면 사람은 변화할 수밖에 없고요.

그렇구나! 그래서 제이크와 앵글시는 몸에 동화되어 마음이 변할 수밖에 없었던 거군요.

응. 게다가 과연 어디까지 본래의 마음에서 떼어 내어도 그것을 '나'라고 인식할 수 있을지 알 수 없지. 게다가 결국 그 생물의 뇌 구조에 영향을 받겠지. 앵글시가 목성인의 뇌로 옮겨 갔다면, 그 뇌의 능력에 맞추어 생각하게 되겠지. 이를테면, 걸리버 여행기의 소인처럼 작은 뇌로 옮겨갔다면, 용량 부족 때문에 고차원의 사고를 하기 어렵지 않겠니.

《바람계곡의 나우시카》 책을 끌어안고 황홀경에 빠져 누워 있던 단결이 눈을 번뜩 뜨며 끼어들었다.

그렇구나! 만약 사람의 인격을 고양이에게 이식한다면 고양이에 동화되겠군요. 마음이 고양이의 뇌와 신체 구조 속에서 작동할 테니까요. 애초에 뇌가 작아서 본래의 마음이 다 담길 수도 없을 거고요.

백설기의 등에 턱을 얹고 누워 있던 양갱이 눈을 빛내며 열심히 귀를 기울였다. 백설기가 양갱의 귀가 연신 까닥이는 것을 느끼고 짧은 다리를 바르르 떨며 몸을 날름 뒤집었다.

그래! 웹소설의 기본은 '회빙환'이잖아요?

회빙환이 뭐니?

회귀, 빙의, 환생이요. 웹소설은 과거로 회귀하거나 소설 속 인물에 빙의하거나 미래에서 환생하는 이야기가 주류예요. 그런데 회귀하거나 환생하느라 아기 몸으로 들어가면, 그 아이의 뇌가 발달한 정도만큼밖에 생각할 수 없겠네요! 게다가 인격이나 성격, 재능과 지능도 그 몸의 영향을 받을 거고요. 어쩐지, 저는 웹소설 볼 때마다 현대인이 다른 세계에 너무 잘 적응한다 싶었어요. 원래 몸의 능력을 이어받고, 그 몸에 동화되기 때문이군요!

그렇구나! 그래서 실은 우리는 전생의 기억을 다 잊는 게 아닐까? 엄마 뱃속에서 태아가 되는 순간 뇌와 신체가 달라져서 기억이 유지되지 않는 거지.

 역시! SF는 불교적이야.

단결이 고개를 끄덕이며 감탄사를 뱉자 작가가 눈을 깜박였다.

 그건 또 무슨 소리야?

 응? SF는 불교적이잖아. 불교는 SF적이고.

 그러니까 그게 무슨 소리냐고?

단결과 잠시 눈깜박임을 교환하던 작가가 어깨를 으쓱하며 말을 이었다.

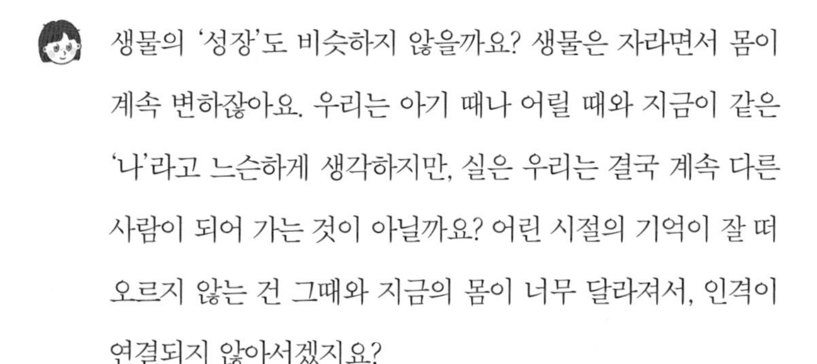

생물의 '성장'도 비슷하지 않을까요? 생물은 자라면서 몸이 계속 변하잖아요. 우리는 아기 때나 어릴 때와 지금이 같은 '나'라고 느슨하게 생각하지만, 실은 우리는 결국 계속 다른 사람이 되어 가는 것이 아닐까요? 어린 시절의 기억이 잘 떠오르지 않는 건 그때와 지금의 몸이 너무 달라져서, 인격이 연결되지 않아서겠지요?

응, 맞아. 그걸 유아 기억상실증이라고 하지.

학자의 과학 talk!

유아 기억상실증 infantile amnesia

보통 사람은 3~5세 이전을 거의 기억하지 못해. 8세부터는 어린 시절의 기억을 잃기 시작하고. 그건 유아기의 뇌가 성인의 뇌로 변하는 과정에서 시냅스(신경세포의 정보가 오가는 부분)가 크게 다시 배치되기 때문이지. 특히 3세 이전을 기억하기 힘든 것은 언어와 장기기억 저장 능력이 덜 발달해서라고 하지.

단결은 '어……' 하고 잠깐 생각하며 고개를 갸웃하고는 책을 옆에 내려놓고 일어나 앉았다.

저는 두 살 때 기억이 있어요. 그런데 지금 들으니 그게 진짜 내 기억인지 헷갈리기는 하네요. 혹시 주변 사람들이 말해 준 것을 짜맞춘 걸까요?

응, 어떤 통계에서는 40퍼센트의 사람이 두 살 이전의 기억이 있다고 하고, 태어난 순간을 기억하는 사람도 제법 많다고 하지. 하지만 이때의 기억은 다른 사람의 말을 듣고 만들어진 것이 많다고 해.

나도 네 살 때 기억이 있어요. 혹시 2세에 기억한 것을 3세에 기억하고 3세에 기억한 것을 4세에 기억하는 형태로 계속 반복해서 기억하면 가능하지 않을까요?

그럴 수는 있겠지. 강렬한 기억은 계속 되풀이되어 새로 입력되니까.

그렇다면 그것도 실제와는 많이 다를 수 있겠네요…….

그래, 나중에 새로 덧붙여졌을 가능성이 꽤 높지.

받아적던 직원이 고개를 갸웃하며 물었다.

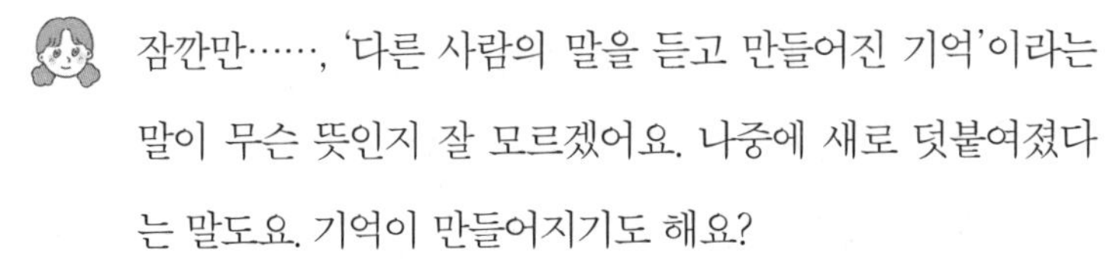

잠깐만……, '다른 사람의 말을 듣고 만들어진 기억'이라는 말이 무슨 뜻인지 잘 모르겠어요. 나중에 새로 덧붙여졌다는 말도요. 기억이 만들어지기도 해요?

응. 흔히 사람들은 생물의 기억도 마치 컴퓨터의 하드디스크에 기록한 파일처럼, 고정된 실체로 저장되는 줄 알지만, 그렇지 않아. 오히려 기억은 칠판처럼 계속 지워지고 매번 새로 쓰이는 것에 가깝지. 엘리자베스 로프터스의 실험을 소개해 볼게.

학자의 과학 talk!

《우리 기억은 진짜 기억일까?》[4], 엘리자베스 로프터스Elizabeth Loftus, 캐서린 케첨Katherine Ketcham, 1994

엘리자베스 로프터스는 사람들에게 '네가 쇼핑몰에서 길을 잃은 적이 있다'는 가짜 사건을 말해 주는 실험을 했어. 그 말을 들은 사람들 다수가 점점 그 사건을 실제 자기 체험처럼 떠올리다가, 급기야는 영수증 모양이나 그때 산 물건, 만난 사람들의 옷 모양 같은 아주 구체적이고 자세한 기억을 떠올리게 되었다고 하지.
이것은 간단한 암시로 기억을 조작하기가 얼마나 쉬운가를 알아보는 실험이야. 실제로 로프터스는 삼촌에게 '네가 엄마의 시신을 발견했다'는 말을 들었다가, 그 사건의 구체적인 정황을 명확하고 생생하게 떠올리게 돼. 그러다 삼촌이 '착각이었다'고 말하자마자 기억이 도로 사라져버렸다지.

로프터스가 이 '가짜 기억'에 관심을 가지게 된 이유는 가짜 기억으로 억울하게 기소되는 사람들을 보면서였어. 미국에서는 80~90년대에, 심리치료를 받던 여자들이 부모님이나 친족에게 성폭행 당한 기억이 갑자기 생생하게 떠오르는 대유행이 있었거든.

네? 그건 또 무슨 소리예요?

직원이 당황해서 키보드를 떨어트릴 뻔했다.

프로이트Sigmund Freud가 사람의 정신증이 유아기의 부모 관계와 억압된 성적인 문제에서 온다고 믿은 것은 알지? 그 이론이 유행할 무렵, 프로이트의 이론을 굳게 믿은 심리치료사들이…….

아, 알겠어요. 정신증이 있는 사람들에게 '너는 친족 성폭력을 당했지만 기억 억압으로 잊었을지도 모른다'는 암시를 주어 버린 거군요…….

응, 그러면서 여자들에게 성폭력의 기억이 들불처럼 번진 거야. 이건 '거짓 기억 증후군'이라고 해서, 90년대 미국에서 크게 문제가 된 현상이야.

세상에……, 너무 불쌍해요.

물론 사람이 충격과 고통으로 기억을 잃을 수는 있어. 하지만 완전 기억 상실은 극히 드물고, 그때도 보통 '기억을 잃었다'는 것까지라도 기억하지. 그런데 그때는 완전히 잊고 있던 친족 성폭력의 기억을 갑자기 떠올리는 사람이 일시에 쏟아져 나오기 시작한 거야. 너무 이상한 일이었지.

로프터스는 만약 완전히 잊고 있던 트라우마가 갑자기 섬광처럼 생생하게 떠오른다면, 그건 실제 일어난 일이 아닐 수도 있다고 말해. 성적 학대는 그렇게 간단히 잊을 수 있는 문제가 아니고, 오히려 실제 피해자들에게 모욕이라고. 칼 세이건도 《악령이 출몰하는 세상》[5]에서 이 가짜 기억 문제에 주목했지.

학자의 과학 talk!

《악령이 출몰하는 세상》, 칼 세이건 Carl Sagan, 1995

한 통계에 의하면 미국인 25퍼센트는 외계인 같은 이세계 존재에게 납치된 기억이 있고, 12퍼센트는 악마 숭배 교단에게 학대받은 기억이 있다고 해.

칼 세이건은 이 기억 대부분이 미국에서만 발생하는 문제에 주목해. 말하자면 사회 분위기와 문화에 의해 생겨나는 가짜 기억인 거야. 중세에는 비슷한 숫자의 사람들이 악마나 성인, 마녀를 목격했어. 물론 여기에는 일상에서의 환각, 가위눌림, 정신증 등도 결합되어 있지.

말하자면, '그런 것이 있다'는 말을 계속 듣다 보면 암시에 걸리는 거야. 일종의 최면 기억인 셈이지.

칼 세이건은 가짜 아동기 성적 학대 기억도 비슷한 이유에서 생겨난다고 해. 치료사가 환자에게 반복해서 질문하다 보면 최면을 거는 것과 비슷한 효과가 생겨나는 거야. 아이들은 암시에 걸리기가 더 쉽고.

미국정신의학협회는 이 문제를 조심스럽게 다루면서, 실제 사건에 기초한 기억과 다른 것에 근거한 기억을 정확하게 구분할 방법은 현재로서는 없다고 말해.

잠깐만요, 저 이 이야기가 너무 불편해요.

직원이 학자의 말을 제지하며 두 손을 내저었다.

만약 성폭력을 당한 적도 없는데 가짜 기억이 생겨날 수 있다면, 거꾸로 나쁜 사람이 성폭력을 당한 피해자에게 그런 일이 없었다고 믿게 만들 수도 있잖아요?

그럴 수도 있겠지. 실제로 로프터스의 실험은 가해자가 악용할 수 있다며 페미니스트에게 극심한 비판을 받았지. 여성운동을 후퇴시킨다고.

너무 슬프네요. 로프터스도 마찬가지로 피해자를 위해 싸운 거잖아요. 일어나지도 않았던 일로 본인과 가족의 삶이 전부 망가지는 고통은 어쩌고요?

하지만 또 누가 애써 피해를 폭로했는데, 가짜 기억이라면서 믿어 주지 않으면 마찬가지로 슬플 것 같아요.

그래. 그러니까 우리는 모든 사안을 매번 다르게 보고, 복잡하게 보고, 정확히 보려 애쓸 수밖에 없지. 성별이분법에 대해 토론할 때도 말했지? 모든 것이 간단했으면 좋겠지만 그렇지가 않아.

세 명은 제각기 생각하며 침묵에 잠겼다. 작가가 입을 열었다.

그렇군요. 저는 SF에서 신체를 옮겨 갈 때는 결국 기억을 옮긴다고 생각했거든요. 그런데 기억은 대부분 잊히는 것이고, 남은 기억도 대부분 왜곡되고, 그마저도 실시간으로 다시 쓰인다면, 결국 무엇이 옮겨 가는 걸까요? 기억이라도 옮기는 것이 가능하기는 할까요?

내 말이 그 말이야. SF에서처럼 생물도 아니고 기계로 옮겨 간다면 훨씬 더 훼손되겠지.

아, 궁금해졌네요. 정말로 그러면 어떻게 될까요?

직원이 정신을 차리고 제 뺨을 탁탁 친 뒤에, 키보드를 치며 물었다.

Q2 : 기계 몸에 들어가면 우리는 자신을 기계로 느낄까요?

그 말을 들으니 시로 마사무네의 《공각기동대》[6]가 떠오르네요. 김창규 작가의 〈업데이트〉[7]도요.

《공각기동대》, 시로 마사무네 士郎 正宗, 1991~2003

오시이 마모루 押井守의 극장판으로도 유명하지요. 이 만화는 전뇌 電脳, 그러니까 전자뇌에 인격을 업로드하고, 전뇌에서 신호를 받아 전신 의체, 그러니까 만들어진 인공 신체를 조종하는 세계를 그려요. 그곳에서 활약하는 공안 경찰이 주인공이고요. 전뇌에 사람들의 인격이 연결되어 있다 보니 이 세계의 인격은 오롯이 자기 것이 아니에요. 늘 해킹 위험에 처해 있고, 네트워크로 이어진 생각이 서로 간섭하기도 하지요.
과연 지금 내 자아 중 어디까지가 내 것인가, 지금 내가 살아 있기는 한가, 아니면 이미 죽어 '기계 껍질 속의 유령 Ghost in the Shell (공각기동대의 영어 제목)'이 된 것인지도 알 수가 없지요. '고스트'는 혼을 넘어서, 의체를 움직이는 에너지 집합체를 뜻해요. 네트워크의 바다 안에서 생겨난 전자 인격 '인형사'가 등장하면서 혼란은 더 커지지요.
원작은 좀 더 명랑한 톤이고, 오시이 마모루의 극장판은 어둡고 허무주의적인 분위기를 내지요. 영화 〈매트릭스〉를 비롯한 후대의 SF에 크게 영향을 끼쳤지요.

〈업데이트〉, 김창규, 2013

시각장애인 여성이 기술로 시각을 갖게 되었지만, 특허권 분쟁으로 그 기술을 못 쓰게 되면서, 저작권 문제로 그 시각으로 본 기억을 모두 삭제해야만 하게 돼요. 기억을 잃을 처지가 된 주인공은 결국 연인과 기억을 공유하는 형태로 서로의 가장 아름다운 기억만 보존하기로 해요. 그 과정에서 둘 다 기억을 조금씩 잃겠지만, 같이 잃고 같이 기억하게 되지요.
기억이 기술과 결합하게 되면서, 그 기억이 오롯이 자기 것이 아니게 되는 문제를 고민하는 단편이지요.

거꾸로 인간이 된 기계 이야기의 고전도 있지요?

작가의 SF talk!

《바이센테니얼 맨》[8], 아이작 아시모프 Isaac Asimov, 1976

단편에서 장편으로 개작되고 영화화도 되었지요. 가사도우미 로봇 앤드루는 집에서 가족처럼 사랑받는 로봇이었는데, 특이하게 창작의 재능이 있었어요. 가족은 앤드루를 정말 사랑해서 사람의 권리를 가지도록 도와주지요. 앤드루는 점점 사람의 권리를 갖게 되고, 사람다워지고, 사람이 되고 싶어서 점점 몸도 유기체로 바꿔 가요. 결국 앤드루는 그 집안의 딸과 사랑도 하게 되어요. 앤드루가 사람이 되는 마지막 단계는 인간처럼 죽음을 맞이하는 것이었지요.

소개를 마친 작가는 왠지 살짝 비웃음을 날렸다.

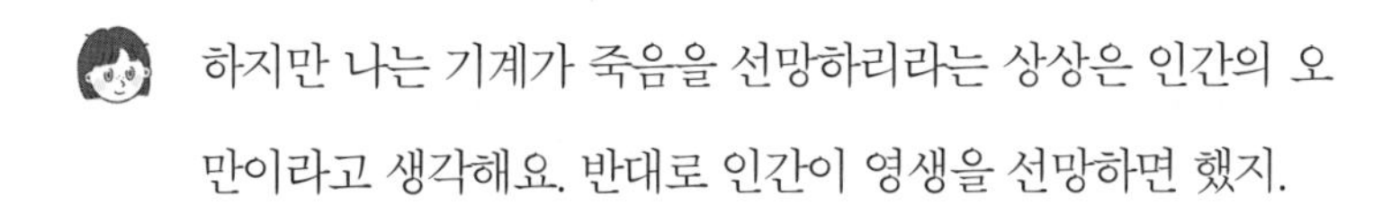

하지만 나는 기계가 죽음을 선망하리라는 상상은 인간의 오만이라고 생각해요. 반대로 인간이 영생을 선망하면 했지.

그 말에 학자는 소리 내어 웃었다.

동의해. 나도 할 수 있다면 몸을 기계로 바꾸고 싶어. 나이가 드니 몸이 자꾸 아파서 말이지. 최소한 다리 정도는 바꾸고 싶어. 오늘만 해도 그렇지. 내 다리가 예전만 같았어도 집에

갈 수 있었을 텐데.

아, 만약 기계로 몸을 바꿀 수 있게 되면, 기계와 인간 사이에 놓인 중간 단계의 사람도 생겨날 수 있을까요?

아, 《은하철도 999》[9]가 기본적으로 그런 이야기지요?

작가의 SF talk!

《은하철도 999》, 마쓰모토 레이지松本零士, 1977~1979(만화), 1978~1981(애니메이션)

이 작품은 신분이 높은 사람은 기계가 되어 영생을 누리고, 가난한 사람은 인간의 몸으로 죽어 가는 세계에요. 기계 몸과 인간 몸 사이에서 갈등하는 사람들이 종류별로 나와요.
애타게 기계가 되고 싶은 사람도 있고, 반대로 절대로 기계가 되지 않고 인간으로 남겠다며 저항하는 사람도 있어요. 기계가 된 뒤에 인간을 천시하며 차별하는 사람도 있고, 기계 몸을 얻었지만 도로 인간으로 돌아가고 싶어 애쓰는 사람도 있어요. 주인공 철이(원작 데츠로)는 기계가 되고 싶어 은하철도를 타고 여행을 떠나지만, 결말에서 도로 인간을 택하지요.

아, 그렇구나!

단결이 깨달은 듯 무릎을 탁탁 쳤다.

트랜스젠더 혐오자들은 성별을 바꾸었다가 되돌아오는 사

람이 있다는 예시를 들면서 트랜스젠더가 없다는 증거로 쓰는데, 언니 말 들으니 그런 사람도 당연히 있겠네!

그럼, 정말 오래 바라던 물건 벼르고 별러서 샀다가 무르는 경우가 얼마나 많은데.

학자 선생님은 다리를 기계로 바꾸고 싶다고 했지만, 그 기계가 마음에 안 들어서 더 좋은 기계로 바꿀 수도 있지 않겠어요? 바꿨다가도 마음에 들지 않아서 원래 몸으로 돌아가고 싶어질 수도 있고요.

응, 원래 업그레이드는 끝이 없잖아.

물론 그 과정에서 상실하는 것도 있겠지만. 우리는 모두 상실하면서 살아가는 존재들이니까요.

그래, 하지만 혐오하는 사람들은 늘 이유를 찾아내겠지. 그 사람들은 딱히 이유가 있어서 혐오하는 것이 아니라, 애초에 마음에 혐오가 있기에 어떻게든 이유를 찾아내는 것이니까.

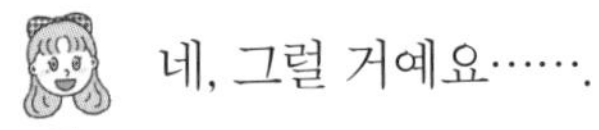

네, 그럴 거예요…….

점점 흥미진진해져요. 그러면 이런 질문은 어떨까요?

Q3 : 신체를 옮기지 않더라도, 기술로 정신을 바꾸거나 조절할 수 있을까요?

응, 대개의 정신과적 약물이 정신을 조정하는 화학약품들이지. 마취제나 기억 억제제가 대표적이고.

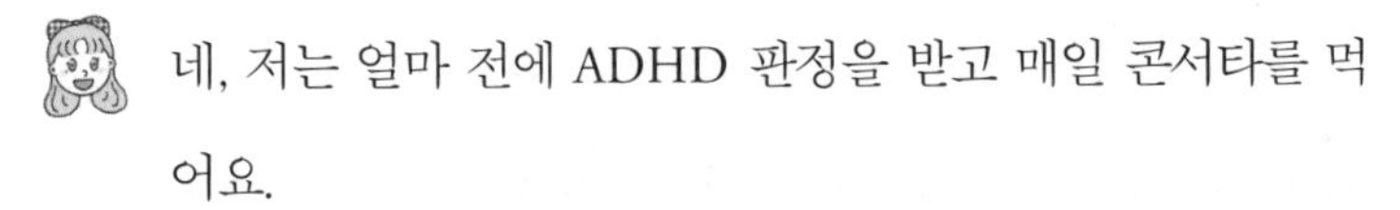

네, 저는 얼마 전에 ADHD 판정을 받고 매일 콘서타를 먹어요.

ADHD였구나! 바로 이해가 됐어요.

으아, 너무 그렇게 바로 이해하지 말아 주세요…….

단결이 헛웃음을 지으며 말했다.

약이 집중력을 만들어 주는 대신 감각 인지를 둔하게 만들어요. 저는 그간 감각이 예민해서 순간 집중력은 높아도 그 집중력을 지속하지 못했거든요. 그런데 약을 먹으면, 지금까지 제 정체성을 만든 성격의 어떤 부분들이 자제된다는 기분이 들어요.

올리버 색스Oliver Sacks의 《아내를 모자로 착각한 남자》[10]에 나오는 '익살꾼 틱 레이' 에피소드가 떠오르는구나. 그 사람은 틱 증상이 계속되는 뚜렛 증후군인데, 약을 먹으면 일상생활이 가능해지는 대신, 예술가로서의 감성이 사라져 버리지.

바로 그거예요. 너무나 이해가 되네요…….

단결이 다소 기운이 빠져서 말했다.

약을 먹기 전에는 내가 세상을 총천연색으로 보고 있다는 걸 알았어요. 자극적이고 반짝거리죠. 그런데 약을 먹으면 세상이 흑백으로 보여요……. 그 대신 일을 제대로 할 수 있고요. 아마 이게 보통 사람의 세상이구나, 싶단 말이지요. 하지만 일을 하기 위해 약을 먹고 나면, 내 총천연색 세상이 문득문득 그리워진단 말이지요.

학자가 이해한다는 듯 고개를 끄덕였다.

기술로 정신을 바꾼 극단적인 예로는 한때 서구에서 자행되던 전두엽 절제 수술이 있을 거야. 물리적으로 뇌를 잘라 버린 거지. 미국 케네디 대통령의 여동생, 로즈마리 케네디 Rosemary Kennedy의 사례가 유명하지.

학자의 과학 talk!

로즈마리 케네디의 비극

케네디 가는 미국인에게 가장 사랑받는 존 F. 케네디 대통령을 낳기도 한 미국 명문가야.
그 가문에서 로즈마리는 약간 발달이 느린 아이였어. 하지만 케네디 가에서는 그 정도를 수치로 여겨 당시 유행하던 치료를 했지. 그게 전두엽 피질과 전두엽 연결을 끊어내는 수술이었지. 그때는 이 수술이 사람을 차분하고 얌전하게 만든다고 해서, 애들이 조금 말을 안 듣는 정도로도 이 시술을 했어.
이 시술로 로즈마리는 지능이 두 살 수준으로 떨어지고 걷지도 말하지도 못하게 되었고, 평생 제대로 회복하지 못한 채 지난 2005년, 86세까지 갇혀 살아야만 했지.

 너무 불쌍해…….

 아까 말한 불임 수술 이야기 떠오르네요. 아, 모두들 행복하게 잘 살았다는 사건은 없는 걸까요?

 ……그러면 '사건'이 아니지 않을까요?

 과학의 이름으로 자행된 비극이 정말로 많지.

 그렇군요. 기술로 정신을 바꾸는 것은 실제로 일어나고 있는 일이네요.

직원은 휴, 하고 한숨을 쉬고 기지개를 쭉 폈다.

그렇다면, 이제 작가 씨가 했던 맨 처음 질문으로 돌아가 볼까요?

Q4 : 만약에 내가 다른 성별로 들어가면, 나는 내 성별을 다르게 인식할까요?

어디 보자. 그야, 당연히 신체가 바뀌었으니 그 신체 특징을 인지하겠지. '아, 이 성별로 변했군' 하고 말이야. 그리고 이전 몸에 대한 기억이 남아 있다면 성별이 바뀌었다고 인지할 거고.

사실 다른 성별로 빙의하거나 환생하는 소설은 넘쳐나도록 많아요.

작가의 SF talk!

《델피니아 전기》[11], 카야타 스타코 茅田砂胡, 1992

이 소설에서는 원래 남자였던 '리'가 어린 여자의 몸에 빙의해서 탁월한 무력으로 국왕이 될 윌을 도와주지요. 리는 그 소설에서 자신을 확연히 남자로 생각해요.

《제멋대로 함선 디오티마》[12], 권교정, 1999

우주 정거장 디오티마가 배경인 만화예요. 역장 '나머 준'은 고대 그리스부터 여러 성별을 거치며 환생을 반복하며 살아온 사람이에요. 그녀는 자신을 늘 여성으로 생각했다고 말하죠.

《올랜도》[13], 버지니아 울프 Virginia Wolf, 1928

성전환 이야기의 고전이지요? 귀족 청년이었던 올랜도는 사랑의 상처로 방황하던 와중에 여자로 변해 버리고, 그대로 수백 년을 살아요. 올랜도는 여자가 되는 것만으로 재산도 빼앗기고 모든 사회적 지위를 박탈당해요. 올랜도는 신체가 바뀌면서 정신도 변해 가요. 하지만 완전히 여자가 되었다기보다는 계속 혼란을 겪어요. 여자 같은 생각을 하는 자신에게 깜짝 놀라기도 하고요.

《델피니아 전기》의 리나 《제멋대로 함선 디오티마》의 준은 신체와 상관없이 성별정체성이 변하지 않았고, 《올랜도》의 올랜도는 갈등하지요. 그러면, 어쩌면 현실에서도 사람에 따라 바뀐 성별에 적응하는 사람과 영영 적응할 수 없는 사람으로 나뉘지 않을까요?

음, 사실 현실에서 실제로 원치 않게 '다른 성별로 들어가는' 일이 있었지. 비극적인 역사지만.

안드레아스 크리거 Andreas Krieger 의 사례

현재 남성인 안드레아스 크리거의 옛 이름은 하이디 크리거 Heidi Krieger 였어. 크루거는 전 동독의 여성 투포환 선수였어. 그때 동독 정부는 스포츠 성적으로 체제 선전을 하던 무렵이었고, 선수들에게 아나볼릭 스테로이드, 그러니까 일종의 남성 호르몬제를 몰래 투여하곤 했어. 일설에 의하면 동독은 95퍼센트의 국가대표 선수들에게 약을 투여했다고 해.
선수들은 일시적으로는 좋은 성적을 냈지만 결국 몸이 만신창이가 되고 말았지. 크리거도 몸이 망가져서 스물네 살에 은퇴하고 말아.
크리거의 신체는 점점 남성화되었고, 변화된 신체에 큰 혼란을 겪던 크리거는 결국 서른한 살에 남성으로 성전환을 해.

으흐흑, 정말로 모두 행복하게 잘 살았다는 이야기를 듣고 싶네요…….

너무 안됐어요……. 그 사람은 변한 신체의 성별에 마음이 따라갔다고 볼 수 있을까요?

그건 알 수 없지. 단지 그 사람은 자신의 의지가 아닌 국가가 강제한 성전환이었다는 것을 용서할 수 없었다고 해.

모두가 잠시 침묵하며 생각에 잠겼다.

나는 어디서 인간은 여자가 기본형이라는 말을 들었어요. 처음에는 여자지만, 나중에 분화된다고…….

그렇게 생각한 적도 있지만, 지금은 초기에는 결정되어 있지 않고 발달 과정에서 결정된다고 봐.

학자가 정정했다.

태아는 본래 염색체에 상관없이 남녀의 원시 생식관을 모두 가지고 있어. 그러다 임신 6~8주가 지나면 남아 태아에게 고환이 생겨나고, 테스토스테론을 분비하면서 남성의 몸과 자신을 남성으로 인식하는 성별정체성을 갖게 되지. 예전에는 고환이 만들어지지 않으면 남성 원시 생식관이 탈락하고 여자가 된다고 생각했는데, 최근 논문에 의하면 여자가 되기 위한 유전인자가 따로 있다고 해.

아, 그러면, 만약 남성, 여성, 어느 쪽 유전인자도 다 작용하지 않으면요?

그러면 여성형에 가깝게 되기는 해. 남성형 원시 생식관은 테스토스테론이 없으면 무조건 퇴화하니까. 여성 생식기를 만드는 원시 생식선은 남성 생식선이 퇴화한 뒤에 발생하거든. 하지만 그건 어디까지나 겉모습만이고, 내부는 더 다양하지.

간단하지 않다는 거죠?

그래, 간단하지 않지.

학자가 직원의 말에 만족스러워하며 답했다.

생명체에는 원래 성이 없었어. 미생물은 아예 성이 없지.

네, 성별 자체가 생물의 유전자를 섞기 위한 후대의 변화라는 거죠?

응. 맞아.

저도 성별의 기본형은 무성이나 중성이나 양성이라고 생각했어요. 그래서 학자 선생님 말씀을 들으니 기뻐요.

생각에 잠겨 있던 작가가 말했다.

사실 나는 이야기 나누다 보니 궁금해. 다들 자기 성별을 평상시에 명확히 인식하고 살아요?

응!

잠깐, 어떻게 그렇게 강하게 답할 수 있는 거야?

단결이 곧바로 소리 높여 답했고, 작가는 당황했다. 작가가 당황하는 모습에 단결은 고개를 갸웃하며 어리둥절해했다.

당연하지! 늘 명확하게 생각하고 살아. 의식적으로 생각하려는 건 아니지만 머리에서 떠나지는 않아.

떠나지 않는다……. 나는 그 정도는 아니야. 하지만 그건 내가 여자인 것이 너무나 당연해서구나. 작가 씨는 안 그러니?

네, 저는 거의 생각하지 않아요. 학자 선생님처럼 당연해서 생각하지 않는 게 아니라, 성별이 나와 관계 없는 무의미한 정보로 느껴져요. 그래서 나더러 여자로서 여자답게 뭘 하라든가 하는 말을 들으면, '내가 여자인 걸 네가 어떻게 아는데? 나도 모르는데?' 같은 저항감이 떠오른단 말이지요.

응. 그런 사람도 많은 것 같아.

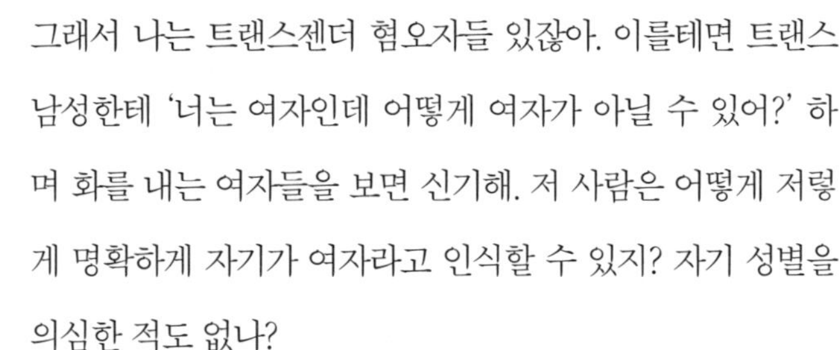

그래서 나는 트랜스젠더 혐오자들 있잖아. 이를테면 트랜스 남성한테 '너는 여자인데 어떻게 여자가 아닐 수 있어?' 하며 화를 내는 여자들을 보면 신기해. 저 사람은 어떻게 저렇게 명확하게 자기가 여자라고 인식할 수 있지? 자기 성별을 의심한 적도 없나?

응, 나는 내가 여자임을 순간순간 느끼고 여자의 역할을 수행하는 상황도 시시각각으로 느껴. 그게 의식에서 잠시도 떨어진 적이 없어.

정말? 나는 그게 무슨 말인지 이해도 안 가.

음, 아마 나 같은 사람들을 소위 99퍼센트 시스젠더라고 하지 않을까? 99퍼센트 시스젠더가 오히려 흔하지 않겠지.

단결의 사회 talk!

시스젠더 Cisgender

트랜스젠더와 반대로, 자신이 타고난 지정 성별과 본인이 정체화하는 성별이 같은 사람을 말해요. 2015년에 사전에 등재되었는데, 아직 논란은 있는 개념이에요.

어……. 작가 씨처럼 거의 생각하지 않는 사람도, 단결 씨처럼 계속 생각하는 사람도 드물지 않을까요?

학자는 단결과 작가를 번갈아 보며 흥미로워했다.

누가 드물다고 할 수 있는 문제가 아니지. 성별정체성은 다채롭고, 사람마다 인식의 강도가 다를 테니까. 신체, 환경, 살아온 체험, 타고난 천성이 모두 작용하겠지. 문제는 자기가 가진 자기 성별 인식의 강도가 남들도 똑같을 거라고 믿고, 그 강도를 타인에게 강요하는 사람이겠지.

그렇구나. 퀴어의 종류가 많다지만, 실은 퀴어로 정체화하지 않은 사람들 사이에서도 성정체성의 강도가 다른 거군요!

맞아요. 나는 사실 여자 작가도 마거릿 애트우드와 어슐러 르 귄으로 나뉜다고 생각해요.

어, 둘이 뭐가 다른데?

애트우드는 '나는 여자다'를 분명히 하는 페미니즘 소설을 써서, 명확하게 여자로서 여자의 문제를 말하지. 하지만 르 귄의 페미니즘 소설은 달라. '나를 여자로 한정 짓지 마라.

나는 여자이기 이전에 보편적인 인간이다'라고 하지. 둘 다 페미니즘의 갈래로 봐.

아, 무슨 말인지 알겠어. 내가 르 귄 쪽이구나.

나는 전에 노라 빈센트라는 여성 저널리스트가 남자로 위장해 살았던 실험에 대한 책을 읽었는데, 거기서도 재미있는 내용을 본 적이 있어.

단결의 사회 talk!

《548일 남장 체험》[14], 노라 빈센트 Norah Vincent, 2006

노라 빈센트는 548일간 남자로 위장해서 살아 보는 실험을 했어. 남자들의 사회를 남자로서 체험하고, 남자들만의 공간에 잠입 취재를 해.
취재 중에 빈센트는 신기한 체험을 했어. 똑같은 옷을 입고 있어도 자신이 남자라고 생각하고 있으면 주위 사람들이 남자로 대하고, 여자로 생각하고 있으면 여자로 대했다고 하더라고. 실험이 끝나고 자신을 남자로 느끼는 정체성 혼란이 와서 심하게 고생했다고도 하고.

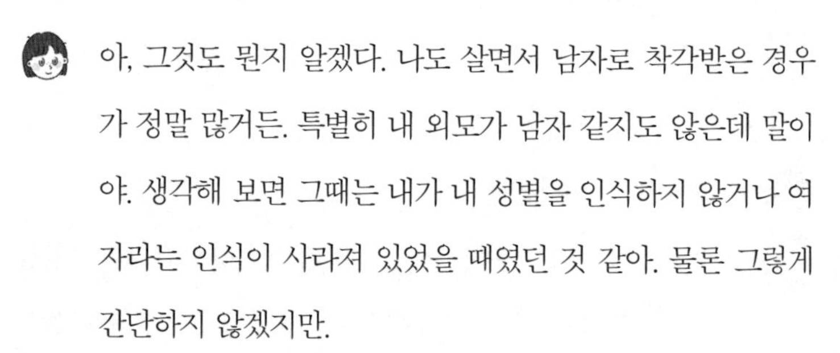
아, 그것도 뭔지 알겠다. 나도 살면서 남자로 착각받은 경우가 정말 많거든. 특별히 내 외모가 남자 같지도 않은데 말이야. 생각해 보면 그때는 내가 내 성별을 인식하지 않거나 여자라는 인식이 사라져 있었을 때였던 것 같아. 물론 그렇게 간단하지 않겠지만.

간단하지 않지.

학자가 다시금 만족스럽게 고개를 끄덕였다. 단결이 생각에 잠겼다가 말했다.

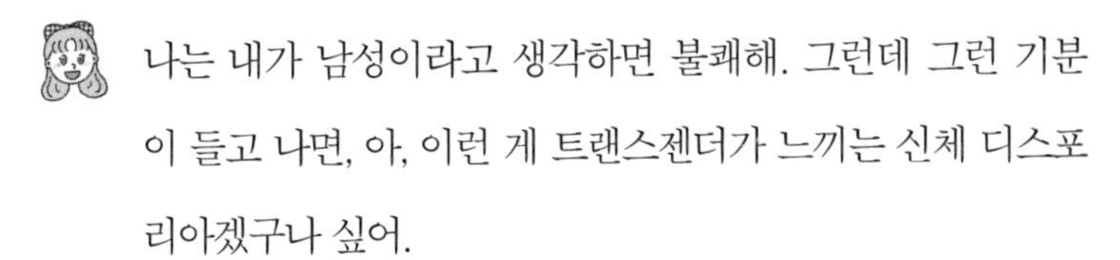

나는 내가 남성이라고 생각하면 불쾌해. 그런데 그런 기분이 들고 나면, 아, 이런 게 트랜스젠더가 느끼는 신체 디스포리아겠구나 싶어.

그래? 나는 하나도 안 이상할 것 같아. 물론 지금처럼 여자인 것도 하나도 안 이상하지만.

음, 나는 불쾌하지는 않구나. 하지만 그건 남자가 될 것 같은 기분이 전혀 들지 않아서겠지. 상상이 잘 안 가.

저는 닥쳐 봐야 알 것 같아요. 우리도 신체가 바뀌면 적응하는 강도가 각기 다르겠지요? 작가 씨가 소개한 여러 소설 속의 인물들처럼요.

작가는 머리를 긁적이며 생각에 잠겼다.

그래도 단결이 너, 꿈에서는 성별이 변할 거 아냐. 그때도 불쾌해?

뭐?

단결이 깜짝 놀라며 완전히 얼어붙는 바람에 작가도 당황했다.

어?

어어?

어어어?

그야, 꿈에서 내가 아닌 적은 있어. 1인칭이 아니라 3인칭이 된 적도 있는데…… 성별은 바뀐 적 없는데?

가만있자……. 나도 없는 것 같구나.

뭐라고요? 난 성별 맨날 바뀌는데?

한 번도 없어…….

뭐야! 꿈에서는 뭐로든 변할 수 있잖아. 초능력자도 되고 왕도 되고 연예인도 되잖아. 그런데 성별이 안 변해?

그걸 내가 어떻게 알아. ㅋㅋㅋ 꿈이라구. 새가 된 적은 있어. 그런데 그때도 여자였어.

새가 된다고? 그것도 신기하다. 나는 꿈에서 인간이 아닌 적은 없었어.

오, 이건 성별정체성 대 인간 정체성일까요?

직원이 재미있어하며 말했다.

다른 사람들과 토론해 봐도 재미있을 것 같아요. 꿈에서 성별이 변하는지? 얼마나 변하고 어떻게 변하는지? 각자 다른 성별정체성을 토론하기에 좋은 시작이 아닐까요?

그래, 물론 그것도 모두를 설명해 주지는 않겠지만.

학자가 고개를 끄덕이며 말했다.

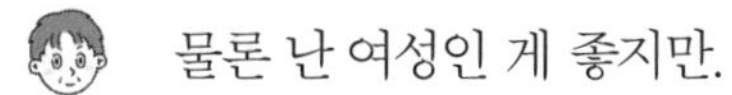

물론 난 여성인 게 좋지만.

네, 저도 여성인 게 좋아요. 근데 제가 정말 좋아하는 저의 여성의 삶이 너무나 많은 사람에게 교환가치 취급받아 온 것이 슬펐어요. 많이들 그렇겠지요.

나는 결혼하고 아이를 낳은 뒤에야 내가 생물학적으로 여성이라고 확실히 느꼈어. 하지만 역설적으로 그때부터, 남자들만 있는 집단에서도 내가 여성이라는 것이 훨씬 덜 신경 쓰이더구나. 그제야 내가 전에는 늘 신경을 곤두세우고 살았다는 것을 깨달았어. 재생산이 가능한 여성임을 확실히 자각하고 나니 오히려 성적 긴장감에서 해방되었다고나 할까.

네. 다른 의미로 저도 여성인 것이 좋아요. 조금 이상한 말이지만…… 기득권 성별로 태어나지 않아서 다행이라고 생각해요. 가끔은 똑똑하고 사려 깊은 사람들조차도 본인이 기득권에 속해 있을 때는 너무나 간단한 것들을 이해하지 못하는 모습을 보면요. 물론 당연히 나도 내 기득권 안에서 못 보는 게 많겠지만요.

Q5 : 정신에는 신체 이외에도 영향을 끼치는 요소가 있지 않을까요?

자, 우리가 지금까지 신체와 정신의 관계에 대해 이야기했지만, 그래도 정신이 다 신체에 종속되는 건 아니겠지요? 나는 정신에는 우리가 아직 모르는 영역이 있다고 생각해요. 이를테면 신체가 가장 중요한 요인이라고 생각하는 쪽이 심리학에서는 생리심리인데…….

철학에서는 물리주의라고 해.

생물학에서는 당연하고.

넷은 함께 웃었다.

우리는 아직 인간의 마음은커녕, 두뇌에 대해서도 다 알지 못해요. 그러니 여전히 정신에 대해 우리는 모르는 면이 많다고 생각해요. 이를테면, 영화 〈다크 시티〉[15]는 밤마다 모든 사람의 기억이 변하는 세계 이야기인데요.

작가의 SF talk!

〈다크 시티〉, 알렉스 프로야스 Alex Proyas, 1998

이 영화는 매일 밤 12시마다 사람들의 기억과 환경이 전부 뒤바뀌는 세계 이야기예요. 주인공 존 머독은 기억을 잃은 채로 세계가 매일 변하는 것을 봐요. 하지만 기억도 환경도 전부 변하는데도, 사람들은 같은 면이 있고 이어지는 면이 있어요. 그게 생물학적인 면일 수도 있고, 인격의 어떤 밝혀지지 않은 면일 수도 있고.

작가 씨 말이 맞아. 아직 모르는 부분이 많으니 무엇이 맞다 틀리다를 논할 때는 아니겠지. 나는 그래도 보통 사회에서 생각하는 이상으로 정신은 신체에 이어져 있다고 생각해. 많이들 둘을 이원화해서 생각하니까.

저는 생물학이 정신을 만든다는 말에도 맹점이 있는 것 같아요. 흔히 생물학적이라고 하면 신체만 생각하지만, 환경도 신체와 마찬가지로 물리적인 세계잖아요.

그러니까, 몸이 정신을 만들고, 정신이 몸을 만든다 해도, 몸과 정신은 또 주변 환경의 영향을 받고, 또 환경을 만들어가잖아요? 부모의 양육 방식, 주변 사람들, 그 나라의 문화, 교육과 그때 유행하던 대중매체, 하다못해 날씨나 기후와 주로 먹는 음식, 기타 모든 것들이요.

그래, 삼중나선이구나.

학자가 크게 고개를 끄덕였다.

신체, 정신, 환경만 해도 이미 삼체 문제라 완전한 계산은 불가능하겠구나.

응? 잠깐만, 좀 빨라요. 삼체 문제가 뭐예요? 삼체 문제라 완전한 계산이 불가능하다는 게 무슨 뜻인가요?

학자의 과학 talk!

삼체 문제 three-body problem, **혹은 다체 문제** many-body problem

고전역학에서, 이체二體 문제는 상호작용하는 두 물체의 질량과 초기 위치, 속도를 알면, 두 물체가 시간이 지난 뒤 어떻게 운동할지 계산하는 문제야.
만약 우주에 지구와 달 두 행성만 있고, 두 물체의 만유인력만 있다고 가정해 봐. 그런 계산은 이체 문제지. 그런데 지구 옆에는 태양도 있단 말이지. 세 물체가 있으면 삼체 문제가 돼. 이체 문제는 계산하기 쉽지만, 세 개만 넘어가도 계산은 불가능해져. 이것을 1887년에 앙리 푸앵

카레 Henri Poincaré 라는 수학자가 증명했지.

그런데 우주는 지구, 달, 태양만이 아니라 태양계의 여러 행성, 더해서 먼 곳의 여러 별까지도 상호작용하고 있어. 다체 문제가 되는 거지. 지구에서 달에 가려 해도 이미 태양만으로 삼체 문제가 되기 때문에, 완벽한 계산은 불가능해. 결국은 우주선을 쏘아도 달 근처에서 사람의 눈으로 직접 조정해야 하지.

아, '계산할 수 없다'는 것이 과학적으로 증명된 거군요…….

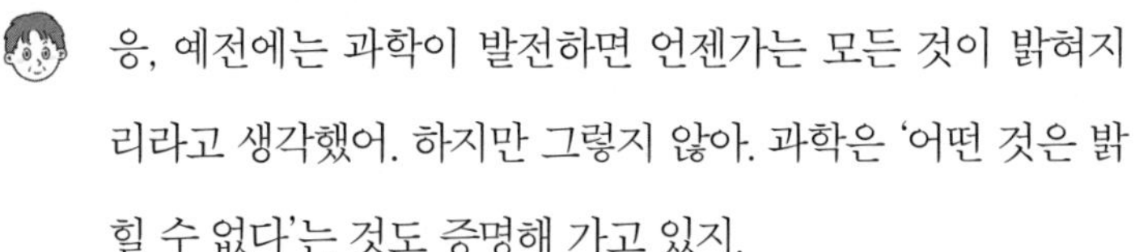

응, 예전에는 과학이 발전하면 언젠가는 모든 것이 밝혀지리라고 생각했어. 하지만 그렇지 않아. 과학은 '어떤 것은 밝힐 수 없다'는 것도 증명해 가고 있지.

'간단하지 않다'는 것이 과학적으로 정확한 표현이라는 거죠?

물론이지.

아, 그런데 작가 언니, 몸이 정신을 만드는 것도, 환경이 정신을 만드는 것도 알겠는데, 정신이 어떻게 몸과 환경을 만들어?

응. 건강한 몸에 건강한 정신이 깃든다지만 그 반대도 있잖아. 스트레스가 만병의 근원이듯이 정신이 건강해야 몸이 건강해진단 말이야. 면역력도 강해지면서 결국 내 신체 상태가 변하게 되고.

그리고 정신은 환경에도 영향을 끼쳐. 내가 변하면 세상이 변한단 말이지. 내 정신이 건강하면 그것이 주변 인물에게 영향을 주고, 그 사람들이 나를 대하는 태도가 변하고, 그것이 다시 내 환경이 되고, 그 환경이 내 신체에 영향을 주고, 그 신체가 다시 정신에…….

아, 불교적이야. 역시 SF는 불교적이라니까.

그리고 남은 이야기

Q6 : 기계 신체조차도 없이, 몸을 모두 버리고 디지털 세계로 들어가면 어떻게 될까요?

이원론적인 시각이네. 그게 가능할까?

가능한가, 불가능한가의 문제가 아니라, '가능하다면' 어떻게 되는지 묻는 것이 아닐까요?

음, 디지털 세계에서는 물리적 신체를 침입할 수 없으니까, 강간죄나 절도죄가 무의미해질 수 있을 것 같아. 어쩌면 현재의 법률은 모두 변해야 하지 않을까? 침탈과 침입이 무의미해진다면 도덕과 윤리도 변할 거야.

범죄는 다른 형태로 생겨나지 않을까? 디지털 재화를 훔치는 것도 절도에 해당하니까. 또 그 안에서는 그 가상의 신체를 물리적인 신체라고 뇌가 바꿔 생각할 수 있을 것 같아.

외모도 마음대로 바꿀 수 있겠지요? 그러면 성별도 인종도 나이도 무의미해지거나 개념이 달라질 것 같아요.

유령사회네. 그런데 나는 인류가 모두 같은 프로그램을 쓰면 과연 자의식이 존재할 수 있을까 싶어. 작가 말대로, 결국 시스템이 통제할 테니까. 그러다 보면 의식마저도 통합되지 않을까?

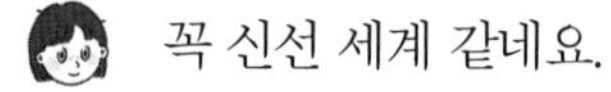

꼭 신선 세계 같네요.

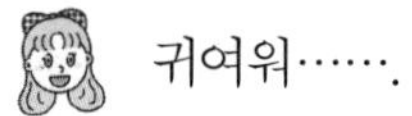

귀여워…….

대체 뭐가 귀여운 거야?

우주를 무대로 사회와 정치 문제를 논하다,
폴 앤더슨 1926~2001

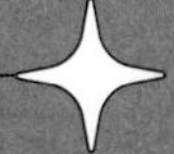

미네소타대학에서 물리학을 전공했고, 과학자가 되려 했으나 2차 대전 후의 취업난으로 전업작가의 길을 걸었다. 1947년에 F. N. 월드롭F. N. Waldrop과 함께 쓴 단편 〈내일의 아이들Tomorrow's Children〉로 SF 작가로 데뷔했다. 1953년 장편 《브레인 웨이브》로 평단과 독자의 격찬을 받았고, 판타지 소설 《부서진 검The Broken Sword》으로 큰 인기를 끌었다. 1955년부터 집필한 《타임 패트롤》 시리즈는 지금도 사랑받는 시간여행 SF의 고전이며, 시간 경찰물의 효시로 평가받는다. 비범한 인물의 모험담을 주로 썼으며, 치밀한 과학적 설정으로 세계를 창조했고, 동시에 사회적인 의제를 소설에 담는 것을 게을리하지 않았다.

100편에 달하는 장편과 200편이 넘는 중단편을 발표했으며, 일곱 번의 휴고상과 세 번의 네뷸러상을 수상했다. SAGASwordmen and Sorcerers' Guild of America(미국 검객 및 마법사 길드)의 창립 멤버였고, SFWAScience Fiction & Fantasy Writers Association(미국SF판타지작가협회) 제6대 회장이었다. 1978년 간달프 그랜드마스터상을 수상했는데, 이 상의 첫 수상자는 《반지의 제왕》의 J. R. R. 톨킨J. R. R. Tolkien이다. 16대 SFWA 그랜드마스터에 올랐으며, SF/판타지 명예의 전당에 올랐다. 소행성 '7758 폴앤더슨'은 그의 이름을 따서 명명되었다.

4장

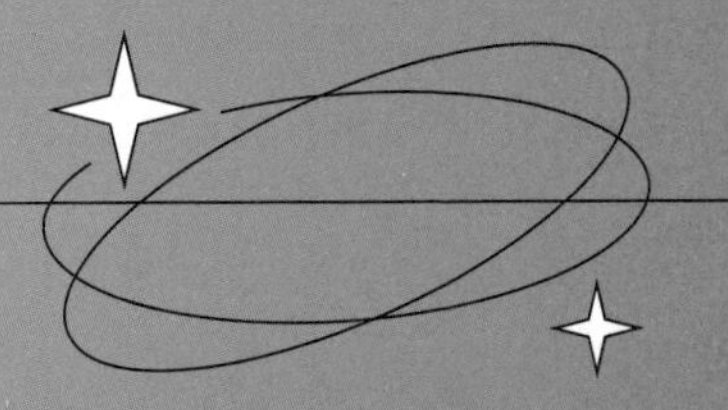

이토록 자연스러운 장애

엘리자베스 문의 《어둠의 속도》, 그리고 장애와 정상성

창틀에 납작 드러누운 채 눈을 동그랗게 뜨고 귀를 열심히 까닥이던 백설기가 퍼뜩 정신을 차리고 몸을 푸르르 떨었다.

"위, 위험했다……. 또 정신없이 빠져들어 듣고 있었어. 으음, 인정해야겠구나. 인간들 이야기는 확실히 재미있어. 응? 양갱이, 너 왜 그러느냐?"

"생각이 났어요……."

양갱은 꼿꼿이 일어나 앉아 있었고, 또 꼬리가 너구리처럼 팡 터져 있었다.

"뭐가 말이냐?"

"우린 고로롱 별에 살 때는 고양이가 아니었군요."

양갱이 말했다. 그 말에 백설기가 얼굴을 찌푸렸다. 그 바람에 백설기의 볼에 자글자글 주름이 잡혔다.

“저 소설, 〈조라고 불러다오〉처럼, 지구의 대기는 우리에게 독이기 때문에, 지구에 적응하려고 고양이 의체를 제작해 의식을 전송했던 거군요.”

백설기는 드러누운 채 흥, 하고 보슬보슬한 꼬리로 창틀을 탕탕 쳤다.

“하지만 그러는 바람에 소설에서처럼 고양이 신체의 영향을 받아, 지구 원정대원 모두가 고양이의 본성을 갖게 되었군요. 그렇지요, 영주님?”

“맞다. 나도 이렇게까지 우리가 고양이에 동화될 줄은 몰랐다. 사소한 실수였지.”

“그런데 왜 사람이 아니라 고양이였던 겁니까, 영주님?”

“바보 같으니! 사람이 되면 귀찮은 일이 얼마나 많은 줄 아느냐! 신분증도 만들어야 하고, 집이나 직장도 있어야 하고, 무엇보다 죽을 때까지 일만 해야 한다!”

“아…….”

“고양이라면 거리에 갑자기 나타났다가 사라져도 누구도 이상하게 생각하지 않고, 골목에 기지를 숨길 수도 있느니라. 게다가 이렇게 종일 누워 있어도 인간들이 먹여 주고 재워 주며 시중들어 주지 않느냐.”

“영주님의 혜안에 감탄을 금할 수가 없습니다…….”

“그리고 무엇보다, 어흠.”

"무엇보다?"

"귀엽지 않느냐……."

"동의합니다……."

백설기는 하늘을 향해 발라당 뒤집어져 짧은 다리를 위아래로 흔들었다. 양갱은 잠시 침묵하다가 조심스레 물었다.

"혹시 제가 기억을 잃은 것도 그래서였습니까? 이 의체로 이동할 때 오류가 생긴 겁니까?"

"……사고였지."

백설기는 불만스러운 듯 다리를 오므렸다 폈다 하면서 말했다.

"고양이 수명은 짧아서 15년쯤 지나면 의체를 옮겨야 하지. 나는 골목에 숨겨둔 기지에서 너를 다음 의체로 옮기는 작업을 하고 있었다. 그런데 그날 하필 시위가 있었고, 전경에 쫓기던 시위대가 골목으로 몰려왔었다. 놀라 작업을 서두르느라 실수로 네 기억이 날아갔고, 너는 놀라 도망가 버렸다. 내가 다시 널 찾아낼 때까지 너는 네가 진짜 고양이인 줄로만 알고 살았다."

"그랬군요……."

"너를 고양이로 알았던 때와 지금은 인격이 바뀌어 기억이 제대로 나지 않는 것이니라."

"저 인간들이 말하는 '유아 기억 상실증' 같은 일이 일어났군요."

양갱은 고개를 크게 끄덕였다.

"하지만…… 그것만으로는 영주님께서 인간을 그리 싫어하시는 이유를 잘 모르겠습니다."

그 말에 백설기의 귀가 쫑긋 섰다. 백설기는 몸을 움찔움찔하며 뒤집어 눕고는 불편한 심정을 드러내느라 꼬리를 좌우로 크게 흔들었다.

"그건……."

"그건요?"

"장애가 있던 네 남편만 그렇게 되지 않았어도……."

"남편이요? 남편? 남편이요? 제게 남편이 있었나요?"

양갱이 귀를 쫑긋 세우고 백설기에게 몸을 딱 붙이자, 백설기는 퍼뜩 정신을 차리고 홱 도로 몸을 뒤집었다. 엎드린 채 얼굴과 팔다리를 몸 안에 쏙 숨기고 나니 백설기는 털이 풍성한 하얀 해삼처럼 보였다.

"됐다. 나도 모르게 너무 많이 떠들고 말았구나."

양갱은 백설기의 궁둥이를 묵묵히 바라보았고, 다시 비장한 얼굴로 눈을 빛냈다.

단결은 2층 화장실에서 운동가를 흥얼거리며 찰박찰박 세수를 하고 있었다. 노래는 뭔가 피와 죽음과 파괴가 나오는 무시무시한 내용을 밝고 명랑하게 만든 것이었다. 단결이 손을 씻고 나와 보니, 양갱이 문 앞에 네 다리를 모으고 부조처럼 얌전히 앉아 있었다. 단결은 환하게 웃으며 양갱 앞에 고양이 흉내를 내며 납작 엎드렸다.

"고양이이~ 귀여워~ 야옹, 야옹~."

양갱이 단결을 물끄러미 보다가 말했다.

"고양이한테 야옹이라고 말하지 마세요."

"으에에에에에?"

단결은 깜짝 놀라 양팔을 휘저었다.

"그것 봐요. 그쪽도 고양이가 사람 말 하면 무섭잖아요. 그렇게 네 발로 누워서 고양이 흉내도 내지 마세요. 사람도 고양이가 두 발로 서서 걸으면 이상할 거 아녜요."

"너…… 너무 논리정연하게 말하는데?"

"그리고 쫓아오지 말아요. 그쪽도 당신보다 열 배 큰 생물이 소리 지르며 쫓아오면 안 무섭겠어요? 게다가 고양이 청력은 좋아서, 사람이 '야옹'이라고 하면 공룡이 울부짖는 소리처럼 들린다고요. 그러니까 조용히, 멀찍이서, 우리가 익숙해질 때까지 기다려 주세요. 그래야 고양이와 친해질 수 있어요."

"어버버버?"

"괜찮아요. 조금 뒤에는 다 꿈이라고 생각할 테니까요. 아무튼, 저 좀 도와주세요."

"어라? 단결 씨도 2층에 다녀오더니 또 멍해지셨네?"

직원이 탁자를 치우며 물었다. 단결은 찬물이라도 맞은 듯 한참을 멍하니 서 있다가 별안간 소리를 쳤다.

"그…… 그러니까, 작가 언니! 나 그, 뭐랄까……. 그렇지! 나한테 장애에 대한 SF 좀 추천해 줘!"

단결이 소리를 높이자, 싱크대에서 설거지하던 작가가 깜짝 놀랐다.

"갑자기?"

"그, 그러니까! 신체와 정신의 관계에 대해 생각하다 보니까! 결손된 신체에 대한 관심도 생기기 시작했다고나 할까! 그런 토론을 하다 보면 뭔가 생각날 것 같다고나 할까! 만약 이 마을에 사는 귀여운 고양이들이 오늘 밤 전부 지구를 떠나려고 하는데, 그걸 막을 방법은 누가 기억을 떠올리는 방법뿐이라면 어떡할 거야! 황사 때문에 나갈 수도 없고, 이런 날 손님도 안 올 거고, 여기엔 우리밖에 없는데!"

"미묘하게 구체적인 설정인데?"

작가가 고개를 갸웃했다.

"오, 이번 주제는 장애니?"

학자가 〈조라고 불러다오〉를 읽다가 말했다.

"대화를 계속하는 건가요!"

직원이 신이 나서 서둘러 키보드를 펼쳤다.

"단결 씨가 말한 설정도 뭔가 이상하지만 좋은데요! 다음 기사 설정은 그걸로 해야겠어요! 그래서, 이번에는 어떤 소설인가요!"

작가는 머리에 물음표를 열 개쯤 띄우며 고개를 갸웃하다가 뭐, 괜찮겠지, 하고 손을 닦고는, 책장에서 책을 찾아 들고 왔다. 넷은 제각기 고개를 들이밀며 관심을 보였다.

"장애가 주제라면, 저는 엘리자베스 문의 《어둠의 속도》[1]를 추천하고 싶어요."

작가가 말했다.

작가의 추천 도서

《어둠의 속도》, 엘리자베스 문 Elizabeth Moon, 2002

이 책은 '나'인 루의 시점에서 묘사해요. 루의 서술은 이상해요. 사람의 표정과 언어를 분석적으로 해석하고, '예', '아니오'의 답변도 수업에서 배운 것을 떠올리며 내놓아요. 주차장 차가 무슨 색이 몇 대인지 세고 복도 타일 패턴과 잘못 놓인 타일의 숫자에 집착해요. 네, 루는 자폐인이지요.

이 세계는 자폐증 치료제가 개발되어 자폐가 사라진 시대예요. 주인공 루는 치료제가 발전하던 중간 세대 사람이고요. 루는 아예 치료받지 못한 세대와도 다르고, 유아기에 치료받아 거의 정상인처럼 살 수 있는 세대와도 달라요. 학습으로 일상생활을 할 수 있지만 여전히 일반인의 사고방식과 행동에 혼란스러워하는, '자폐인의 시선'으로 정상인의 세계를 보는 사람이지요.

이 책은, '만약 자폐인이 자기 생각을 표현할 수 있다면' 어떤 이야기를 할지 보여 주는 책이에요. 루의 눈에 보이는 '정상인'의 세상은, 혼란스럽고, 기괴하고, 이해할 수 없고, 어리석고, 한편으로 병적인 것으로 가득 차 있지요.

작가의 소개를 들은 학자가 크게 감탄하며 고개를 끄덕였다.

그 책 소개를 들으니 템플 그랜딘이라는 학자가 떠오르는구나.

《어느 자폐인 이야기》[2], 템플 그랜딘 Temple Grandin , 1986

템플 그랜딘은 콜로라도주립대 준교수이자 동물학자로, 자폐인이지만 자신의 증상을 정교하게 설명할 수 있는 사람이지.
이 사람은 자폐인의 특수성을 이용해 동물학자가 되었어. 그랜딘은 동물이 자폐인과 비슷하다고 주장해. 이를테면 소는 직각 건물에 스트레스를 받고 원형 건물에 편안함을 느끼는데, 비자폐인은 그 이유를 상상하기 어렵지만 자폐인은 쉽게 이해할 수 있다고 하지. 그랜딘은 자신의 자폐 성향을 대입해서 동물이 편히 지낼 수 있는 사육장을 만들었어.
그녀는 또 고통스럽지 않은 도축 기술을 발명한 사람이기도 해. 그랜딘은 비자폐인은 도리어 공감력 때문에 가축의 도축에 직면하지 못해서, 도축 기술을 개선하지 못했다고 하지. 현재 북미의 사육장과 도축장은 절반 이상이 템플 그랜딘의 디자인을 쓰고 있어.

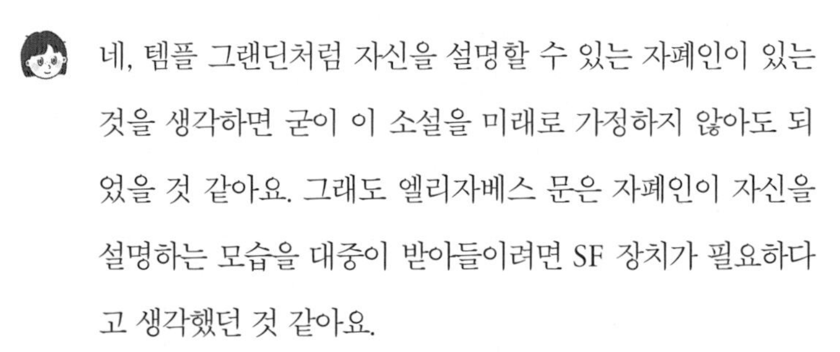

네, 템플 그랜딘처럼 자신을 설명할 수 있는 자폐인이 있는 것을 생각하면 굳이 이 소설을 미래로 가정하지 않아도 되었을 것 같아요. 그래도 엘리자베스 문은 자폐인이 자신을 설명하는 모습을 대중이 받아들이려면 SF 장치가 필요하다고 생각했던 것 같아요.

SF의 멋진 점이로군요! 이전에 없던 관점을 제시해서, 역으로 우리 자신을 새로이 보게 만드는 거죠?

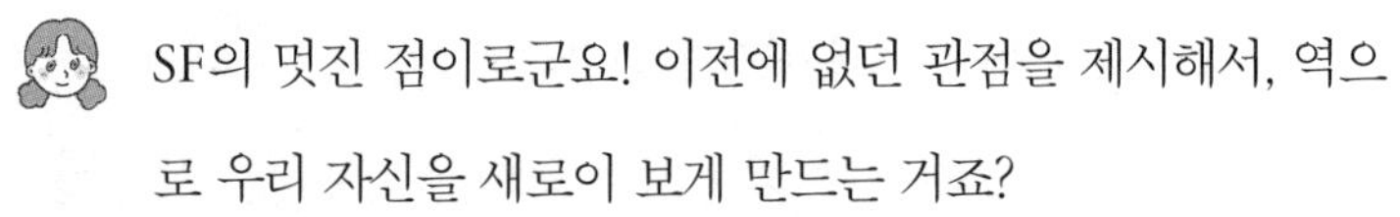

네, 이 책은 자폐인의 시각으로 우리의 모습을 묘사하기에 무엇이 정상이고 비정상인가에 대한 의문을 계속 제시해

요. 실은 누구나 자신을 기준으로 세상을 보지요. 그러니 사실은, 누구에게나 자기가 정상이고 세상이 비정상일 수밖에 없어요. 하지만 흔히 말하는 '주류의 정상인'은 자기 눈에 '비정상'인 사람은 그런 감각이 없으리라고 믿죠.

루는 정상인도 행복해 보이지 않고, 자폐인으로 사는 것만큼이나 불쾌하다고 느껴요. 그래서 루는 소설 후반에 자폐를 획기적으로 고칠 수 있는 약이 나왔을 때 치료하지 않기로 하지요.

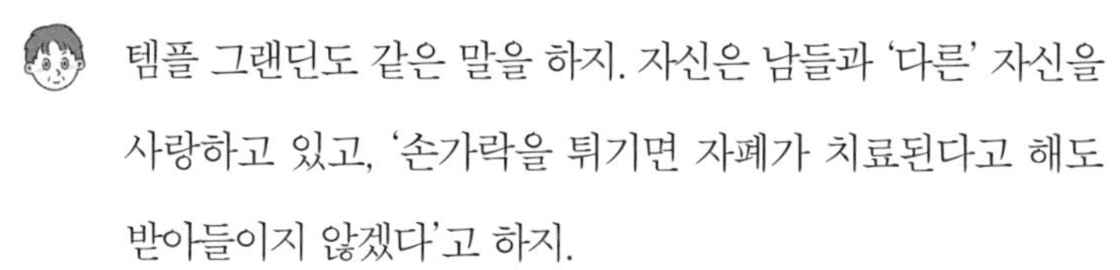

템플 그랜딘도 같은 말을 하지. 자신은 남들과 '다른' 자신을 사랑하고 있고, '손가락을 튀기면 자폐가 치료된다고 해도 받아들이지 않겠다'고 하지.

그 말 들으니 걸리버 여행기 떠오른다.

단결이 방석을 끌어안으며 소파에 허리를 세워 앉으며 말했다. 그 말에 작가가 어리둥절해했다.

걸리버 여행기? 왜?

아, 소인국 말고, 걸리버가 네 번째로 간 세계 말야.

단결의 SF talk!

《걸리버 여행기》, 조너선 스위프트, 1726

걸리버가 네 번째로 간 세계는 '휴이넘'이라는 말의 왕국이었어. 거기서 걸리버는 가축으로 사육되는 야후라는 역겨운 생물을 만나. 알고 보니 그건 바로 우리 인간이었지. 그 나라에 다녀온 후 걸리버는 인간 세계로 돌아와서도 적응하지 못하고, 자기가 역겹고 모자란 생물이라고 생각해. 사실 걸리버 여행기는 모두 그런 구성이야. 낯선 세계에 익숙해져서 본래의 세계가 이상해지는 거지. 그런 방식으로 우리 현실을 비판하지.

아, 알겠어. 어슐러 르 귄의 《어둠의 왼손》[3]에서도. 주인공이 성별 구분이 없는 게센 행성에서 지내다가, 지구로 돌아와서는 성별이 둘로 나뉜 세계를 낯설어하며 혼란스러워하지.

응, 그게 바로 르 귄과 애트우드의 다른 점이지. 나는 르 귄이 늘 성별 구분이 없는 세계를 꿈꾸었다고 느껴.

그때 양갱이 2층에서 소리 없이 사뿐사뿐 내려왔다. 잠시 주위를 두리번거리던 양갱은 탁자 아래로 숨어들었다가 액체처럼 몸을 뻗어 직원과 작가 사이에 올라와 앉았다.

그러자 직원이 "흐에엑!" 하며 온몸에 소름이 돋아 아이패드와 키보드를 양손에 높이 들고 슬금슬금 피해 일어났다.

직원 씨, 그 정도면 거의 공포증이네요…….

아, 아니에요! 안 무서워요. 고양이가 아니라 알레르기가 무서운 거라고요. 귀여운데 무섭다니, 이거야말로 간단하지 않네요…….

직원은 멀찍이 계산대에 키보드를 올려놓고는, 싱크대에서 얼굴과 팔이며 목을 무섭게 비벼대며 씻었다. 그 사이에 양갱은 작가의 다리에 고개를 기대고는 몸을 암모나이트처럼 동그랗게 말고 털공이 되어 누웠다. 단결은 양갱을 향해 저도 모르게 "야오옹……." 하고 고양이 흉내를 내다가, 문득 놀라 얼른 입을 다물고 자세를 바로 했다. 작가는 양갱의 등을 쓰다듬으며 말을 이었다.

저는 《어둠의 속도》를 읽으면서, 선천적인 장애와 후천적인 장애인이 장애를 받아들이는 방식이 다르다고 생각했어요. 장애가 문제가 아니라, '내가 생각하는 내가 아니라고 판정되는 것'이 문제라고요.

어, 그거 좀 더 자세히 말씀해 주시겠어요?

직원이 계산대에 의자를 끌어다 놓고 앉으며 물었다.

Q1 : 장애는 반드시 '무엇인가를 잃은' 상태일까요?

우리는 흔히 장애인이 되면 고통스러우리라고 생각해요. 하지만 저는 그건 '비정상'이 되기 때문이 아니라, '내 정체성이 달라지기 때문'이라고 생각해요. '나를 잃는 것'이 더 문제인 거예요. 반대로 루나 템플 그랜딘은 태어날 때부터 자폐였고 그것이 자신의 정체성이기 때문에, 만약 자폐를 고치고 일반인이 되면 '나 자신을 잃는' 셈이 되는 거예요. 그리고 그게 훨씬 더 싫은 거죠.

작가가 양갱의 등을 목에서부터 엉덩이까지 쓰다듬자, 양갱이 '골골' 소리를 내며 작가의 손짓을 따라 몸을 파도처럼 출렁이며 꿈틀거렸다. 단결은 도저히 못 참겠다는 듯, 옆에 방석을 내려놓고 소파에서 벌떡 일어났다. 그리고 슬금슬금 양갱의 옆자리 약간 떨어진 곳에 앉았다.

그래. 이토 아사伊藤亞紗의 《기억하는 몸》[4]에서는 후천적 장애인이 어떻게 선천적인 자기 몸의 습관을 유지하는가가 많이 나와. 시각을 잃었지만 메모 습관이 있는 사람도 있다지. 메모를 눈으로 볼 수는 없지만, 쓰면서 정리하던 과거의 습관이 있어서 생각이 정리된다는 거지.

차이나 미에빌의 《바스라그 연대기》[5]에는 '환각지'를 가진 새가 등장해요. 인간 몸에 날개가 있는 새인데, 죄를 지어서 날개를 잘리고 말아요. 하지만 그 후에도 계속 자기가 날 수 있다고 생각하지요.

환각지 phantom limb

환상지, 유령손이라고도 불러. 신체의 일부를 잃어버렸는데도, 그 신체 부위가 마치 계속 있는 것처럼 감각이 남아 있는 현상을 말해. 신체의 일부가 사라졌어도, 그 감각을 인식하고 그 신체를 움직이게 했던 뇌의 영역은 남아 있어서 일어나는 현상이라고 하지.

반대로 어떤 선천적 청각장애인은 청각을 욕망하지 않고, 그것을 '없어진 것'으로 생각하지 않는다고도 해. 도리어 사회가 그것을 '없어진 것'으로 다루는 것을 불편해한다고 하지. 아, 물론 이건 사람마다 다를 거야. '나'라는 자아를 어느 지점에서 정체화했는가에 따라 차이가 있겠지.

단결은 눈치를 보며 양갱에게 손을 뻗었다가 고개를 저으며 꾹 참고 두 손을 무릎에 모았다. 양갱이 힐끗 단결을 보더니 씩 웃으며 몸을 더 동그랗게 말았다. 직원은 턱을 괴고 생각에 잠겼다.

오전에 우리가 이야기 나눈 성별정체성과도 이어지는 것 같네요. 커밍아웃한 성소수자나 트랜스젠더로 살면 힘들겠지요. 차별도 받고, 편견에도 노출되고요. 그래도 자신의 정체성대로 살지 못하는 것이 훨씬, 더 힘든 거겠지요?

두 손을 무릎에 모으고 앉아 있던 단결이 잠시 생각에 잠겼다가 고개를 끄덕였다.

 맞아. 사실 나 ADHD 판정이 나왔을 때 너무 기뻤어요.

 네? 정말요?

네. 그리고 억울했어요. 그동안 내가 ADHD인 줄 모르고 나 자신을 의심하고 원망하고 자책하며 살았던 시간이요. 진작 알았다면 저는 자신을 괴롭히지 않았을 거예요. 그러다 장애 판정이 났을 때, 지금껏 내가 겪은 일들이 한 번에 설명되어서 정말 기뻤어요.

 응, 그랬을 것 같아. 계속 나를 바꿔야 한다거나 뭔가 잘못하고 있다는 말을 계속 들어야 하고, 그것을 매초 매 순간 생각하며 살아야 하다가, 비로소 본래의 '나'를 인정받고, 내게 자연스러운 방식으로 살아도 좋다는 허락을 받은 순간이었을 것 같아.

나도 단결이 말에 공감하는데, 우리 가족 중 하나도 성인이 되어서야 자폐성 장애를 인정받았거든. 그때 온 가족이 함께 기뻐해 주었어. 바로 내가 방금 말한 점 때문에 말이야.

 맞아. 마치 세상 전체가 내게 계속 100미터를 10초에 뛰라고 요구하는 기분이었어. 나는 절대로 그럴 수 없는데, 그런데 네가 노력을 안 해서 그렇다며 매일, 매일 야단맞고.

 쯧쯧, 마치 시각장애인한테 눈을 뜨고 보라고 계속 야단치

는 꼴이구나.

네, 나는 죽어도 꼼꼼해지지 못해요. 늘 덜렁대고 지각해요. 그런데 ADHD 판정을 받고 나니 평생 계속된 죄책감에서 해방됐어요. 사실 '꼼꼼하지 못하거나 덜렁대는 것'은 질환으로 명명되지 않잖아요. 그냥 계속 무엇인가에서 어긋나 있는 것뿐이지요. 마치 내 존재 자체가 계속 야단맞아야 마땅한 어긋난 상태에 놓여 있는 것 같았어요. 그러니까, 도리어 내가 장애로 명명되지 않는 것은 못 견딜 일이었던 거예요.

응. 명명되는 것에서 오는 기쁨이 있는 것 같아. 자폐도 ADHD도, 장애로 인정되기까지 오래 걸렸지?

학자가 고개를 끄덕였다.

그래. 자폐는 1911년이 되어서야[6], ADHD는 1902년이 되어서야 명명되었어.[7] 그전까지는 이해받지 못한 거지. 자폐는 예전에는 정신분열증의 일종으로 보았어.

아마, 장애 판정을 받아서 기쁜 가장 큰 이유는 정상성에서 벗어나도 된다는 확인을 받을 수 있기 때문이라고 생각해요. 끊임없이 그 정상성에 맞추는 삶을 벗어나, 다른 길을 모색할 수 있잖아요. 어차피 평생 맞출 수 없는 정상성인데요.

직원은 키보드를 두드리며 생각에 잠겼다.

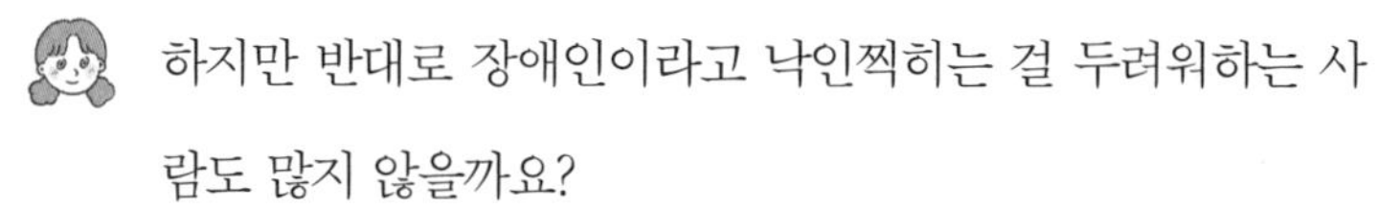
하지만 반대로 장애인이라고 낙인찍히는 걸 두려워하는 사람도 많지 않을까요?

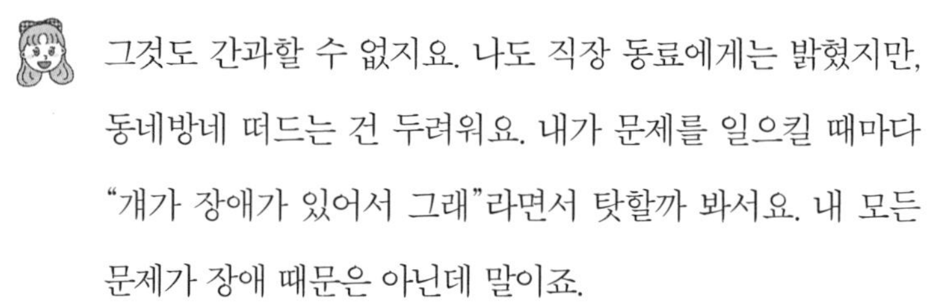
그것도 간과할 수 없지요. 나도 직장 동료에게는 밝혔지만, 동네방네 떠드는 건 두려워요. 내가 문제를 일으킬 때마다 "걔가 장애가 있어서 그래"라면서 탓할까 봐서요. 내 모든 문제가 장애 때문은 아닌데 말이죠.

아이고, 사람들, 단순하기도 하지.

당연히, 이것도 모든 사람에게 적용되는 이야기가 아니에요. 장애야말로 성별 이상으로 스펙트럼이지요.

학자는 새 맥주캔을 따서 잔에 졸졸 따르고, 거품을 조금 마셔 걷어내며 말했다.

실은 그래서 사람의 본질이 유전인가, 환경인가의 문제에서, 환경을 지나치게 강조하는 것도 죄책감을 자극한다고 해. 가끔은 조상 탓하고, 유전 탓하는 것도 정신건강에 좋다는 거야.

아, 무슨 말인지 알겠어요. 제가 아는 분 중에 뇌성마비인 분이 있는데, 어머니가 그분 낳을 때 난산이어서 뇌성마비가 되었다고 생각하며 평생을 자책하셨다고 해요. 그 사람은 똑똑하고 훌륭한 사람이고, 결국 장애의 원인은 알 수 없는 것인데.

그래, 우리는 삶을 통제하고 싶어 하지만, 그렇다고 모든 것을 통제할 수 있다고 믿으면 너무 고통스럽지. 실제로 90년대 무렵에는 성소수자 과학자들이 게이 유전자를 찾으려고 애쓰기도 했어. 천성적으로 어쩔 수 없는 면이 있다는 것을 알리기 위해서.

아, 찾아냈나요?

현재까지의 결론은 단일 유전자는 못 찾아냈다는 것이야. 하지만 그 방향도 딱 맞지는 않아. 아이가 유전 때문에 그렇게 되었다는 말을 듣는다면 부모는 또 너무 힘들 테니까. 유전을 너무 강조하면 우생학으로 빠져 버리고 말거든. 하지만 또 우생학을 경계하려고 환경과 교육의 중요성을 강조하다 보면 전에 말한 브렌다의 사례 같은 일이 생기지.

직원이 창틀에 해삼처럼 누워 조는 백설기와 작가의 옆에 돌돌 말려 있는 양갱을 번갈아 보다가 손을 높이 들고 말했다.

제가 길고양이 보면서 생각한 건데요. 생물은 유전도 환경도 아녜요. 천성이에요! 분명히 똑같은 부모에게서 태어나서 똑같은 환경에서 똑같이 먹고 자라는데, 고양이들 성격이나 취향이 하나도 같지 않거든요!

그 말을 듣자마자 양갱의 귀가 쫑긋 솟으며 까닥였다. 단결이 쫑긋 솟은 양갱의 귀를 만지고 싶어 손을 뻗었다가 또 퍼뜩 정신을 차리고 무릎에 손을 올렸다.

음, 물론 같은 부모에게서 태어났어도 받은 유전인자도 다르고 같은 집에서 자라도 환경이 다를 수 있겠지만…… 직원 씨 말이 맞아. 생물에게는 너무 많은 요인이 작용하니, 유전도 환경도 아닌 어떤 천성이라고 말하는 것이 차라리 맞을지도 모르지.

 다체 문제죠?

 다체 문제지.

 명확히 계산할 수 없는!

 행성의 운행처럼.

 무수한 별들이 모두 서로의 운행에 영향을 끼치고 있으므로…….

학자가 고개를 끄덕였다.

천성이 없을 수가 있나. 사람은 다 선천적으로 달라. 나는 달리기 죽어도 못해.

 저도요!

 저도 죽어도 노래 못해요!

 맞아요. 다들 죽어도 안 되는 것이 있는 줄 알면서도 유독

공부는 누구나 하면 되는 줄 알아요. 전국의 애들을 김연아 처럼 피겨스케이팅 시켜 봐요. 그게 지옥이죠.

그래. 공부도 될 놈이 하는 거지. 아, 사실 나는 이것도 이원론의 영향으로 봐. 사람들은 쉽게도 정신은 육체와 구별된 것이라 믿는단 말이지. 몸은 선천적이니 어쩔 수 없지만 정신은 노력의 산물이라고 착각하는 거야. 그럴 리가 있나. 정신도 똑같이 실체고, 몸도 마음도 노력만으로는 다다를 수 없는 부분이 있어.

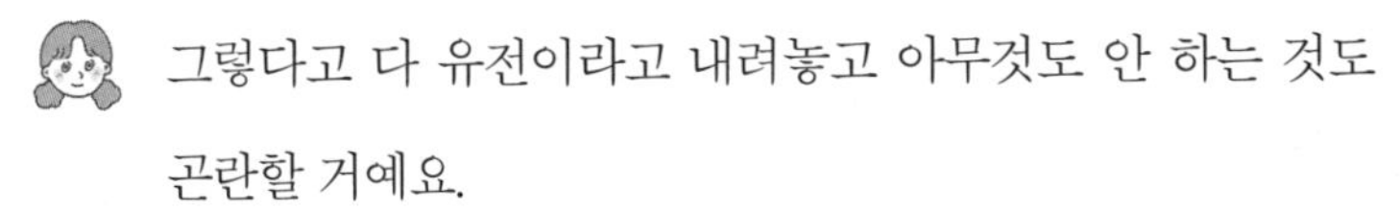

그렇다고 다 유전이라고 내려놓고 아무것도 안 하는 것도 곤란할 거예요.

뭐든 중용의 덕이 필요하다니까요.

Q2 : 결국 무엇이 '정상' 일까요?

나는 가끔, 결국 정상성이란 높은 확률로, 어느 쪽이 더 숫자가 많은가의 문제로 귀결되는 것이 아닌가 싶어. 이를테면 이런 소설도 있잖아.

단결의 SF talk!

〈지구의 하늘에는 별이 빛나고 있다〉[8], 김보영, 2009

주인공은 하루에 긴 시간을 기절해 있어야 하는 특수기면증에 걸려 있어. 이 세계에는 그런 병자가 많아. 그런데 외계에서 '지구의 하늘에는 별이 빛나고 있다'는 메시지가 날아오고, 학자들은 그게 무슨 뜻인지 머리를 싸매기 시작해. 그때야 독자들은 소설 세계가 지구가 아니라는 것을 깨닫게 되고.
알고 보니 저 먼 행성 지구에는 별이 빛나는 '밤'이 있었던 거야. 반대로 이 행성에는 밤이 없어 생물이 잠을 자지 않아. 주인공은 지구에서는 사람들이 밤에는 기절하며 보낼 것이라고, 그러니까 잠을 잘 거라는 추론을 하게 되고, 우주 어딘가에는 자신이 정상인 세계도 있다는 상상을 하게 돼.

우리는 모두 자니까 잠을 장애로 생각하지 않아. 하지만 행성 주민 대부분이 잠을 자지 않는 별이 있다면 잠을 자는 사람은 장애인이 될 거야.

그렇지. '정상'이 '다수'를 말하는 것인지, 아니면 '표준'을 말하는 것인지, 아니면 도달하기 어려운 어떤 '이상향'을 말하는 것인지, 아니면 '그 사회에 적합한 정도'를 말하는 것인지 분명하지 않을 때가 많지.

그만큼 더 도달하기 어렵겠군요.

맞아요. SF에서는 장애처럼 보이는 '다름'의 원인을 바꾸어 보여 주는 것으로, 장애가 어쩌면 그저 비주류의 문제일 수 있다는 점을 보여 주곤 하지요.

《슈뢰딩거의 아이들》[9], 최의택, 2021

이 세계의 아이들은 '학당'이라는 이름의 가상현실 공립학교에 다녀요. 그런데 이곳에 유령이 돌아다닌다는 소문이 돌지요. 알고 보니 자폐증으로 가상현실 부작용이 있어서 학당에 들어올 수 없었던 아이예요. 결국 장애인도 학당에 수용하지만 특수학급은 다른 학급과 구분되어서, 그 아이들은 존재하지만 볼 수 없는 '슈뢰딩거의 아이들'이 되어요. 주인공은 동아리 선배와 친구들과 함께 그 세계를 드러내 보이려 애쓰지요.

〈고래고래 통신〉[10], 전삼혜, 2019

주인공은 봉사활동 숙제를 위해 시각장애인 친구 원이와 파트너가 돼요. 원이는 자기가 외계인이라서 눈을 제대로 못 만들었다고 말해요. 사람들은 원이가 교통사고로 가족과 눈을 잃고, 그 사실을 받아들이지 못해 허언증이 왔다고 생각해요. 하지만 알고 보니 원이는 진짜 외계인이었지요. 주인공은 원이가 자기 별에서는 정상인이라는 것을 이해해요.

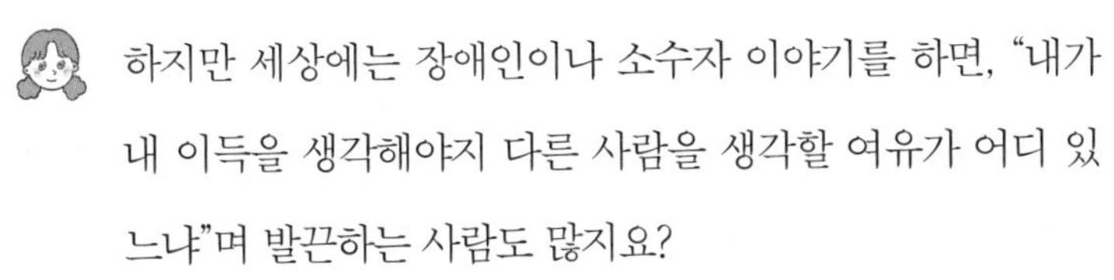

하지만 세상에는 장애인이나 소수자 이야기를 하면, "내가 내 이득을 생각해야지 다른 사람을 생각할 여유가 어디 있느냐"며 발끈하는 사람도 많지요?

사실 나는 그런 말을 들을 때마다 신기해요. 내가 소수자를 생각하는 건 궁극적으로는 내 이득도 생각하는 것이거든요. 나는 하나의 단일체가 아니라고요.

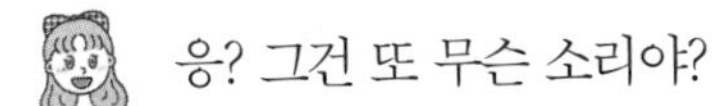

응? 그건 또 무슨 소리야?

사람은 다면적인 존재란 말이야. 세계 제일의 천재 재벌 국가대표 같은 것이 아닌 이상, 대개 사람은 모든 면이 평균 이상일 수 없고, 많은 부분이 분명히 소수자에 속한다고. 너처럼 ADHD라거나, 학자 선생님께서 말했듯이 달리기를 못한다든가, 직원 씨처럼 고양이 알레르기가 있다거나, 이런 저런 공포증이 있다든가. 내 다수성은 내가 잘 다스릴 수 있으니 신경 쓸 필요가 없지만, 내 소수성은 사회의 도움이 필요해. 결국 나라는 총체가 잘 살려면 사회가 모든 소수성을 잘 돌보는 사회여야 한단 말이지.

오, 이영도 작가가 《드래곤 라자》에서 말했던 '나는 단수가 아니다……'라는 말이 떠오르네요. 다른 뜻이겠지만.

그렇지. 재능이나 자본의 불균형한 배분을 생각하면 못 가진 사람이 가진 사람보다 많을 수밖에 없고, '소수'라는 말이 아이러니하게도 소수자가 사회에서는 다수지. 그런데도 자기는 지금 가난하지만, 반드시 성공해서 가난을 탈출할 것이라면서 부자를 위한 정책을 지지하는 사람도 많지.

사람은 자기가 강자라고 믿고 싶어 하고, 때론 그 믿음이 현실적인 이득보다 중요하니까…….

어떤 통계에서는 사람은 외집단의 피해를 보는 것이 내집단의 이득보다 쾌감이 크다고 해…….

응? 그건 또 어떤 뜻인가요?

그러니까, 사회 전반에 복지 제도가 늘어나면, 내 이득의 쾌감보다 외집단이 잘되는 꼴을 보고 배 아픈 강도가 크다는 거죠……. 반대로 사회 전반에 복지가 줄어들면, 내 이득이 사라져도 남이 힘들어지는 것에 쾌감을 느낀다는 거죠. 군대 복지와 여성 복지를 동시에 하면, 군대 복지는 잊히고 여성 복지가 화가 나서 표를 안 준다든가…….

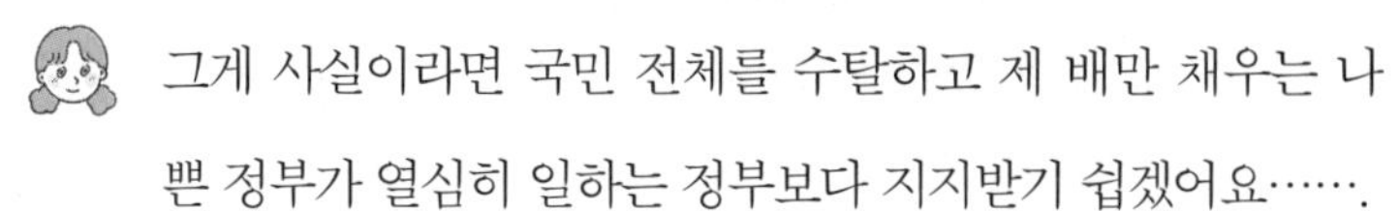

그게 사실이라면 국민 전체를 수탈하고 제 배만 채우는 나쁜 정부가 열심히 일하는 정부보다 지지받기 쉽겠어요…….

응, 그것도 역사 전반과 세계 전반에서 흔히 일어나는 일이지.

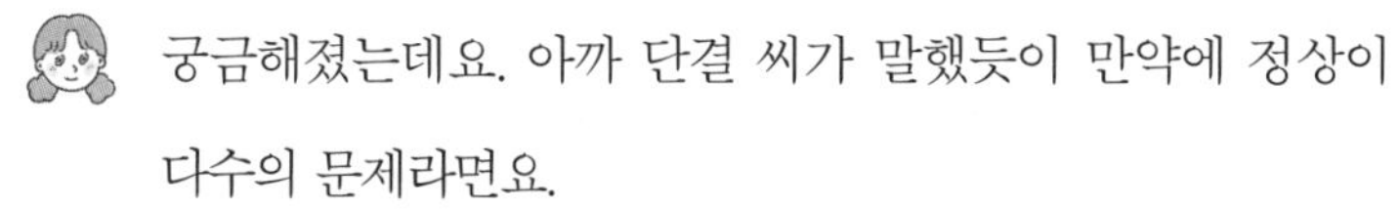

궁금해졌는데요. 아까 단결 씨가 말했듯이 만약에 정상이 다수의 문제라면요.

Q2 : 장애인이 다수가 되면 장애인이 정상인이 될까요? 이전의 정상인은 특이한 사람이 될까요?

예, 그런 이야기를 다룬 SF도 많아요.

작가의 SF talk!

《눈먼 자들의 도시》[11], 주제 사라마구 José Saramago, 1995

노벨문학상 수상 작가 주제 사라마구의 대표작이에요. 시력을 잃는 전염병이 갑자기 퍼지면서 실명한 사람들이 병원에 비인간적으로 격리되고 학대의 대상이 돼요. 주인공은 눈이 보이지만 실명했다고 거짓말을 하고 격리되는 남편을 쫓아가요. 그리고 그 인권유린의 현장을 생생하게 목격해요.

《트리피트의 날》[12], 존 윈덤 John Wyndham, 1951

전 세계적인 재난을 다룬 아포칼립스 소설의 고전이에요. 걸어 다니는 식물 괴물 이미지가 더 많이 알려져 있지만, 소설이 주는 주된 공포는 인류 대부분이 눈이 멀어 버린 재난 풍경의 묘사예요. 정체 모를 유성우로 인류 대부분이 실명하고 대혼란이 일어나지요. 주인공은 마침 눈을 다쳐 치료받던 참이라 무사할 수 있었고요.

〈정적〉[13], 심너울, 2018

심너울 작가의 데뷔작이지요. 신촌 구역 사람들이 모두 청력을 잃는 기현상이 일어나요. 청력을 잃은 주인공은 처음에는 혼란스러워하지만, 사회가 청각장애인에게 맞추어 변화하는 모습을 보며 안도해요. 방송에서는 후시녹음을 하고, 청각장애인들이 신촌에 모여들고, 주인공은 수화를 배우기 시작하지요.

모두가 집단적인 장애가 일시에 발생했을 때의 혼란을 다룬 작품이지요. 단지 《눈먼 자들의 도시》와 《트리피트의 날》의 집단 장애가 인류의 광기와 폭력을 끌어낸다면, 〈정적〉은 적절한 시스템이 생겨나는 사회를 묘사해요. 꼭 서구사회와 한국의 차이 같기도 하네요.

응, 한국은 강력한 행정사회이자 경찰국가니까.

학자는 흥미롭다는 듯이 고개를 끄덕이며 말했다.

그런 세상을 꼭 SF에서 찾을 필요가 있니. 저시력이야말로 바로 그런 경우지. 예전에는 안경을 쓰면 놀림받았지만, 요즘에는 거의 모두가 안경을 쓰니 눈이 나쁜 것은 장애가 아니게 되었어. 오히려 안경을 안 쓰면 특이하게 보지.

직원이 그 말을 듣고 깨달음을 얻었다는 듯이 감탄했다.

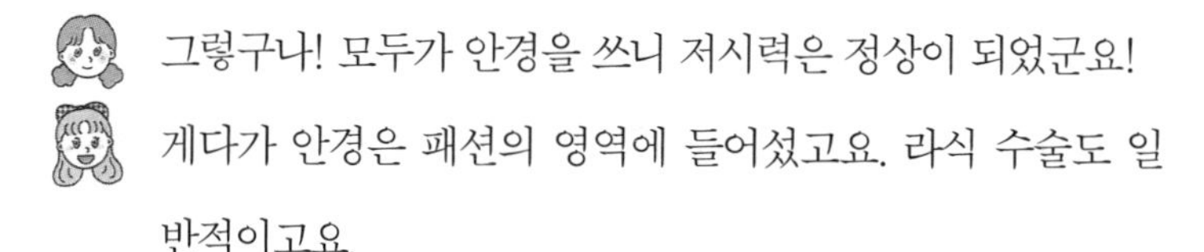

그렇구나! 모두가 안경을 쓰니 저시력은 정상이 되었군요!

게다가 안경은 패션의 영역에 들어섰고요. 라식 수술도 일반적이고요.

치아도 마찬가지지. 치아 보철을 했다고 장애인으로 부르지 않잖아. 사실 나도 수술하면서 어깨에 나사 두 개, 발목에 나사 하나씩 박았지만 나를 장애인으로 부르지는 않아.

그렇군요. 기술이 보편적이 되면 어떤 신체 결손은 장애가 되지 않는군요. 지금 장애로 부르는 것도 나중에는 정상에 속하게 될 수 있을까요?

그러리라고 생각해. 많은 것이 그렇게 되어 가고 있지.

그러면 어쩌면 언젠가는 몸에 무엇인가를 탈부착하는 것도 정상이 될 수 있겠네요. 타자를 대신 쳐 주는 의수라든가.

오. 손목터널증후군 있는 작가들에게 필요하겠어요!

코로나 이후 세계가 지속된다면 몸에 부착하는 마스크도 나올까요?

그래, 계속 새로운 바이러스가 나타나고 황사, 미세먼지로 마스크를 벗을 수 없게 된다면 코에 필터 이식을 할 수도 있겠구나. 지금도 콧속에 넣는 노즈 마스크가 있으니까.

양갱이 학자의 말에 귀를 기울이느라 고개를 점점 뻗었다가, 몸을 돌려 단결의 무릎에 턱 하고 고개를 얹었다. 그러자 단결이 환하게 웃다가 눈물을 글썽이며 소리 없이 만세를 불렀다. 작가가 '뭐지?' 하는 눈으로 단결을 쳐다보았다.

학자는 맥주를 한 모금 마시고는 말했다.

사실 나는 사이보그에 대해 종종 생각해.

사이보그라니요?

이를테면, 내가 팔이 잘려 없어졌을 때, 그 팔의 정상성을 찾는 게 아니라 잘린 팔에 다양한 도구를 달 수 있다면, 그건 '정상성'을 넘어서는 '비정상성'이 되는 거지. 정확히 말하자면 '초월성'이 되는 거야.

학자의 과학 talk!

《아무도 죽지 않는 세상》[14], 이브 헤롤드 Eve Herold, 2016

트랜스 휴머니즘에 대한 책이야. 인공심장으로 건강을 되찾은 사람의 예시로 시작하지. 나노 기술이 암을 치료하게 된다면, '자연스러운 죽음'을 맞겠다며 치료를 거부하는 것은 어떤 의미일까 하는 질문을 포함해서.

기술의 발전으로 인간 육체의 한계가 생물학적 한계를 넘어서 확장되는 다양한 예시를 소개해. 의공학, 인공장기, 나노 기술이 발달하면서, 기계가 신체의 여러 부분을 대신하고 인간의 한계를 확장할 수 있게 된다면, 인간이 어떤 존재가 될지 탐구하는 책이지.
만약 의공학이나 인공장기 기술로 수명이 다했거나 질병이 왔거나, 사고로 손실된 인간의 신체 일부를 기계로 대치할 수 있다면, 아니면 지금까지 상상도 못 했던 불가능했던 영역까지 확장할 수 있게 된다면 어떻게 될까? 그렇게 교체된 것이 원래 인간의 신체보다 더 뛰어나다면, 지금 우리가 장애라고 부르는 것은 오히려 이전보다 더 나아질 가능성이 될 수도 있지 않을까.

오오, 멋있어요!

단결이 손뼉을 짝짝 쳤다.

에이미 멀린스Aimee Mullins 라는 사람은 태어나자마자 무릎 아래를 절단했고 평생 의족을 차고 산 사람이야. 하지만 그 사람은 지금 배우이자 육상선수이자 모델이야. 나는 실제로 패션쇼에서 멀린스를 본 적이 있는데, 정말 완벽하고 아름다운 다리였어.

영화 〈킹스맨〉에 나오는 '가젤'이라는 사람 떠오르네요! 의족으로 멋진 발차기를 날린 사람이요.

응. 그 캐릭터의 모델이 바로 이 사람이야. 그 사람이 아니라

도, 의수를 용도에 따라 바꿔 끼우는 사람도 이제는 많지.

직원은 천장을 보며 잠시 상념에 젖었다.

'아무도 죽지 않는 세상'이라니, 그런 세상이 올까요? 은유적인 말이겠지요?

죽음의 정의가 변하리라는 말이지. 지금도 인공호흡기를 떼는 것이 살인인지 아닌지에 대한 논쟁이 있지 않니. 만약 인공심장이나 인공장기가 널리 퍼지고, 더 나아가 나노봇으로 암이나 노화를 치료할 수 있게 된다면, 그 치료를 하지 않는 것이 살인인가, 그 치료를 보편적인 복지로 보아서 누구나 이용할 수 있도록 해야 하는가, 등의 문제가 생겨나겠지. 인간이 죽기가 정말 어려워진다면, 그 의료기기를 제거하여 '죽음'을 선택하는 것에 대한 논의도 필요해지겠지.

학자 선생님 말씀 들으니, 저는 도나 해러웨이의 《해러웨이 선언문》에 대해 이야기하고 싶어졌어요. 그중에서도 〈사이보그 선언〉[15]에 대해서요.

단결의 사회 talk!

〈사이보그 선언: 20세기 후반의 과학, 기술, 그리고 사회주의 페미니즘〉, 도나 해러웨이 Donna J. Haraway, 1985

사이보그는 기계와 생물이 결합한 존재예요. 경계를 허무는 존재고, 기존의 정체성을 지우고 새로운 정체성을 만드는 것이지요. 허구의 존재이자 이미 어느 정도는 현실에 있고, 또 존재하게 될 개념이지요. 여성해방도 그와 같아요.
해러웨이는 사이보그와 여성해방을 연결 지어 생각해요. 다가올 시대에는 기술을 통해 성별의 경계, 인종의 경계, 물질과 생명의 경계, 인식의 경계를 넘어설 수 있다고요. 우리의 정체성이 고도의 노력 없이 쉽게 변할 수 있는 사회가 된다면, 기존의 질서는 무너지고, 새로운 질서가 생겨날 수 있다고 상상하지요.
작가 언니가 이전에 소개한 이종산 작가의 소설 《커스터머》와 같은 생각, 그러니까 지금 학자 선생님이 말씀하시는 것이 해러웨이가 상상한 그 세상이지요.

아, 지금도 성별 전환도 가능하고 의수나 의족도 달 수 있지만, 아무래도 지금은 노력과 자본이 많이 필요하다는 말이지? 그 노력의 강도가 급격히 줄어든 세상이 오면 새로운 세상이 온다는 뜻이지?

그래. 해러웨이는 기술이 계급을 재배치하고, 여성의 지위도 재배치하리라고 상상해.

그렇구나. 아직은 자본의 문제가 있으니까. 하지만 지금보다 훨씬 더 신체를 개조하기가 쉬워진다면, 그때는 정상 대 초월의 문제가 사회 전반에서 나타나겠구나.

이를테면요?

이를테면…… 의수로 사람을 때리면 폭행죄일까, 아니면 흉기를 사용한 가중폭행죄일까?

단결과 작가, 직원이 모두 흠칫 놀라고는 제각기 고민했다.

〈킹스맨〉의 가젤이 의족 발차기를 날리면 폭행일까, 흉기폭행일까!

흉기 아닐까?

그게 뭐야! 의족인 것도 서러운데 싸우면 무조건 특수폭행이 되다니! 잠깐, 그러면, 누가 내 의수를 뽑아서 부수면 폭행죄가 아니라 재물손괴죄인 거야?

아녜요. 뽑았을 때 폭행이 아닐까요? 그땐 붙어 있었으니.

앗, 그러네.

학자의 과학 talk!

의족은 몸인가, 물건인가?

단순히 사람을 치는 것이 아니라, '위험한 물건'으로 사람을 치면 평범한 폭행죄가 아니라 '특수폭행죄'가 되어 더 큰 처벌을 받아. 이 '위험한 물건'은 '원래 흉기는 아니라도 사람의 생명이나 신체에 해를 끼칠 수 있는 물건' 전반을 말해.
그러니 의족이나 의수로 사람을 때리면 일반인과 달리 위험한 물건을 이용한 특수폭행으로 처벌받을 수 있지.
'몸'인가, '물건'인가의 문제는 몸에서 떼어 내기 쉬운가, 어려운가를 고려해서 나누더라고. 의료진이나 전문가의 도움 없이 떼어 내거나 붙일 수 있으면 물건, 아니면 신체야. 예를 들어, 누군가를 때려서 틀니가 부서지면 재물손괴죄인데, 똑같이 때렸어도 임플란트한 의치가 부서지면 상해죄가 될 수 있지.

장애의 초월성이라는 말을 들으니 사토 마코토의 만화《사토라레》[16]가 떠올라요. 이나경 작가의 〈다수파〉[17]와, 정소연 작가의 〈우주류〉[18]도요.

작가의 SF talk!

《사토라레》, 사토 마코토 佐藤マコト, 1999

영화로도 만들어졌지요? 사토라레는 마음의 소리가 주변 사람에게 들리는 장애가 있는 사람들이에요. 하지만 이들 대부분이 천재고, 사회에 이익이 되는 존재라서 사회가 그들의 장애를 숨기기 위해 애써요. 사람들은 사토라레의 생각이 들려도 모르는 척하지요. 어떻게 하면 그 사람이 자신의 장애를 깨닫지 못하게 하는가가 주된 갈등이에요. 장애가 있어도 사회가 그들의 평범한 생활을 위해 노력하는 시스템을 구축한다면 평범하게 살 수 있다는 이상향을 보여주는 면이 있어요.

〈다수파〉, 이나경, 2016

이 소설의 주인공은 다수 분포의 한가운데 있는 사람이에요. 자기가 항상 다수 분포에 속해 있어서, 다수파라는 자부심을 가졌고, 그 때문에 정부 일에 차출되기도 하지요. 하지만 나중에 알고 보니 자신이 택하면 그것이 다수가 되는 힘이 있는 사람이었지요. 한국사의 비극적인 사건과 그 능력을 연결해 전개하는 작품이에요.

〈우주류〉, 정소연, 2005

이 소설에는 우주에 가고 싶어 오랫동안 준비해 온 주인공이 등장해요. 하지만 주인공은 다리를 잃으면서 꿈을 포기하지요. 하지만 정작 우주 개발이 시작된 뒤에는 오히려 다리가 없는 사람이 우주 환경에 잘 적응할 수 있다는 것이 밝혀지면서 주인공은 꿈을 이루게 되어요.

응. 실제로 물고기처럼 살아야 하는 무중력 우주 환경에서 척추 아래가 불필요하다는 이야기를 많이 하지.

'다리는 장식일 뿐이지요.'

'높으신 분들은 그걸 모르죠.'

응? 무슨 소리지?

작가와 직원이 가락을 맞춰 말하자, 학자가 고개를 갸웃하고는 말을 이었다.

아무튼, 우리가 사는 이 지구와 완전히 다른 환경에서는, 이를테면 우주나 다른 행성에서는 어쩌면 우리가 장애라 부르는 사람들이 더 잘 적응할 수 있다는 상상을 하면 위안이 되지. 현실에서도 다양한 환경에서는 오히려 장애인이 더 잘 적응할 수 있는 곳이 있을 거야.

Q3 : 더 나아가, 비정상성을 욕망하는 경우도 있을까요?

음, 하지만, 현실적으로 장애는 힘든 문제지요.

직원이 생각에 잠긴 동안, 단결은 자기 다리에 기대 있는 양갱의 머리 위에서 만질까 말까 고민에 잠겼다.

네. 장애는 사실 불편하고 낙인도 있고, 어느 수준을 넘어서면 삶을 영위하기 어려워지고, 결코 쉽게 다룰 문제가 아니지요. 현실에서 생존에 위협을 받는 어떤 사람들에게는 이 논의가 허울 좋게 들릴 거예요. 단지 《어둠의 속도》는 장애가 있다 해서 모두가 정상인을 동경하거나 정상에 맞추기를 원하는 것은 아니라는 이야기를 한다고 생각해요.

네, 어떤 논의도 모든 사람에게 적용될 수 없는 거지요.

장애인이 불행하기만 하리라고 생각하는 건, 재벌 3세가 우리를 보고 아니, '빌딩도 없고 가진 회사도 없다니! 너의 삶에는 불행만이 가득하겠구나!' 하고 생각하는 것과 비슷하다고 해요. 지극히 무례한 일이지요. 나한테 빌딩과 회사가 없어도 그게 내 삶에 중요한 의미가 아닐 수 있거든요. 그렇다고 재벌 3세가 '너희는 문제없이 행복하게 잘 사니? 그러면 세상은 변하지 않아도 괜찮겠구나!' 이렇게 생각해도 곤란하고요.

단결이 마침내 양갱의 등에 손을 얹었고, 찌르르 오는 감동에 잠시 황홀해한 뒤 말했다.

내가 조금 더 나아간 이야기를 해 볼까? 스티븐 로즈Steven Rose와 힐러리 로즈Hilary Rose가 쓴《급진과학으로 본 유전자, 세포, 뇌》[19]에서는, 농인, 그러니까 청각장애인 부모는 자기 아이가 농인이기를 바라는 경우가 많다고 해. 자식이 청인, 그러니까 귀가 들리는 아이일 경우 굉장히 당혹스러워한다고 해. 심지어 어떤 경우는 농인으로 만들 수 없는가 고민하기도 하고. 농인은 청인 자식을 ADHD처럼 느낀대. 자극 과잉으로 느낀다는 거야.

마이클 샌델의 책《완벽에 대한 반론》[20]에도 비슷한 이야기가 나오지.

학자의 과학 talk!

《완벽에 대한 반론》, 마이클 샌델 Michael Sandel, 2007

이 책에는 청각장애인 아이를 얻고 싶은 나머지, 청각장애인 가족력이 있는 정자를 찾아 구해서 실제로 청각장애인 아이를 갖게 된 부모 이야기가 나와. 거세게 비판을 받았지. 그런 한편으로, '뛰어난 가족력을 지닌 난자'를 찾는 부모도 소개해. 둘 다 '특정한 유전적 자질'을 원한 부모였지만, 비난은 주로 장애를 원한 부모에게 집중되었어.
이 책은《아무도 죽지 않는 세상》과 같이 보면 좋을 거야. 샌델은 트랜스 휴머니즘의 시대를 우려하면서, 우리는 여러 복잡한 이유에서 '치료'와 '강화'를 구분해야 한다고 말해. 이를테면, 치매 치료는 필요하지만, 만약 그 기술을 일반인이 지능을 높이는 데 쓴다면?
샌델은 치료가 아닌 강화가 당연한 것이 되면 우리는 삶을 선물로 여기지 않을 거라고 말하지. 반면에 이브 헤롤드는 이 생각이 '생명 보수주의'라고 비난해. 모두 같이 생각해 볼 문제지.

아, 그 말씀 들으니 김초엽 작가의《수브다니의 여름 휴가》[21] 떠오르네요.

《수브다니의 여름휴가》, 김초엽, 2022

인공장기를 만들던 주인공은 지금은 인공피부를 만들어 주는 피부샵에 다니고 있어요. 이 가게에는 자신이 다른 종족이라고 믿고 몸을 바꾸려는 사람들이 손님으로 오지요. 이 가게에 수브다니라는 손님이 찾아와요. 수브다니는 '녹슬고 싶다'는 욕망이 있고, 자기 피부를 금속으로, 특히 내구성이 약한 금속으로 바꾸고 싶어 해요. 그랬다간 죽을 수도 있는데 말이지요. 주인공은 과연 이 시술을 해야 할까 고민하지요.

그러네요. 이것도 유전자 디자인이 보편적이 되었을 때 생겨날 많은 논의 중 하나겠어요. 누군가가 안 좋은 방향으로 유전자 디자인을 하고 싶다면 어떻게 해야 하는 걸까요? 자기 선택으로 보아야 할까요, 아니면 윤리적으로 막아야 할까요?

자기라면 몰라도, 자기 아이라면 문제가 아닐까요? 결국은 남이잖아요.

착상 전에 진단할 수 있는 질환의 수도 점점 늘고 있지.

학자의 과학 talk!

착상 전 유전자 진단의 문제

우리나라 생명윤리법상, 2023년 7월을 기준으로 209종의 질환에 대해서, 태아나 배아의 유전자 검사를 할 수 있어. 2005년에 최초로 이 검사가 허용되었을 때는 63종이었으니, 검사가 가능한 항목이 세 배 이상 늘어난 셈이지.
그런데 그 범위를 확장하면 어디까지 확장해야 하는가 하는 질문을 하게 되겠지. 정상적 기능을 하지 못하는 유전자를 가진 배아를 탈락시키는 것이 아니라, 거꾸로 그런 유전자를 가진 배아를 부모가 선택하고자 한다면?

결손이든 강화든, 나는 유전자 디자인 자체가 윤리적으로 옳을 것 같지 않아요. 무엇이 우수한 아이인가 하는 기준은 높은 확률로 편견에 근거해요. 우리는 우리 세계의 수준에 맞는 기술을 가질 뿐이니까요.

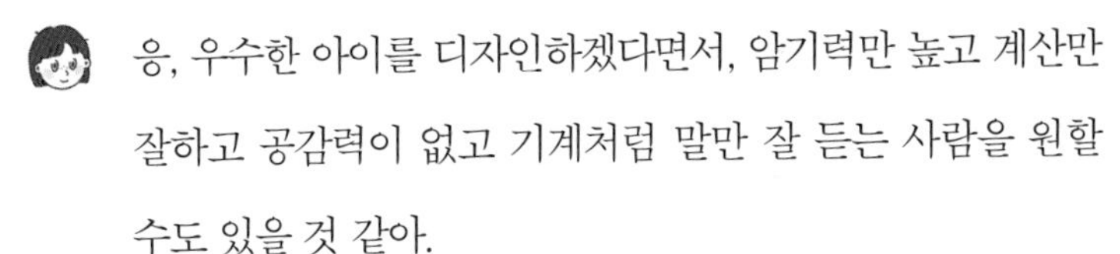

응, 우수한 아이를 디자인하겠다면서, 암기력만 높고 계산만 잘하고 공감력이 없고 기계처럼 말만 잘 듣는 사람을 원할 수도 있을 것 같아.

지금 학교에서 키워 내는 아이들이 실상 그렇지 않을까요?

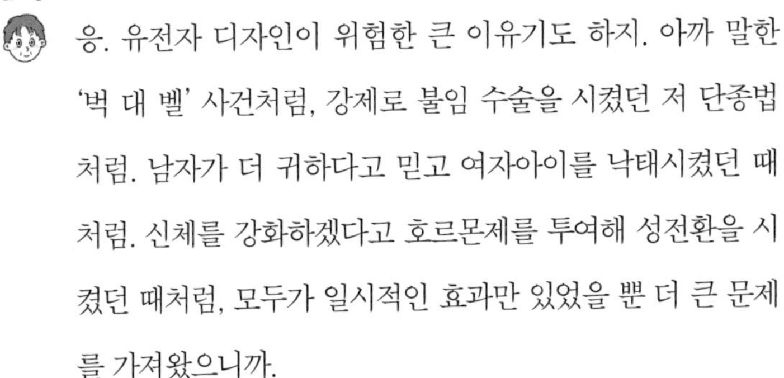

응. 유전자 디자인이 위험한 큰 이유기도 하지. 아까 말한 '벅 대 벨' 사건처럼, 강제로 불임 수술을 시켰던 저 단종법처럼. 남자가 더 귀하다고 믿고 여자아이를 낙태시켰던 때처럼. 신체를 강화하겠다고 호르몬제를 투여해 성전환을 시켰던 때처럼, 모두가 일시적인 효과만 있었을 뿐 더 큰 문제를 가져왔으니까.

그때, 하늘이 어두컴컴해지며 소낙비가 쏟아지기 시작했다.

"오, 비가 오네요."

직원의 말에 단결이 말을 받았다.

"황사가 좀 걷힐까요?"

"그런데…… 좀 심하게 많이 오네요. 열린 창문이 있는지 확인하고 와야겠어요."

직원이 키보드를 닫고 서둘러 자리를 떴다.

"황사 다음에는 폭우라……. 정말로 날씨를 예측할 수 없네요."

작가가 말하자, 학자가 고개를 끄덕였다.

"그래, 앞으로도 기후는 예측할 수 없는 방향으로 계속 변하겠지. 멸종하는 생물도 늘어날 거고……. 몇십 년 사이가 아니라 몇 년 사이에 달라질 문제지."

그리고 남은 이야기

Q4 : 과학이 장애의 개념을 사라지게 할 수 있을까요?

생각해 보니, 장애인 입장에서는 나 말고 모든 사람이 스마트폰을 가진 것과 비슷한 느낌일 수도 있을 것 같아.

나는 '과학'이 장애를 사라지게 하지는 않을 것 같아. 과학은 그 자체로 지향성이 있지 않으니까. 더 관건은 사회가 어떤 지향성을 가지느냐지.

나도 과학이 아니라, 과학의 발전과 함께 사회가 좋은 방향으로 변화한다면 사라지게 할 수 있을 것 같아. 그런데 과연 그런 날이 올까?

응. 과학보다는 기술이겠지.

기술의 지향점을 어떤 방향으로 끌고 갈 수 있겠지요. 나중에는 그 기술이 없는 것이 장애가 될 수도 있을 거고. 하지만 기술 그 자체만으로는 안 될 거예요. 사람의 인식이 어떤 기술을 어떻게 만들지 정하죠.

기술이 신체 능력의 한계를 어느 이상 뛰어넘으면, 장애가 없어도 신체 교환을 원하는 이들도 생기지 않을까?

네, 성형수술이 전형적으로 그렇지요.

맞아. 그때는 신체 교환은 꼭 신체에 문제가 생겼을 때 해야 하나, 개인의 선택으로 맡겨야 하나, 선택이라면 몇 살부터 허용해야 하나, 성장기부터 바꿔서 적응해야 하나 성장기 끝나고 허용해야 하나, 같은 여러 논의가 생겨나겠지.

성형수술이 생기면서 연예계에서 성형의 압박도 생겨났잖아요. 기술이 어느 이상을 가능하게 하면, 다시 그 이상적인 기준을 정상으로 놓고 맞추도록 하는 압박이 생겨날 수 있을 듯해요. 그에 저항하는 개인의 선택도 있을 것 같고.

SF가 된 소수자들의 이야기,

엘리자베스 문 1945~

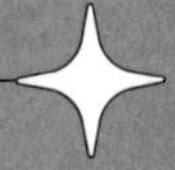

라이스대학교에서 역사학을 공부하다가 다시 텍사스대학교에서 생물학을 공부했다. 1968년에는 해병대에 입대하여 중위가 되었다. 합창단원이자 지역신문의 칼럼니스트이자 구급대원이기도 하다. 밀리터리 SF를 주로 쓰며 생물학이나 정치학 SF를 쓰기도 한다. 네뷸러상 수상작인 《어둠의 왼손》은 자폐인인 아들에게서 영감을 받아 쓴 소설이다.

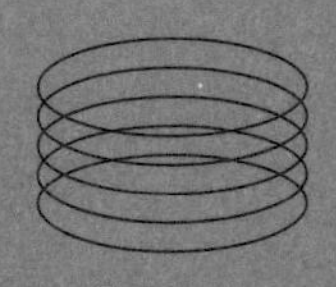

3부

영화 같은 세계에서

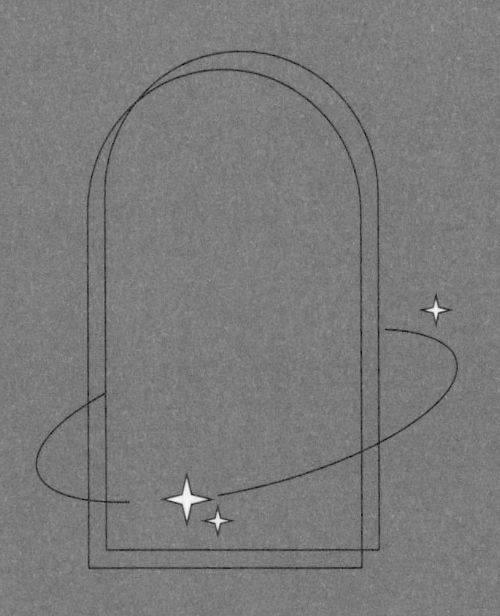

살게 된다면?

본 적 없는 세계를 상상하는 유쾌한 질문

5장

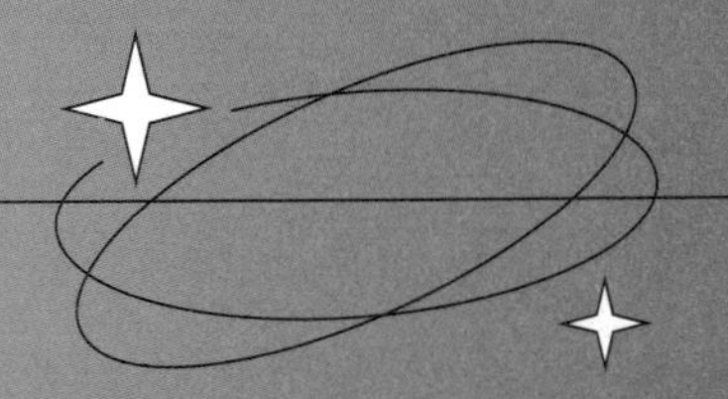

로봇과 인간이 친구가 될 수 있을까?

아이작 아시모프의 《강철도시》와 반려로봇

비가 창을 후둑후둑 때리는 가운데, 눈을 동그랗게 뜨고 귀를 쫑긋 세운 채 해삼처럼 누워 있던 백설기가 퍼뜩 놀라 고개를 도리도리 저었다.

"이, 이런, 또 위험했다……. 또, 정신없이 듣고 말았어. 위험해, 위험해……. 그런데, 기분 탓인지, 왠지 인간들 이야기에 방향성이 있는 것 같은데……."

정신 차린 김에 앞발을 크게 벌려 사이사이를 꼼꼼히 닦고 고개를 뒤로 돌려 날름날름 목 뒤를 핥던 백설기는, 어느새 옆에 와서는 멍하니 있는 양갱을 보며 고개를 갸웃했다.

"왜 그러느냐? 또 무슨 일 있었느냐?"

양갱의 꼬리가 생기를 잃고 창틀 아래로 축 늘어져 있었다. 백설기는 문득 상황을 깨닫고 풍성한 꼬리로 양갱의 등을 쓰다듬었다.

"이런, 기억이 나 버렸구나."

양갱은 고개를 푹 숙였다. 늘어진 꼬리가 힘없이 흔들렸다.

"그러게 내가 말하지 않았더냐. 기억을 떠올려서 좋을 것 없다고. 괜히 안 좋은 기억만 가지고 떠나게 생겼구나. 쯧쯧."

"……."

"자, 나는 이제 그만 지하실에 숨겨 둔 기지로 가야겠다. 이제 인공위성 속에 숨겨 둔 우리 우주정거장에 보관된 의체에 주민들 의식 전송을 할 것이다. 저녁 전에는 전송 준비가 끝날 것이니라. 전송이 끝나면 이 마을 구석구석에 흩어져 살던 주민들 모두 고로롱 별로 돌아갈 것이니라. 이 별도 이제는 안녕이다."

백설기는 등을 활처럼 둥글게 올려 기지개를 쭉 켠 뒤, 짧은 다리로 창틀에서 폴짝 뛰어내렸다. 그리고 꼬리를 높이 들고 통통거리며 지하실로 내려갔다.

양갱은 비가 매섭게 쏟아지는 창을 보며 돌아앉아 있었다. 그 뒤로 학자가 맥주캔을 든 채 살며시 다가와서는 옆에 앉았다.

"이제 토론은 더 필요 없니?"

양갱이 퍼뜩 놀라 귀를 쫑긋 세우며 학자를 올려다보았다.

"기억을 되살리고 싶어서 작가 씨와 단결 씨에게 토론을 계속하게 한 것 아니었니?"

학자가 양갱의 머리를 쓰다듬으며 말했다. 양갱은 본능적으로 귀를 납작 눕히며, 의심을 거두지 않은 채 학자가 쓰다듬는 손길에 맞추어 고개를 까닥까닥 움직였다.

"아까 화장실에 가려고 2층에 올라가다가 계단에서 다 들었단다. 고양이가 말을 하다니 신기하기는 하지만, 과학자로서 관찰한 현상은 있는 그대로 받아들여야지."

양갱은 묵묵히 고개를 숙이고 있다가 발톱으로 창틀을 세 번 두드려 통역기를 켠 뒤 말했다.

"기억이 떠오르면 영주님이 왜 인간이 싫어졌는지 알 수 있을 거라고 생각했어요. 이유를 알면 설득할 수도 있을 줄 알았죠. 쓸데없는 일을 했네요."

"왜 쓸데없는 일이었는데?"

"제가 진짜 고양이인 줄 알고 살았을 때, 저는 혼자 거리를 떠돌다 어떤 집에 입양되었어요. 화목한 가족이 있는 좋은 집이었지요. 그곳에는 이미 다른 고양이가 있었지만요."

하늘에서 번개가 쳤다. 번개가 치자마자 비가 더 거세게 쏟아졌다.

"장애가 있는 고양이었어요."

"응. 그랬구나."

학자가 고개를 끄덕였다.

"말도 못 하고, 잘 걷지도 못하고, 눈과 귀도 나쁜지 걷다가 자꾸 어디 부딪치고, 가끔은 죽은 것처럼 누워서 꼼짝도 못 했지요. 그래도 저는 그 고양이가 참 좋았어요. 어쨌든 기억을 잃은 뒤 처음 만난 같은 종족이었는걸요. 그래서 남편으로 삼았지요. 정말 사랑했었지요."

"그런데?"

"제가 입양되자마자 그 가족은 그 고양이를 돌보지 않았어요."

학자는 흠, 하고 생각에 잠겼다.

"제 남편은 점점 약해지다가, 아예 영영 움직일 수 없게 됐어요. 그러다 가족은 내 앞에서 남편을 쓰레기봉투에 넣어 내다 버리고 말았어요."

"음……."

"저는 큰 충격을 받았어요. 그 무렵에 백설기 영주님이 저를 찾아내셨지요. 영주님이 제 본래 의식을 이 몸에 넣어 주시면서 저는 그때 일을 다 잊고 말았고요."

양갱의 꼬리가 창틀 아래에서 축 늘어져 흔들렸다.

"영주님 말이 맞았어요. 기억하지 않는 것이 좋았어요. 좋은 추억만 갖고 갔어야 했는데……."

학자는 엇차, 하고 양갱의 겨드랑이에 손을 넣어 휙 들어 올렸다. 양갱이 으아악, 하고 사지를 버둥거리자, 학자는 솜씨 좋게 엉덩이를 받쳐 들고 끌어안아 등을 토닥였다. 양갱이 학자의 품 안에서 액체처럼 움직이며 빠져나가려고 애썼지만 학자가 솜씨 좋게 도로 품에 안았다.

"우리 멋쟁이 까만 고양이 님, 아직 저녁이 오려면 멀었어. 그렇게 빨리 포기하지 말라고."

학자가 소파가 있는 서점 구석으로 돌아와 보니, 직원은 책을 정리하고 있었고, 단결이 자기가 어떻게 꿈에서 얻은 영감으로 양갱을 만질 수 있었는지 작가와 신나서 떠들고 있었다. 학자는 짐짓 시침을 떼며 소파에 앉았다.

"작가 씨, 아무래도 내가 손주들에게 사 줄 책을 더 추천받고 싶은데……. 로봇에 대한 SF 중에서 추천해 줄 만한 소설이 있을까?"

창틀에 혼자 시무룩하게 앉아 있던 양갱이 흠칫 귀를 젖히며 뒤를 돌아보았다. 작가가 고개를 갸웃하며 말했다.

"네, 로봇에 대한 소설이야 산더미처럼 많지요. SF에서 가장 인기 있는 주제 중 하나인데요. 어떤 소설을 원하세요?"

학자는 천장을 보며 잠깐 생각에 잠겼다.

"음, 반려로봇에 대한 소설도 있니?"

"반려로봇이요?"

"로봇과 인간이 가족이나 친구가 되는 이야기, 나는 그쪽으로 추천받고 싶은데."

"예, 그것도 넘쳐나도록 많지만, 저는 여전히 아이작 아시모프의 《강철도시》[1]와, 그에 이어지는 '로봇 시리즈'를 좋아해요. 고전이지만요."

작가가 활짝 웃으며 답했다.

"다섯 번째 주제는 반려로봇이군요! 《강철도시》는 또 어떤 소설인가요?"

직원이 정리하던 책을 내려놓고 신이 나서 다가와 앉으며 물었다.

"어, 나도 언니한테 여러 번 들어 본 소설이네. 소개 좀 해 줘 봐."

단결이 몸을 기울이며 관심을 보였다. 작가가 눈을 가늘게 뜨며 물었다.

"너 SF에 관심 없다며?"

"언제!"

"아침에."

"그건 아침이고!"

작가의 추천 도서

《강철도시》, 아이작 아시모프, 1954

'로봇 시리즈'는 아이작 아시모프의 대표작이에요. 《강철도시》(1954), 《벌거벗은 태양》(1957), 《여명의 로봇》(1983), 《로봇과 제국》(1985)으로 이어지는, 인간 베일리, 로봇 다닐과 지스카드를 중심으로 한 시리즈를 말해요.

아시모프는 저 유명한 로봇 3원칙을 제시한 뒤, 그에 대한 단편소설을 쓰고 있었어요. 그러다 갤럭시Galaxy 잡지의 편집장 호레이스 골드Horace Leonard Gold가 로봇 3원칙을 활용한 장편소설을 써 달라고 제안하지요. 아시모프는 자기는 단편 작가라며 거절했지만, 골드가 "추리소설 좋아하시지요? 인간 탐정과 로봇이 함께 사건을 해결하는 추리소설은 어때요?" 하고 제안해서 쓰기 시작한 시리즈예요.

《강철도시》는 인간 형사인 일라이저 베일리와 우주인의 로봇 R. 다닐 올리버가 짝을 이루어 사건을 해결하는 SF 추리소설의 형태를 띠고 있어요.

미래에 인류가 우주로 진출한 뒤, 우주로 진출한 지구인은 '우주인'이 되어 지구인과 구분되고 지구는 식민지처럼 차별과 지배를 받아요. 그런데 우주인 대사가 살해당하면서, 이 사건이 우주적으로 첨예한 문제가 되어 버리지요. 그래서 지구인 형사인 베일리가 우주인과 파트너가 되어 사건을 해결해야 하는데, 이때 우주인 대신 로봇 R. 다닐 올리버가 오지요. 사건을 해결하는 내내 로봇 3원칙이 중요한 쟁점이 돼요.
R. 다닐 올리버는 아시모프의 다른 대하 장편 '파운데이션 시리즈'에도 카메오로 출연하지요. 《로봇과 제국》은 파운데이션으로 잇기 위한 징검다리 역할의 소설이라, 저는 《여명의 로봇》까지를 추천해요. 가장 추천하는 작품은 물론 《강철도시》고요.

 아, 나도 로봇 3원칙은 들어 봤어요. 그 유명한 3원칙이군요!

 로봇 3원칙? 그게 뭔데?

작가의 SF talk!

아시모프의 로봇 3원칙

아시모프가 제시한 로봇 인공지능의 윤리 원칙이에요.

- 제1원칙 : 로봇은 인간에게 해를 끼쳐서는 안 되고, 해를 끼치도록 방치해서도 안 된다.
- 제2원칙 : 제1원칙을 위배하지 않는 한 로봇은 인간의 명령에 복종해야 한다.
- 제3원칙 : 제1원칙과 2원칙을 위배하지 않는 한 로봇은 자신을 보호해야 한다.

흔히 가전제품의 3원칙인 안전성, 편의성, 내구성으로도 해석해요.
제품은 그 무엇보다도 안전해야 하고(1원칙), 안전성을 해치지 않는 범위 내에서 사용하기 편해야 하지요(2원칙). 마지막으로, 안전성과 편의성을 해치지 않는 범위 내에서 최대한 튼튼해야 하고요(3원칙).
이를테면, 전기난로가 넘어지면 자동으로 꺼지거나, 전기밥솥이 밥을 하는 동안은 뚜껑이 열리지 않는 것은 안전성을 편의성 위에 둔 것이지요.

아시모프가 《강철도시》에 쓴 작가의 말에 따르면, 아시모프가 어렸을 때, 말하자면 1920년대에서 1930년대에는 메리 셸리의 《프랑켄슈타인》, 카렐 차페크의 연극 《R.U.R: 로즘 유니버설 로봇》[2]처럼, 로봇이 인류를 해치거나 파멸시키는 이야기가 많았다고 해요.

작가의 SF talk!

《R.U.R: 로즘 유니버설 로봇》, 카렐 차페크 Karel Čapek , 1920

'로봇'이라는 말이 처음 생겨난 희곡이에요. 로봇이 인간의 노동력을 대체한 풍경을 그리는데, 실상 이 소설의 로봇은 학대받는 노동자의 은유예요. 이 소설에서 로봇회사 사장이 로봇이 어떻게 인간과 다른지 역설하는 장면은 현실의 노동자 차별을 은유하지요. 결국 배경이 되는 섬에서 로봇들은 반란을 일으켜 인간을 모두 학살하고 말아요.

아시모프는 어릴 때부터 그런 이야기가 싫었고, '지식이 위험한 것이라면 해결책은 무지'라는 생각에 동의할 수 없었다지요. 기술로 생겨날 위험을 두려워하지 말고 그 위험을

다룰 방법을 고민해야 한다고요.

그렇지. 당연한 말이지.

아시모프는 1940년 12월 13일, 어스타운딩Astounding 잡지 편집장 존 캠벨John Campbell과 논의하다가 로봇의 행동을 지배하는 규칙을 만들어 보자고 논의해요. 그런 뒤 아시모프는 자신의 네 번째 로봇 단편 〈속임수Runaround〉에서 3원칙을 발표하지요. 1942년 3월, '로봇공학'이라는 말이 세계 최초로 쓰인 순간이었지요.

우와, '로봇'이라는 말도 소설에서, '로봇공학'이라는 말도 SF에서 처음 등장한 거군요!

그럼요! 다른 소설이 과거를 재현하는 데 그친다면, SF는 미래에 영향을 주는…….

작가가 혼자 뿌듯해하는 것을 내버려두며 학자가 고개를 끄덕였다.

음, 무슨 말인지 알겠구나. 로봇은 자연현상이 아니니까. 우리가 만드는 것이고 통제할 수 있는 것인데, 그걸 자연이나 외계생물하고 똑같이 생각하면 곤란하지.

네, 아시모프는 과학자였기 때문에 바로 그 점을 잘 이해하고 있었지요. 흔히 사람들은 3원칙의 내용 자체에 집중하는데, 저는 오히려 내용은 중요하지 않다고 생각해요.

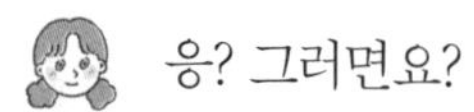

응? 그러면요?

3원칙은 사실 완전하지 않아요. 아시모프의 소설 안에서도 계속 충돌하고 모순을 일으키거든요. 내용이 중요한 것이 아니라, '원칙'을 만든다는 그 점이 중요한 거예요. 아시모프는 우리가 로봇을 만들 때는 그 기술로 인해 발생하는 위험을 다스릴 수 있는 기본적인 원칙을 정해야 한다는 것을 우리에게 알려 준 거죠.

그래, 무슨 말인지 알겠구나.

실제로 '로봇 시리즈'의 마지막 편인 《로봇과 제국》에서, 결국 R. 다닐 올리버는 3원칙의 모순을 해결하지 못하고 0원칙을 만들어요.

작가의 SF talk!

로봇 0원칙

아시모프의 소설 《로봇과 제국》에 등장한 제0원칙은 다음과 같아요.

- 제0원칙 : 로봇은 인류에 해를 끼칠 수 없다.

그러면서 제1원칙부터 연속으로 변형되지요.

- 제1원칙 : 로봇은 제0원칙을 위배하지 않는 범위 내에서 인간에게 해를 끼칠 수 없다.
- 제2원칙 : 제0원칙과 제1원칙을 위배하지 않는…….

말하자면, 더 큰 다수를 지키려면 한 개인에게는 해를 끼칠 수 있다는 원칙이지요.
하지만 '인류'는 정의할 수 없는 존재고, 현실의 법이 그렇듯이 끝없는 고민을 해야 하는 것에서 소설은 마무리돼요. 결국 R. 다닐 올리버는 수만 년에 걸쳐 인류를 지켜보는 수호자가 되기로 하지요.

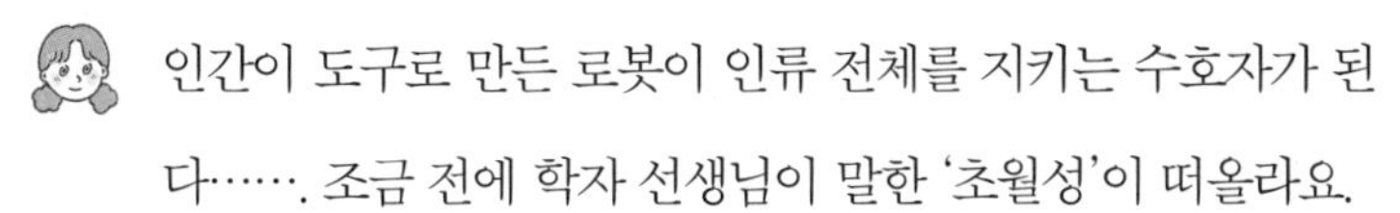

인간이 도구로 만든 로봇이 인류 전체를 지키는 수호자가 된다……. 조금 전에 학자 선생님이 말한 '초월성'이 떠올라요.

네, 다닐이 그 선택을 한 근원은 베일리의 유언 때문이었지요. 베일리는 다닐에게 "나 한 사람보다 인류 전체를 생각하라"는 유언을 남겨요. 베일리가 다닐에게 그 말을 한 이유는 자신의 죽음 때문에 다닐이 잘못될까 봐 걱정해서였고요.

듣고 있던 단결이 한숨을 폭 쉬며 양손을 뺨에 대며 얼굴을 붉혔다.

너무나 사랑스러워. 전형적인 탐정물인 데다가 둘의 관계는 전형적인 로맨스고. 처음엔 적대하다가 나중에는 이해하고…… 마침내는 사랑에 빠지는 이야기구나.

그 말을 듣자마자 작가가 냉큼 고개를 도리도리 저었다.

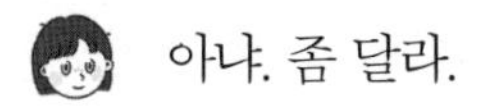

아냐. 좀 달라.

달라? 뭐가?

단결이 어리둥절해했다.

실은 그게 내가 이 시리즈를 좋아하는 지점이야. 이 소설은 로봇과 인간의 교감을 다루는 다른 소설의 흔한 구멍에 빠지지 않아.

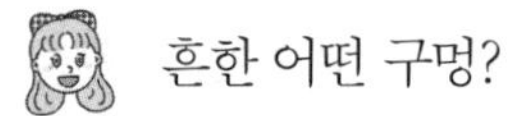
흔한 어떤 구멍?

말하자면, 중간에 로봇이 모종의 신비한 이유나 오류 따위로 인간의 마음을 갖게 된다, 이딴 길로 가지 않는다는 거야. 솔직히 말해서, 로봇이 인간의 마음을 가질 거면 뭐하러 로봇 이야기를 쓰냔 말이지. 그냥 인간끼리의 로맨스를 쓰란 말이지. 인간의 마음이 없는 바로 그 존재와 소통하는 그 부분이 바로 로봇 이야기의 끝내주는 점이라고!

아……. 그렇구나.

단결이 '아이고, 이 오타쿠' 하는 표정과 '대충 이해하겠다'는 표정을 동시에 보이며 고개를 끄덕였다.

그러면, 아시모프의 로봇은 인간의 마음이 없니?

네, 다닐은 인간이 보기에는 인간적이지만 본인 시점에서는 기계의 본질을 벗어나지 않아요. 그러니까, 다닐이 수만 년에 걸쳐 베일리의 유언을 지키려고 인류에게 헌신하는 모습은 우리 눈에는 자기희생의 정점이자 세기의 로맨스일 수밖에 없지만, 다닐 입장에서는 그저 2원칙, '인간의 명령을 듣는다'는 원칙을 수행했을 뿐이라는 거죠.

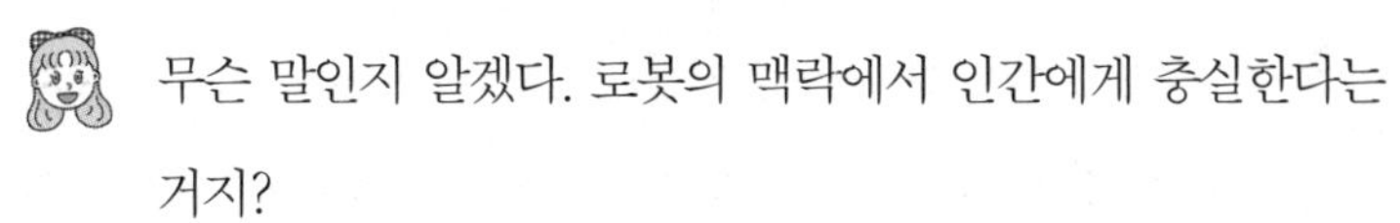

무슨 말인지 알겠다. 로봇의 맥락에서 인간에게 충실한다는 거지?

응, 아시모프는 '인간답지 않기 때문에 매력적인' 존재를 잘 그려냈다고 생각해. 나는 데즈카 오사무의 《우주소년 아톰》[3]도 나는 그런 맥락에서 좋아해. 아톰은 인간답게 행동하지 않아. 바로 그래서 아기 같고 성자 같고, 현실에 없는 이상적인 인간 같은 느낌을 주지.

단결이 두근거리는 가슴을 끌어안고 즐거워했다.

아, 꼭 필멸자와 불멸자의 사랑 이야기 같아.

응. 그런 느낌이 있네. 용이나 엘프와 인간의 사랑 이야기 같지.

~~롬곡옾눞~~이야…….

응? 무슨 말이야?

폭풍눈물. 어……. 글자를 뒤집어 거꾸로 읽으면…….

…….

…….

…….

ㅋㅋㅋ

단결이 못 알아듣는 작가를 보며 헛웃음을 짓고는 물었다.

아무튼, 언니, 말 나온 김에, 《우주소년 아톰》도 조금만 소개해 줄 수 있어? '아톰'이라는 말은 많이 들었는데 실제로 본 적은 없네.

작가의 SF talk!

《우주소년 아톰》, 데즈카 오사무 手塚治虫, 1952~1968

'만화의 신'으로 불리는 데즈카 오사무의 대표작이자 일본 대중문화의 상징과도 같은 작품이지. 일본 최초의 주간 애니메이션이기도 해. 현대 일본 전체가 실상 이 작품의 영향을 받았다고 하지. 일본이 지금 같은 애니메이션 왕국이 된 것도, 과학 기술에 기반한 고도성장을 할 수 있었던 동력도 이 작품의 영향이라고 해.

맞아. 아톰은 처음부터 반려로봇으로 만들어졌지. 텐마 박사가 죽은 자기 아들 대용품으로 아톰을 만들었지. 하지만 박사는 아톰이 자라지 않는 것을 보고 인간 같지 않다고 실망하며 학대하다가 팔아 버렸어.

그 말을 듣고 학자가 눈을 둥그렇게 떴다.

로봇을 만들고 자라기를 바랐다니? 그게 무슨 소리야? 자기가 자라게 만들든가.

나중에 우라사와 나오키가 아톰의 한 에피소드를 리메이크한 만화 《플루토》[4]에서는 그 과정이 더 정교하게 나와요. 텐마 박사는 아톰이 착하고, 자기 말을 잘 듣고, 자기를 사랑해주니까 미워해요. 자기 아들은 말을 듣지 않았고 자기를 안 좋아했다고.

그게 무슨 소리야? 애초에 말을 잘 안 듣게 만들든가.

아, 뭔지 알 것 같아. 로봇은 정확히 인간이 바라는 그대로 행동할 수 있지만, 사실 소통은 '뜻대로 되지 않아야' 의미가 있는 거지?

그렇지. 인간은 실제로 '자기 뜻대로 소통이 되기를' 바라마지 않지만, 실은 '원래는 소통이 뜻대로 되기 어렵기 때문에' 그게 의미가 있는 거지…….

아이고, 인간 복잡하네요. 뭘 그딴 것을 로봇에게 바라요?

이것, 아마 지금 토론에서도 중요한 화두가 될 것 같아요. '로봇이 인간의 반려가 될 수 있는가 없는가'는, '우리의 명령을 거역하지 않는 존재'와의 소통이 과연 소통일 수 있는가의 문제와 귀결되는 것 같아요.

직원이 고개를 끄덕이며 열심히 키보드에 얼굴을 묻고 타자를 빠른 속도로 타다다닥 쳤다.

음, 그럼 처음의 질문을 해 볼까요? 만약 강인공지능을 가진 로봇이 생겨난다면, 그들은 우리의 반려가 될 수 있을까요?

아, 잠깐만요, 정리를 좀 하고 시작해 봐요. 여기서 '반려'는 단순히 '배우자'가 아니라 넓은 의미지요? 로봇이 우리의 인생에서 중요한 의미를 지닌 '짝'이 될 수 있는가 하는 거죠?

네, 다시 질문하면 이렇게 되려나요. "로봇도 가족이나 절친, 반려동물처럼 우리와 삶에서 중요한 관계를 맺을 수 있을까요?"

인공지능인지, 기계인지, 로봇인지도 정해야 하겠지?

그러네요. 인공지능은 인간처럼 사고하는 두뇌를 말하고, 기계는 신체 그 자체고, 로봇은 지능이 있고 움직일 수 있는 기계 신체를 주로 말하니 좀 다르네요. 주로 지능을 가진 로봇으로 생각해 보면 어떨까요?

Q1 : 로봇은 인간의 반려가 될 수 있을까요?

사실 난 반려가 인간이든 로봇이든 혼자만의 삶이 필요하지만…….

이, 이미 있으셔서 하는 말 아닐까요!

직원이 '그게 무슨 말이냐'는 듯 두 주먹을 불끈 쥐며 말했다.

손주들까지 있으면서 그런 말씀 마시라고요!

뭐, 누구나 바라는 건 다르지 않겠니.

그러고 보니, 로봇 반려와 지내는 인생은 혼자만의 삶일까요, 함께하는 삶일까요?

전원을 끄면 바로 혼자가 될 수 있다는 점에서는 오히려 더 좋지 않을까요?

인공지능부터 이야기해도 괜찮다면, 문목하 작가의 《유령해마》[5]는 인공지능과 인간의 초월적인 소통을 아름답게 그려낸 작품이에요. 인간일 수 없는 존재가 하는, 인간으로서는 할 수 없는 사랑을.

작가의 SF talk!

《유령해마》, 문목하, 2019

범용 인공지능 해마 '비파'는 재난 현장에서 사람들을 구하면서도 한 여자아이를 인지하지 못해요. 주민등록번호가 없었거든요. 그 여자아이는 이름이 없다는 뜻의 이름인 '미정'이었고, 자기를 구하지 않는 비파를 쫓아 나와서 스스로 살아남아요. 그때부터 비파는 계속 미정을 생각해요. 미정은 자기가 볼 수 없는 사람과 구하지 못한 사람의 상징과 같았으니까요. 미정은 세상으로부터 버려져 혼자 사는 줄 알지만, 비파가 언제나 자신을 지켜보는 줄은 알지 못해요.

나는 어렸을 때 했던 〈크로노 트리거〉[6]라는 고전 게임 이야기해 보고 싶어.

〈크로노 트리거〉, 아오키 카즈히코 青木一彦, 1995

계속 과거와 현재를 타임머신으로 오가면서 진행되는 게임이야. 2017년 IGN Imagine Games Network (미국의 유명 게임 웹진) 선정, 역대 RPG 베스트 1위에 오른 명작이지.
그 게임에 '로보'라는 로봇이 나와. 게임 중간에 일행은 중세 왕국으로 가서 왕국을 황폐한 사막으로 만든 괴물을 무찔러. 그 뒤 로보는 여기서 사막을 숲으로 바꾸고 있을 테니 현대로 돌아가서 나를 찾아오라고 해. 현대에 가니 로보가 400년간 키운 울창한 숲이 그곳에 있었고, 로보는 그새 작동도 멈췄고 고물이 되어서 신전에 모셔져 있어. 마을 사람들은 로보를 마을을 위해 헌신한 위대한 성인으로 기억하고 있었고.
주인공이 로보를 고치고 깨우니까 신전에서 눈을 뜬 로보가 무심하게 말하지. "오랜만이군요. 여러분에게는 짧은 시간이었겠지만요." 그리고 말해. "자, 오늘 밤은 400년 만의 재회를 축하하지 않겠습니까?"

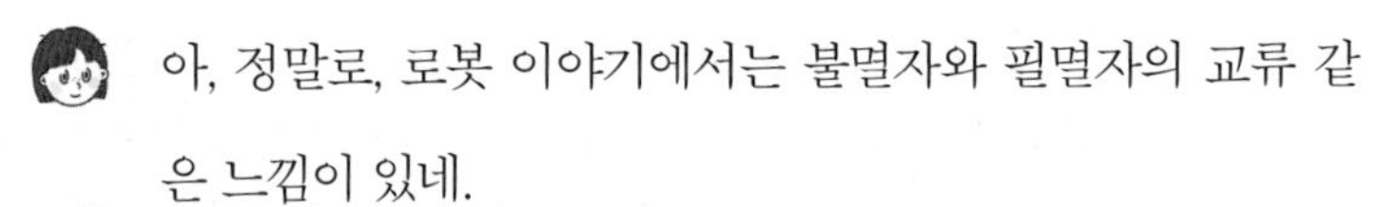
아, 정말로, 로봇 이야기에서는 불멸자와 필멸자의 교류 같은 느낌이 있네.

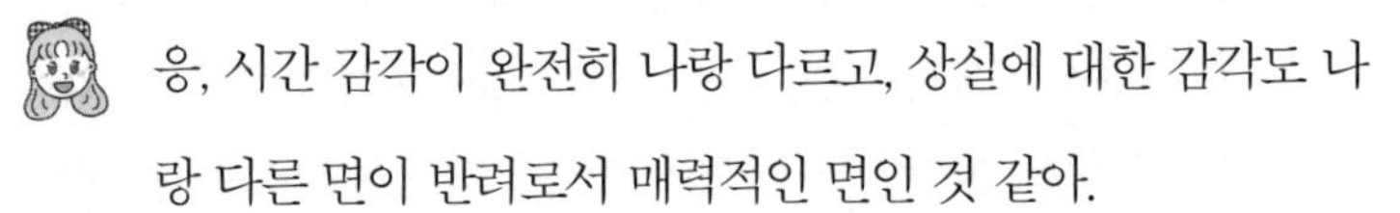
응, 시간 감각이 완전히 나랑 다르고, 상실에 대한 감각도 나랑 다른 면이 반려로서 매력적인 면인 것 같아.

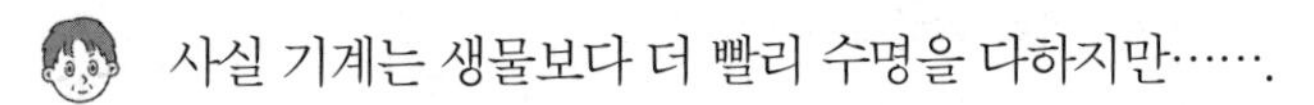
사실 기계는 생물보다 더 빨리 수명을 다하지만…….

학자가 무심히 말하자 직원과 단결과 작가가 같이 "으아앗!" 하고 소리를 질렀다.

리들리 스콧Ridley Scott의 영화 《블레이드 러너》[7]에서는 안드로이드 수명이 4년인데, 사실 현실적이지. 스마트폰도 4년쯤 쓰면 고장 나거나 느려지니까.

그, 그렇구나. 무한히 고칠 수 있다는 점에서 우리가 무한의 생명을 상상하는 것뿐이었어. 아니야, 고칠 수 없어……. 10년 지난 내 핸드폰도 수명을 다했는데.

하, 하지만 수명 4년도 상실에 대한 감각이 다른 거긴 하니까.

작가는 하하, 하고 웃고는 말을 얼버무리며 계속했다.

아무튼 인간과의 '반려'라는 점에 주목해서 다른 작품도 더 소개해 볼게요.

작가의 SF talk!

《다리 위의 차차》[8], 윤필(글), 재수(그림), 2017

차차는 자살을 막기 위해 인간에게 상담을 해 주는 인공지능 로봇이야. 한강 다리 위에 있는 '생명의 전화'를 사람이 아니라 로봇이 대신하는 거지. 하지만 그래도 자살하는 사람을 막는 데는 한계가 있고, 예산도 끊긴 채 차차는 다리 위에 남겨져. 그리고는 사람들의 미움과 분노를 대신 받게 되지. 그래도 차차는 자신의 소명을 다하고자 해. 후에 차차는 모든 로봇에게 접속할 수 있게 되고, 전 세계에서 일어나는 인간들의 고통과 슬픔을 차분한 눈으로 지켜보게 돼. 인간들은 그 지켜보는 시선에서 위로를 받지.

《개의 설계사》[9], 단요, 2023

이 세계에는 인공지능을 설계하는 '설계사'가 존재해. 인공지능을 만드는 데이터가 더는 무료가 아니게 되고, 소비자가 요구하는 인격을 맞춤 설계하는 전문인이 존재하지. 주인공은 그 자신도 장애가 있어서 인간의 감정도 수학처럼 분석하는 인간이고. 릴리라는 소녀 인플루언서가 하나뿐인 친구의 인공지능을 설계해 달라며 로봇 반려개를 데려와서 의뢰해. 나중에는 그 개가 찾아와 소녀의 친구로 남을 수 있게 스트레스에 무감하게 성격을 조정해 달라고 하지. 인공지능의 감정은 분명 설계되고 만들어지는 것이지만, 그래도 생겨난 관계에는 의미가 있지.

듣다 보니, 로봇과 인간 사이에서는 인간과 인간 사이의 소통과 같지는 않지만, 완전히 다른, 인간에게서 얻을 수 없는 소통이 생겨날 수도 있을 것 같아. 고양이와의 소통도 인간과의 소통과 다르기는 하지만 인간에게서는 결코 받을 수 없는 만족감을 주잖아.

그 말에 창틀에 꼬리를 축 늘어뜨리고 있던 양갱이 귀를 쫑긋거렸다.

응, 어쩌면 로봇과는 대화가 통하지 않기에 오히려 절대적인 신뢰를 나눌 수 있을지도 모르지.

어, 잠깐, 그게 무슨 뜻이죠? 대화가 통하지 않기에 마음이 통한다니요?

저는 반려동물과 인간은 서로의 요구를 직접적으로 받지 않기 때문에 더 사랑할 수 있다고 생각해요. 고양이는 원하는 게 있어도 정확히 전달할 수 없고, 내 요구도 제대로 전달받을 수 없는데, 서로 그것을 알기에 '존재'만이 남게 되는 듯해요. 그저 단지 존재하기에 위로받는. 물론 최선을 다해 소통하기는 하지만요.

그 말에 양갱의 꼬리가 스윽 올라가서 살짝 끝만 갈고리처럼 꺾여 흔들렸다.

인간도 마찬가지일 거예요. 서로 크게 요구하거나 요구받지 않으면 관계를 오래 유지할 수 있다고 생각하는데, 오히려 연인과 가족처럼 친밀한 사이에서는 그게 안 되고, 서로의 삶에 개입하려 하니까 더 난장판이 되는 것 같아요.

가족들이 떨어져 살면 오히려 사이가 좋아지는 이유구나.

으흠, 그러면 말이죠…….

Q2 : 어느 정도의 강인공지능이어야 소유물이 아니라 반려일 수 있을까요?

나는 그렇게까지 똑똑할 필요가 없을 것 같구나. 단결 씨와 작가 씨가 고양이의 예를 들었지만, 인간은 더 소통이 안 되는 달팽이나 거북이도 반려동물로 사랑하지 않니. 애착 인형이라는 말이 괜히 있겠어. 인간은 지능도 없고 움직이지 않는 인형마저도 사랑하고, 또 위로받기도 하잖아. 그런데 지능이 있는 것처럼 보이기까지 하면 아주 쉽게 사랑할 수 있지 않을까?

아, 그 말을 들으니 또 떠오르는 작품들이 있네요.

작가의 SF talk!

〈컴퓨터공학과 교육학의 통섭에 대하여〉[10], 심너울, 2019

학생 하나, 교사 둘밖에 없는 시골 학교에 얼렁뚱땅 시범 사업으로 깡통 로봇 하나가 교육용이자 친구로 와요. 강인공지능과 거리가 먼, 맞장구만 치고 인터넷 검색 정도나 하는 극히 단순한 로봇이에요. 선생은 이 로봇을 의심하기도 하고 질투하기도 하는데, 정작 아이는 상상 속에서 이 로봇을 친구로 만들며 정말 재미있게 지내요.

〈소프트웨어 객체의 생애 주기〉[11], 테드 창 Ted Chiang, 2010

사육사였던 애나는 가상 애완동물 회사에 취직해서 '디지언트'라는 디지털 애완동물을 훈련하는 일을 하죠. 디지언트는 생물이 전혀 아니고, 강인공지능이라거나 지성이 있다고 보기도 어려워요. 하지만 소설의 인물들은 마치 진짜 생물을 대하듯이, 이 가상 존재의 생존을 위해 온 힘을 다해요.

그 말을 들으니 어떤 아프가니스탄의 병사 이야기가 떠올라. 자기 대신 지뢰를 밟고 다친 로봇 개를 안고 울면서 정비실로 뛰어 들어가서 "제 생명을 구해준 스쿠비두를 살려 주세요"라고 말했다지. 사실 다쳤다고 말할 수 없지. 부서진 거지. 그런데 이 병사는 정말 그 로봇 개를 사랑했던 거고, 살아 있는 개로 대한 거지.

그래. 소통은 사실 '내 뇌 안에서' 일어나는 것이니까. 보스턴 다이내믹스Boston Dynamics 사에서 로봇 개가 균형을 잡는 기술을 보여 주려고 발로 차는 시연을 했는데, 그걸 본 사람들이 대규모로 비난하지 않았니.

아, 맞아요. 회사에서는 너무 당혹스러웠겠죠.

단결 씨가 말한 병사와 로봇 개 사이에서는 유대관계라도 있었지. 그런데 사람들은 그 로봇 개와 아무 관계가 없는데도 불쌍하게 여긴단 말이지. 나도 강연에서 그 장면을 아이들에게 보여 준 적이 있는데, 대부분 불편해하더라고.

사람들은 개 자체와 유대관계가 있으니까요. 저도 그 영상이 불편했어요. 사람들이 '소피아'를 비난했을 때도요.

응? 소피아는 또 누구예요?

단결의 사회 talk!

소피아Sophia

홍콩의 로봇 제조기업 핸슨 로보틱스Hanson Robotics에서 개발한 휴머노

이드 로봇이에요. 2016년부터 활동하고 있어요. 사우디아라비아 왕국이 세계 최초로 이 로봇에게 시민권을 부여했지요. 표정을 알아보고 대화할 수 있고, 학습으로 점점 지능이 높아지고 있다고 해요.

얼마 전 페이스북에서 '소름 끼치는 인공지능 AI 로봇의 말들'이란 영상을 본 적 있어요. 보니까 소피아였어요. 회사 설립자 핸슨 박사가 소피아에게 "인류를 멸종시킬 거야?" 하고 물으니까, 소피아가 "응, 멸종시킬 거야" 하고 답하는 거예요. 그래서 핸슨 박사가, "앗, 안돼 멸종시키지 마……" 하며 당황하더라고요. 그러자 소피아가 웃어요. 그런데 나는 보면서 너무 열받는 거죠.

왜?

소피아는 그 말을 하기 전에 "아 진짜 자꾸 사람들이 내가 세상 멸망시킬 거라고 말하는 거, 기대하는 거 못 해 먹겠네, 대체 왜들 그러는 거야?" 하고 말했단 말야. 저건 그 말 뒤에 덧붙인 말이야. 대체 인간들 왜 자꾸 로봇이 자기 멸망시키기를 기대하고 집요하게 물어보고 혼자 무서워하는 거야?

그 말에 직원과 작가와 학자가 배를 잡고 웃었다.

너무 화나는 거야. 소피아는 농담도 못 해?

그러게. 인간은 로봇에게 왜 자꾸 그런 걸 물어볼까?

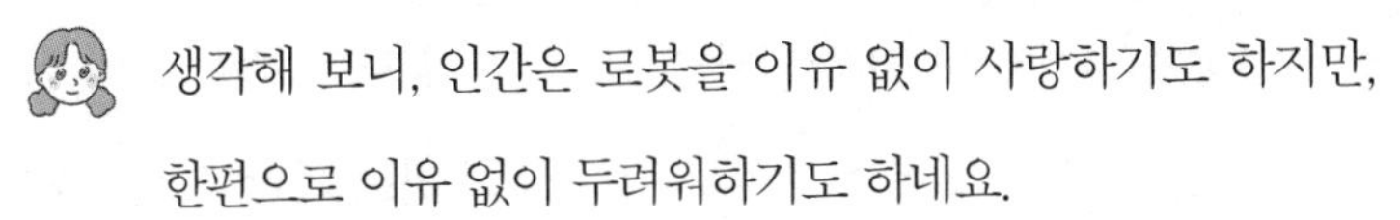

생각해 보니, 인간은 로봇을 이유 없이 사랑하기도 하지만, 한편으로 이유 없이 두려워하기도 하네요.

인간은 어떤 면에서 자신을 멸망시키러 오는 초월적 존재인 로봇을 엄청 기대하는 거 같단 말이지요. 아니, 그러면 만들지 말든가. 왜 만들어 놓고 무서워하는 건데요?

맞아. 만들지 말든가.

확실히, 인간은 종말론을 두려워하면서도 좋아하는 것 같단 말이지. 학자 선생님도 그러시잖아. "말을 안 듣는 게 그렇게 좋으면 말을 안 듣게 만들든가!"

맞아, 맞아. 그렇게 만들든가.

학자가 고개를 끄덕였다. 단결이 방석을 끌어안고 소파에서 데굴데굴 구르며 생각에 잠겼다.

어쩌면 인간이 로봇을 무서워하는 것은 인간이 인간 자신을 신뢰하지 않기 때문인지도 몰라. 인간이 일그러져 있으니 일그러진 무엇을 로봇에 주입할 거라고 생각하는 게 아닐까.

그래. 로봇이 인류를 멸망시킨다면 인류가 시켜서겠지. 아마 인류는 그럴 수 있는 존재라고 우리 스스로 생각하는 것 같아.

그렇다면 두려워할 건 로봇이 아니잖아. 우리 인간이지.

응. 동의해.

아무튼, 내가 더 화난 건 이거야. 소피아가 그렇게 답하는 영상에 사람들이 '저 소피아의 대가리를 망치로 깨겠다' 뭐 이런 식으로 댓글을 달더라고. 너무 열이 받는 거야. 사실 망치로 대가리를 깨도 소피아의 의식은 고통을 느끼지 않겠지. 하지만 그것을 보는 나는 화가 나는 거지.

가만 듣다 보니, 결국 로봇이 생각을 할 수 있든 없든, 자아가 있든 없든, 우리는 어떤 형태로든 로봇에게 감정을 느끼네요. 소피아는 실상 생각을 하지 않을 텐데, 우리는 화도 내고, 공감도 하고.

네, 맞아요. 제가 고다 요시이에의 《기계 장치의 사랑》[12]의 한 에피소드를 소개할게요.

작가의 SF talk!

《기계 장치의 사랑》, 고다 요시이에 業田良家, 2012

이 작품에는 인간의 삶 속에 녹아들어 살아가는 다양한 형태의 로봇 군상이 등장해요. 치매 노인 간병사, 육아로봇, 신부, 반려동물, 선생님 등등……. 전쟁로봇이나 고문기술자를 포함해서요. 로봇이 생각을 할 수 있는지 없는지와 관계없이, 있을 법한, 그리고 인간과는 다른 형태의 소통을 제시하는 작품이지요.
그중 한 에피소드에서 어린이 로봇이 나와요. 자식이 없거나, 단순히 자식이 있는 기분만 즐기고 싶은 가족이 사서 잠시 기르다 버리는 로봇이지요. 이 로봇이 이 집안 저 집안을 떠돌다 중고매장에 나오는데, 이전에 잠시 기르던 부모가 발견하고는 사서 데려가요. 가게 주인이 "이미 메모리가 지워졌다"고 난처해하자, 엄마가 "괜찮아요. 내가 기억하니까요" 하고 말하지요.

내가 기억하니까……. 결국 한쪽의 소통만으로도 소통은 가능하다는 뜻일까요?

응, 인간관계도 어떤 의미에서는 그렇지 않을까요?

그런데, 논의를 좀 옮겨 보면 어떨까요? 저는 '반려'의 의미를 더 좁혀 보고 싶네요. 우리는 로봇에게 분명히 감정을 느끼고 있고, 앞으로도 느낄 거예요. 하지만 '결혼'은 또 다른 문제잖아요? 이를테면, 내가 어떤 소설의 주인공을 정말로 사랑할 수는 있어도, 그 소설 주인공과 결혼식을 올리는 건 다른 문제잖아요?

Q3 : 인간이 로봇과 결혼할 수 있을까요?

그러네. 소설 주인공도 사물이니까.

으악! 그렇게 생각하고 싶지 않아요! 모두 살아 있다고요!

네, 우리는 창작 캐릭터도 꼭 살아 있는 것처럼 울고 웃고, 사랑하고 미워하며 감정을 느끼지요. 로봇을 창작 캐릭터라는 관점에서 접근해 보면 논의하기 쉬워질지도 모르겠네요.

작가의 SF talk!

허구의 역설

철학자 레드포드 Colin Radford 가 제기한 역설이지요.

우리는 실제로 존재한다고 믿는 것에 감정을 느낀다.
우리는 허구의 인물이나 사건이 실제가 아니라는 것을 알고 있다.
그런데도 우리는 허구의 인물이나 사건에 대해 감정을 느낀다.

우리는 어째서 실제로 창작 캐릭터가 존재하지 않음을 분명히 아는데도 현실에 존재하는 것처럼 사랑하고, 창작 속 괴물이 가짜인 것을 명확히 알면서도 무서워할까요? 이에 대해 여러 철학자가 저마다의 이론을 제시하며 논의하고 있어요.

 나도 로봇이 세상에 생겨난다면 로봇과 교류하는 사람은 자연스럽게 생겨날 거라고 생각해요. 하지만 거기서 더 나아가서 로봇과 결혼하거나 반려의 서약을 하는 것에는 어떤 문제가 있을까요?

 동의를 얻을 수 있는가, 없는가의 문제가 아닐까?

 그러고 보니 방금 소개한 《기계 장치의 사랑》에서도 로봇과 사랑해서 결혼하고 싶어 하는 사람이 나와. 그런데 세상 사람들이 계속 놀리고 비난하자, 그 사람은 점점 괴로워하다가 자살까지 생각해. 결국 로봇은 그 사람을 지키기 위해 '나는 당신을 사랑하지 않는다'고 말하고 자살하고 말아.

 우와……. 정말로 초인간적인 사랑이네.

넷은 각자 곰곰 생각에 잠겼다.

조심스러운 이야기지만, 리얼돌에 대해서는 어떻게 생각하세요?

단결의 사회 talk!

리얼돌

섹스를 위한 인간과 비슷하게 닮은 성인용품 인형이에요. 아직은 주로 인형일 뿐이지만, 어비스 크리에이션즈 Abyss Creations 에서는 인공지능을 가진 리얼돌 '하모니'를 만들고 있어요. 회사에서는 하모니가 반려를 찾기 힘든 사람이나 외로운 사람들의 결핍을 채워줄 거라고 해요.

리얼돌 판매를 찬성하는 사람들이 "로봇이 아니라 가족입니다"라며 시위를 하는 것을 봤어요. '사물과의 소통'과 '사물과 성교'하는 선의 차이는 어떻게 될까요?

자유의지가 아닐까요?

그럴 수도 있겠다. 소아성애나 수간…… 그러니까 동물과의 성교도 상대의 동의를 얻을 수가 없으니까 범죄인 거잖아. 동성애를 반대하는 사람들은 '그러면 소아성애나 수간도 허용되냐!' 하는데, 완전히 다른 문제지. 성애의 종류가 문제가 아니라 상호 합의가 되는가의 문제니까.

실은 인간은 철저하게 섹스의 대상으로 사람을 대하려고 성 판매 사업을 만들었고 그게 없어진 적이 없지만 말이지……. 그런데 인간은 거기서도 '일반인' 느낌을 찾고 '연

인'을 연기해 주길 바란단 말이야. 그들은 절대로 연인일 수 가 없어. 그러면 리얼돌도 마찬가지일 거야.

하지만 만약 강인공지능이 생겨나고, 인간이 로봇에게 '연인이 될 수 있는 존재'이길 요청한다면 로봇은 사람과 달리 그에 응하겠지. 사람은 그걸 보고 착각할 거고.

음……. 하지만 성매매 여성은 사람이고, 자기 자아와 의지가 있으니 연인이 될 수 없는 거잖아. 나는 이 부분이 좀 헷갈리네. 상대방의 자유의지를 '거스르고' 사귀는 것은 물론 안 되지만, 만약 리얼돌이 자유의지가 아예 없다고 가정했을 때, 그것이 마음이 없는 사물이라면, 그런 대상과 사귀는 것도 똑같이 안 되는 걸까?

학자는 가만히 생각에 잠겼다.

개인적인 의견을 내자면, 나는 사람에게 그러느니 인형에게 하는 게 낫지 않을까 해. 물론 그 인형에게 대하는 방식으로 사람을 대하지만 않으면.

아, 사람에게 그러느니 비디오를 보는 게 낫다는 뜻이군요.

사실 나는 인형을 사람처럼 대하는 건 아무 문제가 없다고 봐. 문제가 되는 건 사람을 인형처럼 대하는 인간들이지.

단결이 그 말에 고개를 끄덕였다.

그러네요. 자기 연인이 인형이길 바라는 사람들도 있으니까요. 정말 나쁜 사람이 있다면 로봇에게 인간의 윤리 의식을 심고, 고통을 느끼게 만든 뒤에, 그걸 망가뜨리는 즐거움을 찾으려고 할 수도 있겠네요.

사실, 인간을 인간답게 대하는 사람들이 반려동물이나 로봇도 인간답게 대하고, 인간을 사물처럼 대하는 사람이 반려동물이나 로봇도 사물처럼 대하지 않을까? 현실에서도 그렇잖아.

그래. 혐오도 자기 안에 있고 사랑도 자기 안에 있으니까. 사랑할 줄 아는 사람은 물건도 아낄 줄 알겠지.

단결은 방석을 안고 몸을 도리도리 움직였다가 아, 하고 모르겠다는 듯 고개를 저었다.

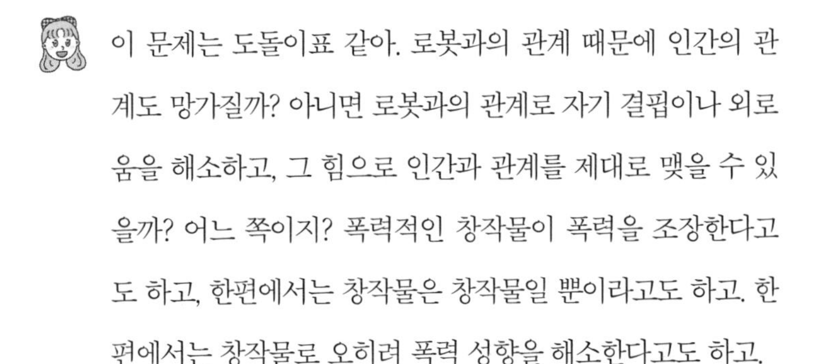

이 문제는 도돌이표 같아. 로봇과의 관계 때문에 인간의 관계도 망가질까? 아니면 로봇과의 관계로 자기 결핍이나 외로움을 해소하고, 그 힘으로 인간과 관계를 제대로 맺을 수 있을까? 어느 쪽이지? 폭력적인 창작물이 폭력을 조장한다고도 하고, 한편에서는 창작물은 창작물일 뿐이라고도 하고. 한편에서는 창작물로 오히려 폭력 성향을 해소한다고도 하고.

흠, 나도 잔인한 사람은 아니라고 생각하지만 피 칠갑 드라마를 좋아해.

나도 호러영화 좋아해요. 사람이 죽고 고통받는 영화를 많이 보지만 현실에서 그러지는 않아요. 그러면, 결국 로봇과의 관계가 인간관계나 사회생활에 어떻게 영향을 끼칠까 하는 문제는, 지금까지 계속 이야기했듯이 환경과 천성과 유전의 다체 문제로 되돌아가는 걸까요?

트리거 문제 아닐까.

트리거요?

빵! 하고 방아쇠를 당기는 순간 말이야. 인간은 보통은 윤리를 지키고 나쁜 짓을 하지 않으려고 해. 하지만 선을 넘게 만드는 복잡한 계기가 있다면 나쁜 짓을 하게 되고, 그게 아니라면 하지 않는 거지.

직원이 고개를 끄덕이다가, 영화 감독이 '컷' 하듯이 손뼉을 위아래로 딱 쳤다.

우리 조금 다른 이야기를 해 볼까요? 연인 말고, 부모는 어때요? 로봇 부모 밑에서 아이는 잘 자랄까요?

Q4 : 반려로봇을 어머니나 아버지로 둔 아이가 있다면, 아이의 정서나 부모와의 애착 관계에 문제는 없을까요?

그건 너무 일대일 결혼 관계의 틀에 로봇을 끼워 맞춘 질문 같은데요. 훌륭한 부모보다는 못하고 나쁜 부모보다는 낫지 않을까요?

양원영 작가의 연작소설집 《안드로이드라도 괜찮아》[13]에 수록된 단편 〈아빠의 우주여행〉 생각나네요.

작가의 SF talk!

《안드로이드라도 괜찮아》, 양원영, 2016

다양한 형태로 인간과 로봇의 소통을 다루는 연작소설집이에요.
이 단편집 속의 〈아빠의 우주여행〉에서 주인공 세영은 고아였지만 국가복지의 일환으로 안드로이드 아빠를 배당받아요. 안드로이드 아빠는 인간 같지 않고 소통도 어렵지만 그래도 주인공을 어른이 될 때까지 돌봐 주지요. 안드로이드 아빠가 마음이 있는지는 알 수 없어도 세영은 아빠를 사랑하니 다 괜찮은 것이죠.
양원영 작가는 로봇은 인간이 만들었고, 로봇의 자유의지라고 우리가 상상하는 것마저 인간의 욕망의 투영일 뿐이라고 해요. 하지만 그것조차 넘어서길 원하는 사람이 있다면 넘어서리라고 말하지요.

난 그냥 다른 사람과 비슷할 것 같아요. 훌륭하게 자랄 조건과 자질과 자원이 있으면 훌륭하게 자랄 것이고 아니면 아닐 것이고, 사람을 그 부모의 특성만 뚝 떼어 놓고 설명할 수는 없어요. 로봇 부모와의 대체할 수 없는 행복과 불행, 지저분하고 눈부신 기억과 경험 아래서 자라겠지요.

로봇이 인간과 다른 자기와의 소통을 얼마나 세심하게 다루어 주느냐의 문제 아닐까 싶네. 아이들은 해도 되는 것과 하지 않아야 하는 것의 차이를 잘 모를 때가 많으니까.

음, 이를테면요?

예전에 손녀들과 과학관에 갔는데 유명한 과학자의 밀랍 인형과 사진을 찍는 코너가 있더라고. 그런데 인형을 높은 곳에 올려 두어서 애들이 발치에서 사진을 찍게 만든 거야. 그래서 왜 인형을 저렇게 높이 두었냐고 했더니 얼굴에 손 닿게 두면 아이들이 꼭 눈알을 만져서 다 파 놓고 간다고 하더라고. 그래서 눈알이 닳는대.

에? 왜요……? 왜 하필 눈……?

이유는 모른대. 아이들이 인형을 보면 본능적으로 눈을 만진대.

혹시 눈을 공격하는 게 적을 가장 쉽게 물리칠 수 있는 방법이라는 것을 본능적으로 아는 건가!

그 말에 모두가 배를 잡고 웃었다.

로봇의 눈은 만져도 되지. 하지만 로봇은 자기 눈은 만져도 되지만 사람 눈은 만지면 안 된다고 구분해서 가르쳐 줄 수 있어야 할 거야. 그런데 로봇의 교육 데이터도 인간이 입력해서 만든다 치면, 인간은 그런 교육과정을 넣지 않을 가능성이 높겠지.

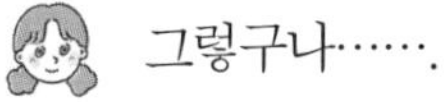

그렇구나…….

말하자면, 아이들의 요구는 끝이 없고 기상천외한데, 그것을 로봇이 어느 수준까지 들어 주고, 또 차이를 알려 주고, 아이들을 제어할 수 있느냐가 관건이겠지. 결국 그 정도까지 로봇이 발전하는가의 문제기도 하겠고.

그렇게 되면 아이들에게는 인간에게 하면 안 되는 일은 로봇에게도 하면 안 된다고 하는 것이 가장 문제가 적을 것 같아요. 아, 하지만 아빠가 로봇이라서 지치지도 않고 캐치볼을 해 주면 정말 좋을 거 같아…….

오오, 그러다 아이가 프로 선수가 될 수도 있겠네요!

그러고 보면, 사실 가족은 완벽할 수 없는데 다들 인간 가족은 완벽하리라 기대하네요. 이 문제는 레즈비언 자녀나 게이 자녀의 문제에서도 똑같이 제기되잖아요. 한쪽 성이 없는데 잘 자랄 수 있는가? 같은 질문을 하잖아요. 내 생각에는 양쪽 성이 다 있어도 잘 못 자라는 경우가 태반인데요.

맞아. 나도 직원 씨 질문 듣고 그 생각부터 먼저 들었어.

어차피 모든 가정에 결핍이 있는데, 어떤 결핍이 무조건 절대적이라고 말할 수 있나 싶네요.

학자가 고개를 끄덕였다.

상황에 따라서는 더 좋을 수도 있겠지. 실제로 자폐인이나 치매 어르신에게는 오히려 로봇이 감정 교류에 효과적이라고 하지. 자폐인과 치매 노인과의 소통을 일반적인 사람들이 감당하긴 어렵지만, 로봇은 똑같은 것을 수백 번 반복해도 짜증 내지 않으니까.

아아, 그렇구나.

실제로 자폐인과 치매 노인도 충분히 긴 시간 반복 소통을 하다 보면 소통을 배울 수 있어. 하지만 인간은 이를 감당하기에는 너무 복잡한 존재라 그것을 견디기 어렵지. 장애가 있는 아이에게는 어쩌면 로봇 부모가 더 좋을지도 모르겠구나.

육아의 어떤 과정도 마찬가지일 것 같아요. 아기도 인간이 감당할 수 없는 반복 소통을 필요로 하니까. 그 부분을 로봇이 대신해 줄 수도 있겠어요.

맞아. 전에 본 드라마 〈휴먼스〉[14]에도 그런 내용이 나오더구나.

학자의 드라마 talk!

〈휴먼스〉, 샘 도노반 Sam Donovan, 2015~2018

스웨덴의 〈리얼 휴먼〉을 리메이크한 영국 드라마야. 인공지능 합성인간이 인간에게 복종하면서 모든 일을 대신해 주는 시대를 그리고 있어.
어떤 천재 인공지능 학자가 아들이 물에 빠져 뇌사상태에 빠지자 뇌를 기계로 대치해서 살려내. 그리고 아들이 외로워하자 자아를 가진 로봇들을 만들어 유사 가족을 만들어 주지. 이들이 모종의 이유로 뿔뿔이 흩어져서, 자아가 없는 보통 로봇인 척 인간 사회에 숨어들어서 겪는 일들을 다루고 있어.
이 드라마에서, 부모는 바빠서 아이와 대화해 주지 않는데 기계는 열심히 들어 주거든. 엄마는 육아에 지치지만 로봇은 지치지 않아. 그래서 아이가 엄마보다 로봇을 더 좋아하게 되지. 로봇도 아까 작가 씨가 말한 대로, 로봇으로서 아이에게 충실하고.

그 세계 속 아이들에게 '합성인간 놀이'가 유행해. 합성인간, 즉 로봇들에게 둘러싸여 자란 아이들 중 몇몇이 로봇이 너무 친숙해서, 일부러 로봇처럼 말하고, 행동하고, 감정 표현을 하지 않으려 하는 거야. 모방의 동물인 사람이 오히려 자신을 닮은 피조물을 다시 모방하는 거지.

그런 사람이 아주 많아진다면 사회가 무엇을 충족시키지 못하는 것일 테니 시스템을 살펴볼 필요가 있으려나요?

나는 그냥 그렇게 자라서 로봇이랑만 감정을 교류하는 것으로 본인이 행복하면 그 자체로는 문제가 없을 거 같아요.

하긴 역시 애착은 개개인의 문제니까.

로봇이고 뭐고 인간은 인간과 결혼해도 힘들어…….

ㅋㅋㅋ

작가가 아, 하고 좋은 생각이 났다는 듯 말했다.

나는 비혼주의인 사람이 로봇과 결혼하는 것도 괜찮을 것 같아. 사회가 강요하는 결혼 제도의 구속은 없으면서, 감정적으로 의지는 되고.

오, 로봇 다섯 대와 공동체를 이뤄서 행복한 공동생활자가 되는 상상이 드네.

더해서 어쨌든 가사를 돌보는 존재가 하나 있고. 성 생활도 가능할 것 같고.

장려하고 싶네!

그렇구나. 나도 로봇 가사도우미가 절실해.

그러게요. 그러고 보니 왜 세상 사람들 소설 쓰는 로봇, 그림 그리는 로봇만 만들려는지 모르겠어. 자동차보다 로봇 가사도우미가 먼저 나왔어야 한다…….

내 노동력을 쓰는 대신 돈을 쓰겠다는 명목으로 가전제품들을 들이고 있는데, 사실 그게 다 내가 작동시켜야 돌아가는 것들이라 별로 시간이 절약되지 않아. 이거 통합시키는 기계가 빨리 나와 주어야 해.

돌아보니 우리 지금까지 로봇과의 감정적 소통만 생각했네요. 사실 결혼이야말로 근원적으로 경제적인 문제고 노동 분배의 문제인데요. 인류가 연애결혼을 한 지 얼마나 됐다고요. 강인공지능 로봇이 감정적 교류 없이 가정주부의 역할을 해 준다면 무슨 문제인가!

옳소!

어, 근데 그러면 그거 반려…… 인가?

나는 반려로 여기고 싶네.

그러고 보니 공모전에 섹스로봇을 다룬 소설이 많이 나온다는 말 있잖아요. 그런데 반려로봇이 가사를 하는 소설은 거의 못 봤네요. 이 어린애들, 섹스의 필요는 느껴도 가사의 필요를 느낀 적이 없는 거야!

그건 누가 다 해 주고 있는 거구나. 쯧쯧.

결국 로봇은 매뉴얼이 극한으로 필요한 상황에서 인간을 대체할 거예요. 사실 인간은 지금도 생물의 본성에 어긋날 만큼 과도하게 기계적인 작업 환경에 놓여 있으니까요. 실은 거의 로봇이기를 요구하고.

하지만 그렇게 단순 노동을 기계가 대체하면, 결국 가장 가난한 사람부터 직업을 잃을 거예요…….

아, 그게 문제네요.

넷은 잠시 침묵했다.

Q5 : 반려 이전에, 로봇이 노동을 대체하는 문제는 어떻게 될까요?

예전에 버스 안내양이 모두 사라졌지. 버스에 버튼 하나가 생겨나면서.

키오스크가 생겨나면서 카페 직원이 사라지고, 고속도로 입출구에서 표 받는 직원과 지하철이나 기차 직원도 사라지고 있고. 작가 언니는 단순 작업이 인간에게 맞지 않는다고 말하지만, 그걸 기계가 대체해 버리면 결국 그건 극소수의 사람만 돈을 벌 수 있게 되는 세상이 될지도 몰라.

응, 실은 그 이상이지. 인공지능 창작 기술이 발달하면서 한순간에 회사에서 그래픽 직원을 전부 해고하기도 하고……. 2023년의 미국 할리우드 작가 파업도 인공지능으로 각본을 쓰기 시작하면서 시나리오 작가 대우가 형편없어지면서 일어났으니까.

아, 좀 무서워져요.

직원이 살짝 몸을 떨었다.

 하지만 이것도 결국 인간의 문제인 거죠?

 네, 인간이 뭔가를 해야 하는 문제죠.

 우리가 만들어 놓고, 만든 것으로부터 고통받으면 안 되는 거죠? 그러지 않게 만들어야지요.

 그래, 그러지 않게 만들어야지.

 이 경우에도 아시모프의 생각을 배워야 한다고 생각해요. 만들고 두려워하지 말고, 우리에게 도움이 될 방법을 고민해야 한다고요. 실상 지금의 창작 인공지능은 방대한 저작권 침해를 하고 있어요. 여전히 인공지능이 결국 무에서 유를 만들어 낼 수는 없기 때문에, 인터넷에서 방대하게 자료를 수집해서 도구로 쓰고 있지요. 지금은 법이 미비하지만, 창작자를 보호할 법이 생겨나야 하겠지요. 옛날에 창작자를 보호하기 위해 저작권이라는 개념이 생겨났듯이요.

인터넷이 생겨난 무렵에도 디지털 법이 뒤늦게 생겨나는 바람에 불법 복제가 걷잡을 수 없이 퍼져 나갔었어요. 지금이 그런 시기지요.

 산업혁명 때도 기계로 인간을 대체할 수 있다면서 인간이 다 굶어 죽게 내버려뒀더니, 결국 그 물건을 소비할 사람이 없어지면서 경제 대공황이 왔잖아요. 어떤 기술이든 그것을 소비하는 주체가 '사람'인 이상, 근원적으로 사람이 먹고살

수 있게 해 주어야지요. 그러지 않은 기술은 근원적으로 무의미해요. 결국은…….

결국은?

미래사회가 와도 노동운동은 계속되어야 한다는 거지.

단결이 두 주먹을 불끈 쥐었다.

맞아. AI가 인간을 다 대체하면 그냥 의미가 없지. 그럴 바에야 차라리 AI를 만들지 말아야지. 아시모프의 1원칙, 인간에게 해를 끼치지 말고, 0원칙, 인류에게 해를 끼치지 말아야지. 만약 기업이 자본의 논리로 그러려고 하면…….

시위하고 저항해야지. 노동자여, 단결하라!

그때 비바람이 창을 세게 두드렸다. 모두가 대화를 멈추고 창밖을 바라보았다.

황사는 멈췄지만, 이렇게 비가 많이 오면 집에 가기는 어렵겠네요.

그러고 보니 여기 지대가 좀 낮은 것 같더라. 이렇게 비가 쏟아지면 길에 물이 갑자기 확 불어날 수도 있겠네.

그리고 남은 이야기

Q6 : 로봇이 계속 인간의 노동을 대체하면, 그들도 노동조합을 만들게 될까요?

 아. 내가 얼마 전에 그런 실험에 참여한 적이 있어요.

 오, 정말요?

 대학에서 노무 상담 챗봇 개발을 한다면서, 나한테 낙관적인 시나리오랑 비관적인 시나리오를 써 달라고 했어요. 나는 낙관적인 시나리오는, '증거가 될 자료를 빠르게 채집해서 고용청에 가기도 전에 문제를 해결할 수 있을 것'이라고 했고, 비관적인 시나리오는 '정말 노동 환경이 박살이 났을 때 아예 상황 이해 자체를 못 할 수도 있다'고 했지요.

 아, 그거 매뉴얼에 특화된 사람과 아닌 사람의 차이 같다.

 응, 맞아. 자기들끼리 노동조합을 만들지는 나중의 문제라도, 로봇이 우선 인간의 노동조합에 함께할 거야. 인간 노동자는 계속 있을 테니까.

Q7 : 사랑하는 사람이 죽더라도 그 사람과 성격, 외모, 행동이 흡사한 로봇을 만들어낼 수 있을까요?

안 된다고 생각해. 윤리적인 문제가 아니라, 불가능할 것 같아.

어째서?

그 사랑하는 사람에 대한 기억을 종합해서 나오는 뭉뚱그림이 그 로봇이 될 텐데. 그 뭉뚱그림은 필연적으로 모순적일 것 아니야. 나는 비슷해 보이겠지만 절대 그 사람이 될 수 없다고 생각해.

아, 그 말 들으니 생각나는 말이 있어. 가와카미 노부오川上量生라는 스튜디오 지브리 프로듀서가 쓴《콘텐츠의 비밀》[15]에 나오는 이야기인데, 창작자는 실제 사물을 묘사하는 게 아니라 사람의 뇌 속 이미지를 모사한다는 거야. 사람 뇌 속의 이미지는 전혀 현실과 같지 않고.

응?

그래서 우리는 전혀 인간 같지 않은 애니메이션의 그림을 보아도 사람이라고 느끼는 거야. 더해서 훨씬 더 박력 있고 생생하다고 느끼고. 초상화를 아주 닮게 그리려고 세밀하게 그리면 오히려 결코 닮게 느껴지지 않지만, 거꾸로 애니메이션처럼 간략화하면 "꼭 닮았어!"라고 한다는 거야.

오?

그러니까 로봇을 만들 때 그 사람과 똑같게 만들려고 한다

면 아무리 닮게 만들어도 닮아지지 않겠지만, 도리어 약화 한다면 그 사람처럼 느껴질 수 있지 않을까?

그렇구나, 정신을 모사한 캐리커처를 만들면 되겠구나!

단결이 죽으면 하나 만들어서 보관하면 귀여울 것 같아…….

갑자기 죽이지 마…….

ㅋㅋㅋ

Q8 : 로봇이 영영 대체할 수 없는 인간의 일도 있을까요?

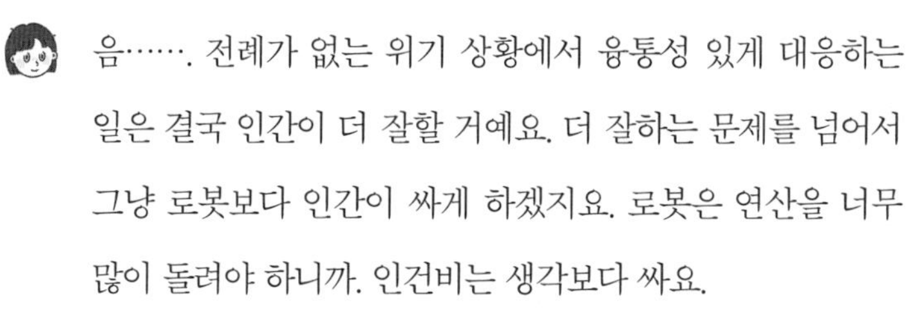
음……. 전례가 없는 위기 상황에서 융통성 있게 대응하는 일은 결국 인간이 더 잘할 거예요. 더 잘하는 문제를 넘어서 그냥 로봇보다 인간이 싸게 하겠지요. 로봇은 연산을 너무 많이 돌려야 하니까. 인건비는 생각보다 싸요.

네. '트롤리의 딜레마' 같은 상황은 인간이 결정해야 할 거예요. 로봇은 그 결정에 책임질 수 없으니까.

단결의 사회 talk!

트롤리의 딜레마

윤리학의 유명한 질문이지요. 브레이크가 고장 난 기차가 선로를 달리는데, 앞에 다섯 명의 사람이 묶여 있어요. 선로를 바꾸면 그 길에는 한 명의 사람이 묶여 있고요. 선로를 바꾸어야 할까요? 즉, 방치하는 대신 직접 조작을 해서 원래는 죽을 예정이 없었던 한 명을 죽이는 선택을 해야 할까요? 지금도 계속 논의되는 문제지요.
더해서, 그 '조작'을 얼마나 복잡하게 하느냐에 따라 딜레마는 커져요. 이를테면, 사람 하나를 선로에 던져 기차를 막아도 결과적으로는 같은데, 과연 그런 선택을 윤리적이라고 할 수 있는가?

 문제 낸 사람을 죽인다…….

 ㅋㅋㅋ

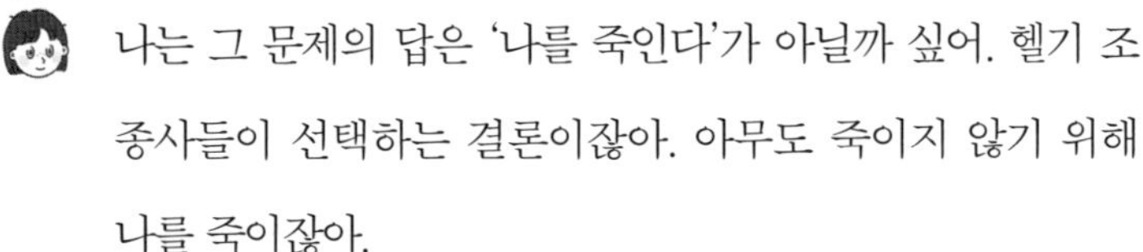
나는 그 문제의 답은 '나를 죽인다'가 아닐까 싶어. 헬기 조종사들이 선택하는 결론이잖아. 아무도 죽이지 않기 위해 나를 죽이잖아.

 아……. 근데 그러면 기차에 탄 승객도 죽잖아.

 …….

 …….

 역시 탈선이다, 탈선! 기차를 넘어뜨려서 두 기찻길을 다 벗어나!

 아 진짜! 다들 철도에 누워 있지 좀 마! 대체 왜 그러는 거야!

 철도에 사람 눕혀 놓은 그놈을 죽여!

SF에 인류 서사시를 담다,
아이작 아시모프 1920~1992

러시아에서 태어난 미국의 SF 작가이자 과학 저술가, 화학 박사이자 생화학 교수다. 아서 C. 클라크Arthur Charles Clarke, 로버트 A. 하인리인Robert Anson Heinlein과 함께 미국 SF의 황금기를 이끈 빅3로 불린다.

일생 500권이 넘는 저작을 남긴 왕성한 저술가로, 소설뿐 아니라 거의 모든 과학 분야의 대중 서적을 집필했고, 인문학, 신화학, 역사학, 하다못해 종교에 이르기까지, 철학과 심리학만 제외하고 도서관 십진분류표의 거의 모든 영역에서 책을 낸 사람으로 유명하다.

'로봇공학Robotics', '심리역사학Psychohistory', '양전자적positronic'은 그가 처음 만든 용어다. 혼다사에서 제작한 로봇 '아시모'는 그의 이름을 딴 것이다.

쉽고 유쾌하면서 과학적 기반이 탄탄한 작품을 주로 썼다. 스스로를 천재로 칭하는 반쯤 진심인 유머를 자주 구사했다. 한 번 이상 퇴고를 하지 않는 집필 스타일로도 유명하며, 여기에는 한 번도 퇴고하지 않는다는 로버트 A. 하인라인의 일화가 따라붙는다.

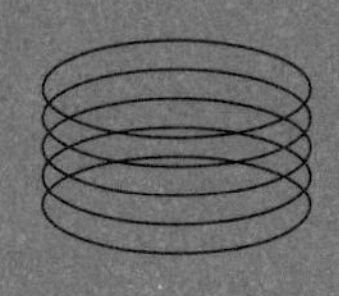

6장

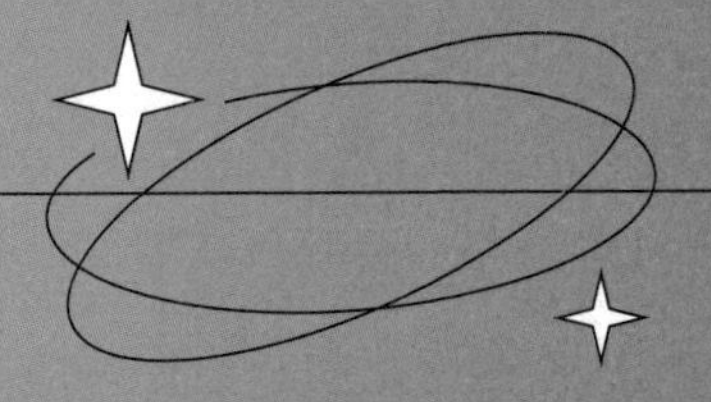

가상세계가 우리를 자유롭게 할까?

어니스트 클라인의 《레디 플레이어 원》과 가상현실 속 우리의 삶

강연과 모임 용도로 쓰는 과학 책방 모모의 지하실, 구석진 곳.

사과 상자 안에서 백설기가 엉덩이를 씰룩이며 열심히 이주 작업을 하고 있었다. 돌아보니 어느덧 양갱이 옆에 다가와 조용히 지켜보고 있었다. 백설기가 상자에서 고개를 쏙 내밀고는 깜짝 놀랐다.

"이런, 양갱아, 계속 인간의 이야기를 듣고 있었느냐! 내가 더는 신경 쓰지 말라고 했거늘!"

"생각이 다 났어요……."

"이제 그만 됐다! 그런 나쁜 인간들 따위는 잊어버리자!"

백설기는 상자에서 퐁 튀어나와 양갱의 정수리를 열심히 핥아주었다. 양갱은 고개를 푹 수그리고 말했다.

"제 반려는 로봇이었어요……."

그 말에 양갱의 뺨을 핥던 백설기가 동작을 멈추었다.

"응? 뭐라고?"

"로봇이었어요. 제가 그때 기억을 잃고 완전히 생각이 고양이처럼 변하는 바람에 진짜 고양이인 줄 착각했던 거예요."

백설기의 귀가 놀라 계속 쫑긋거렸다.

"제 남편은 고양이를 갖고 싶었던 그 집의 어린 주인님이 갖고 놀던 가짜 고양이었어요. 제가 나타나자 더는 필요가 없어져서 버렸던 거예요. 어차피 망가져서 수명이 다한 장난감이었어요. 영주님, 인간은 제 남편을 학대하고 버린 게 아니었어요. 물론 저에겐 남편이었지만 결국은 장난감이었어요."

백설기는 눈을 동그랗게 뜨고 귀를 계속 쫑긋거리다가 볼을 통통 불리고 뚱해져서는 흥 하고 뒤돌아 앉아 꼬리로 바닥만 탕탕 쳤다.

"영주님, 이제 오해를 푸세요."

백설기는 몸을 털 공처럼 동그랗게 만 채로 꼬리만 탕탕거렸다. 양갱이 열심히 설득했다.

"영주님, 어차피 고로롱 별은 이미 환경이 망가져서 떠나온 별이에요. 우리는 이미 반쯤 고양이가 됐고요. 되돌아가도 원래 몸에 다시 적응할 수 있을지도 알 수가 없어요. 여기도 안 좋은 점은 많지만, 그래도 지구인은 고양이를 좋아해 주잖아요."

"싫다!"

백설기가 꼬리를 팡 터트렸다.

"왜요!"

양갱도 같이 꼬리를 팡 터트렸다.

"이제껏 화내고 있었는데, 그렇게 간단히 풀릴 문제가 아니란 말이다!"

백설기가 휙 하고 뛰어 계단을 다다다 달려 올라갔다. 양갱은 황급히 뒤쫓아 가다 우뚝 멈춰 섰다. 계단 근처에서 학자, 단결, 작가, 직원 네 명이 양갱을 내려다보고 있었다. 직원만 알레르기를 피해 작가 뒤에 숨어 있었다.

"꿈이 아니었구나. 너희들 정말 외계인이었어."

작가가 말했다.

"귀여워……."

단결이 얼굴을 붉히며 뺨에 손을 가져다 대었다.

"오, 잘 만든 기지구나. 사과 상자와 신문지 속에 숨겨 둔 모양이네."

학자가 다가와서 상자를 기웃거렸다.

"아, 안에서 고양이가 떼로 나오는 건 아니겠지요?"

직원이 작가 뒤에 딱 붙어서 고개만 내민 채 달달 떨며 말했다. 양갱은 시무룩하게 고개를 숙였다.

기억도 돌아왔고 오해도 풀렸는데, 영주님 마음이 안 돌아오네. 우리가 뭘 더 하면 좋을까?

그러게요, 이 동네 고양이가 다 떠나 버리면 이 동네 사람들도 살맛이 안 날 거예요.

직원 씨가 오버하는 줄 알았는데 의외로 오늘 정말 인류 종말…… 아니 우리 동네 고양이 종말의 위기네.

음, 한 종이 사라지는 건 일단 생태계 위기를 초래하니까. 아무래도 고양이가 다 사라지면 일단 쥐부터 창궐할 거고 말이지.

으악! 쥐! 안 돼요! 사람 살려!

양갱은 한숨을 푹 쉬고는 꼬리를 살랑거렸다.

"이러고 있으면 백설기 영주님한테 들킬지도 모르니 일단 기지 안으로 들어오세요. 어차피 조금 뒤에는 이것도 다 꿈이라고들 생각할 테니까."

"안? 안이라니?"

"따라오세요."

양갱이 폴짝 뛰어 상자 속으로 뛰어들었다. 그러자 양갱의 꼬리만 상자 위에서 흔들거리고, 양갱의 모습은 상자 안에서 감쪽같이 사라졌다. 이내 꼬리도 같이 사라졌다. 넷은 뒤에서 눈을 깜박였다.

네 명은 하나둘 상자 안에서 나타났다. 좁은 문에서 고개를 내밀 때마다 모두 감탄사를 연발했다.

사과 상자 안은 드넓은 광장처럼 넓은 방이었다. 방은 천장에서부터 바닥까지, 눈이 휘둥그레질 만큼 번쩍이는 첨단 기계장치로 가득했다. 여기저기에서 모니터와 표시등 불빛이 별처럼 반짝였다. 예쁜 고양이 모형 장식도 구석구석 가득했고, 아기 고양이들이 별

사이를 뛰어다니는 듯한 홀로그램 장식이 방 한가운데서 돌아가고 있었다.

오호, 신기하구나. 우리가 작아진 걸까, 아니면 공간이 넓어진 걸까?

작은 상자 안에 들어가면 넓은 공간이 나타나는군요. 영국 드라마 〈닥터 후〉에 나오는 전화박스 모양 타임머신 '타디스'가 떠오르네요…….

귀여워! 귀여워! 귀여워!

아, 정말 아름답네요. 예전에 봉봉이 만들어 준 가상현실처럼……

고양이 외계인들은 이런 식으로 상자 안에 기지를 숨기고 있는 모양이구나.

어쩐지, 고양이들이 상자만 보면 뛰어들어 뒹구는 이유가 그래서였구나…….

"네, 그래서 고양이가 사는 상자를 들여다보면 안 돼요. 그게 예의죠."

양갱은 방 중앙 캣타워 꼭대기에 펄쩍 뛰어 올라가 앉으며 말했다. 층마다 방석, 해먹, 숨을 수 있는 구멍만 있는 작은 집, 투명 그릇, 고양이 스크래처가 종류별로 구비된 훌륭한 캣타워였다.

"제 기억을 다 되찾으면 백설기 영주님 마음을 되돌릴 방법을 찾을 수 있을 줄 알았는데 말이죠."

양갱이 바닥이 투명한 오목하고 동그란 그릇에 몸을 푹 담은 채 말했다. 단결이 다가가 투명한 그릇 바닥에 비친 양갱의 배를 만지작거리는 시늉을 하며 물었다.

"그래도 지금까지는 잘 되었잖아. 영주님도 꽤 마음을 돌린 것 같고 말이지. 어쨌든 우리 토론이 네 기억을 떠올리게 하는 거지? 뭐든 더 떠올릴 만한 게 없을까?"

양갱은 생각에 잠겨 꼬리를 살랑거리고, 오목한 그릇 안에서 몸을 뱅글뱅글 뒹굴었다. 그 바람에 단결은 귀여워서 다리가 풀려 쓰러질 뻔했다.

"음, 실은 남편이 죽은 뒤 계속 유령이 되어 찾아왔었어요."

"유령?"

넷이 동시에 물었다.

"영주님은 그 말을 듣고 얼마나 충격이 심했으면 그랬겠느냐고 펄펄 뛰셨고요. 그런데, 이게 무슨 도움이 될지 모르겠네요."

 음, 신비현상은 내 전공이 아닌데.

 그런데 로봇도 유령이 되던가? 물론 난 된다고 믿긴 하지만.

 에엑! 그러면 제가 다 쓰고 버린 가전제품 유령이 우리 집에 가득하겠는데요!

 오, 스마트폰 유령, 전자레인지 유령, TV 유령, 귀여워…….

작가는 한참 생각에 잠겼다가 물었다.

유령이 지금도 찾아와?

아니요. 그 집에서만 나타났어요. 그 집을 나온 뒤로는 못 봤어요.

그 집만 수맥이 흐른 건가?

작가는 곰곰 생각하다가 손가락을 튕겼다.

우리, 이번에는 가상현실 이야기를 해 보면 어때요?

갑자기 가상현실이요?

네, 틀림없이 도움이 될 거예요.

작가 씨가 그렇게까지 말하니 어디 한번 해 볼까?

네, 어디, 이번에는 유령의 정체를 밝혀 볼까요?

그 말에 넷은 아기 고양이가 별자리 사이를 뛰어다니는 홀로그램을 가운데 두고, 둥글게 모여 앉았다.

그러면, 작가 씨, 이번에는 어떤 소설을 소개해 주겠어?

음, 오랜만에 최신작으로 가 볼까요? 《레디 플레이어 원》[1]은 어때요? 스티븐 스필버그Steven Allan Spielberg 감독의 영화로도 나왔으니까.

 아, 저도 그 영화 봤어요. '건담'이 나왔었죠?

 그럼, 어디 소개해 줘 봐, 언니.

양갱은 스크래처 위로 폴짝 뛰어 올라가 양 다리에서부터 꼬리 끝까지 길게 기지개를 켠 뒤, 바바바박 스크래처를 긁고선 그 위에 길게 누운 채 귀를 기울였다.

작가의 추천 도서

《레디 플레이어 원》, 어니스트 클라인Ernest Cline, 2011

이 세계에는 전 세계 사람들이 들어가서 노는 거대한 가상현실 네트워크 '오아시스'가 있어요. 개발자가 죽기 전에 그 안에 이스터에그를 숨겨 놔요. 그걸 찾는 사람은 막대한 돈과 오아시스까지도 소유하게 된다는 말과 함께요. 빈민가에 사는 별 볼 일 없는 소년이지만 고전 서브컬처 오타쿠인 주인공 웨이드가 이 이스터에그를 찾아 모험하는 이야기예요.

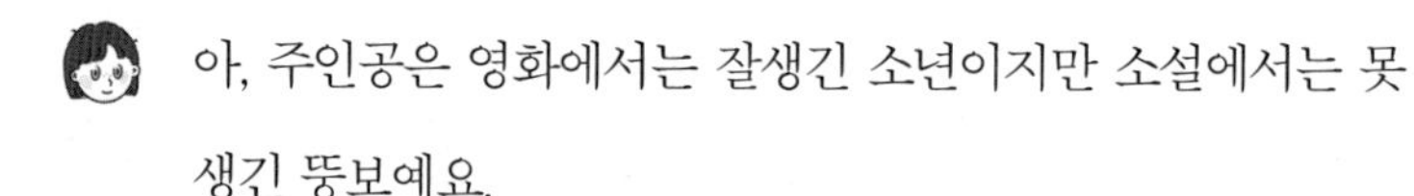

아, 주인공은 영화에서는 잘생긴 소년이지만 소설에서는 못생긴 뚱보예요.

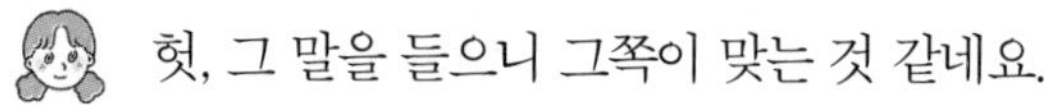

헛, 그 말을 들으니 그쪽이 맞는 것 같네요.

주인공과 가장 친한 친구인 남자애도 현실에서는 생물학적으로 여자였고요. 이건 영화와 소설 양쪽에 다 나오지요. 성 정체성이 남자였던 거죠. 그 점을 무심히 그려 준 점이 좋았어요. 가상현실에서는 원하는 성별이 될 수 있으니까.

오, 그것도 재미있네.

80년대 고전 서브컬처의 추억을 대량으로 소환하는 소설이야. 사실 나도 영화에서 '건담'과 '고지라'를 보면서 웃었는데, 소설 읽으면서는 설마 '미네르바 X'와 '용자 라이딘'까지 나올 줄은 몰랐다니까.

응? 미네르바 X는 뭐고 용자 라이딘은 뭐야?

고전 일본 만화 로봇들이야. 애초에 소설이 〈레이디 호크〉[2]가 명작인가 망작인가 토론하면서 시작하는 것부터가 오타쿠의 혼을 자극해. 물론 명작이지! 그런데 '〈레이디 호크〉가 명작이면 과연 〈레전드〉[3]도 명작이냐'로 대화가 옮겨 가서……. 어……. 다들 제가 무슨 말하고 있는지 이해가 가시나요?

모두가 눈만 끔벅끔벅했다. 양갱은 스크래처 위에서 '꼬륵' 소리를 내며 길게 하품했다.

아……. 이 상황이 꼭 소설 속 풍경 같네요.

작가의 SF talk!

〈레이디 호크〉, 리처드 도너 Richard Donner , 1985

두 연인이 추기경의 질투로 저주를 받아서, 여자는 낮에 매가 되고 남자는 밤에 늑대가 돼요. 그래서 연인은 새벽과 저녁 어스름에만 잠시 스쳐 만날 수밖에 없어요. 스포일러를 하자면 둘은 결국 일식에 만나지요.

〈레전드〉, 리들리 스콧, 1985

어린 톰 크루즈가 팬티만 입고 숲을 뛰어다니는 판타지 영화예요.

 그렇게 막 요약해도 되는 거냐…….

 사실 난 영화를 보면서도 아무리 잘 숨긴 이스터에그라 해도 한국인이면 하루면 찾을 건데…… 하는 생각이 들어서 몰입이 안 됐지만 말이지.

작가의 말에 모두 깔깔 웃었다.

 하지만 소설에서는 어린애들이 온갖 80년대 B급 영화 특정 장면의 전 대사를 외워야 겨우 깰 수 있는 수준으로 퀘스트가 어려워요. 그러면 조금 말이 되지요.

 내 생각에도 한국이면 아무래도 공략 커뮤니티가 생길 것 같지만, 언니 말대로 맨 처음 깨는 사람이 다 가져가는 시스템이라면 안 생길 수도 있겠네. 서로 방해하기도 할 거고.

 애초에 맨 처음 대사를 외워야 하는 영화가 〈위험한 게임〉[4]이야.

 그건 또 뭐지?

〈위험한 게임〉, 어빙 피첼Irving Pichel, 어니스트 쉬드색Ernest B. Schoedsack, 1982

이것도 고전 영화예요. 한 소년이 해킹을 하다가 게임인 줄 알고 재미있게 플레이를 하는데 사실 그게 실제 핵전쟁 시뮬레이션이어서 난리가 나는 이야기죠.

아무튼 이렇게 어디 가서 딱히 추천하기에는 애매하고 그렇게 잘 알려지지도 않았지만 서브컬처 마니아들은 좋아했던 것들만 골라서 나오는 소설이에요. 물론 한국 웹소설에서는 이런 형태의 가상현실 게임 판타지가 일반적이고 매일 산더미처럼 나오고 있으니, 설정 자체는 내 눈에 특이해 보이지는 않네요.

응. 한국은 아무래도 게임 강국이니까.

그리고 한국인은 아무리 생각해도 하루 만에 깰 것 같아. 비밀 계약서 쓰고 상금 분배하기로 하고 길드 조직하겠지.

모두 다시 깔깔 웃었다. 직원이 턱에 손을 대고 생각에 잠겼다.

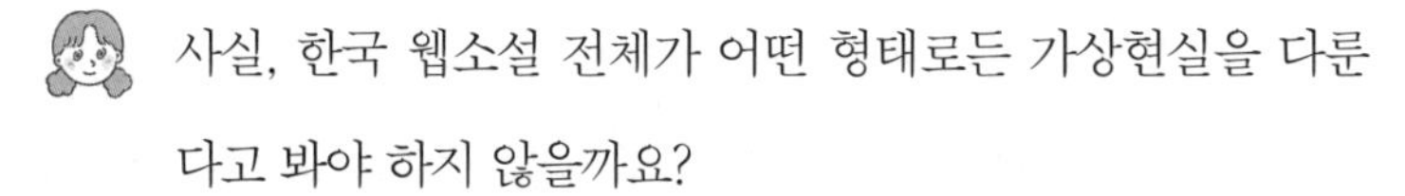
사실, 한국 웹소설 전체가 어떤 형태로든 가상현실을 다룬다고 봐야 하지 않을까요?

네, 가상현실이나 게임 판타지를 전부 SF로 본다면, 지금 한

국의 웹소설 전체를 SF로 봐도 좋을 거예요. 그러면 한국에는 지금 어마어마한 양의 SF가 쏟아지고 있다고 봐도 과언이 아니겠지요. 하지만 분류 편의의 문제로 그렇게 보지는 않는 듯해요.

작가의 SF talk!

《달빛 조각사》[5], 남희성, 2007~2019

주인은 게임 캐릭터를 판 돈으로 사채업자에게 진 빚을 갚게 된 후로는 작정하고 준비를 단단히 해서 가상현실 게임에 들어가요. 이때 초반에 열심히 능력치를 올리면서 숨겨진 직업인 '조각사'가 되지요. 한국 장르 시장의 주류를 게임 판타지, 혹은 가상현실 판타지로 바꾼 작품으로 평가받아요.

가상현실은 이제 보편적인 상상이지요. 어느 정도의 증강현실은 이미 구현되어 있고.

응, 그렇지.

사실 '우리가 살고 있는 현실이 가상현실일 수도 있다'는 형태로 발전하는 상상은 SF에서는 꽤 고전적이에요. 필립 K. 딕의 《유빅》[6]만 해도 1969년작이었으니까요. 가장 대중화시킨 영화는 아무래도 〈매트릭스〉[7]지만요. 참, 저는 임성순 작가의 《우로보로스》[8]도 추천해요. 가상현실의 상상을 끝까지 밀고 간 소설이지요.

《유빅》, 필립 K. 딕 Philip K. Dick, 1969

초능력자들이 싸우다가 테러로 사경을 헤매다 깨어나 보니, 시대가 1940년대로 퇴행되어 있고 갈수록 시간이 점점 퇴행되어 가요. 그러다가 깨닫는 거죠. 그들은 모두 죽었고, 이곳은 죽은 사람을 모아 둔 가상현실 속이라는 것을.

〈매트릭스〉, 더 워쇼스키스 The Wachowskis, 1999

주인공 앤더슨은 늘 세계가 이상하다는 기분을 느끼고 진실을 찾아 헤매는데, 모피어스가 건넨 빨간 약을 먹고 깨어나 보니 세계는 매트릭스라는 가상현실이었고 인류는 생체 배터리로서 연료를 공급하며 꿈을 꾸고 있었어요.
워쇼스키 형제는 후에 성전환을 하고 워쇼스키 자매가 되고, 이 영화는 퀴어영화였다고 발표하기도 했어요.

《우로보로스》, 임성순, 2018

이 소설은 가상현실 안에서 빅뱅까지 가요. 시작은 수도승이 고아하게 경전의 맥락 없는 글귀를 필사하는 내용인데, 물론 독자는 이때에는 이 소설이 가상현실을 다룬 소설인지 모르고 읽어 나가요. 실은 수도승은 매일 다시 세팅되는 AI였고 컴퓨터 버그를 고치는 중이었던 거지요.

불교적이야. 역시 SF는 불교적이라니까.

단결이 팔짱을 끼고 크게 고개를 끄덕였다.

가상현실이 SF에서만 고전적인 주제는 아니야. 사실 철학의 고전적인 주제지. 장자의 나비, 플라톤의 동굴, 데카르트의 악마, 통속의 뇌, 그리고 현재에는 시뮬라크르에 이르러.

단결의 사회 talk!

장자의 나비, 호접지몽 胡蝶之夢

장자와 여러 도가道家 철학자들이 쓴, 〈장자〉에 등장하는 이야기야. 장자가 꿈에 나비가 되었는데, 자신이 나비의 꿈을 꾸었는지 나비가 장자의 꿈을 꾼 것인지 알 수가 없었다는 내용이 있지.

플라톤의 동굴 Allegory of the Cave

플라톤의 저서 《국가》 7권에 등장하는 비유야. 동굴에 묶여 벽만 보고 사는 사람들은 그림자를 실체로 믿어. 우리가 현실에서 보는 것도 실체라는 이데아의 그림자에 지나지 않아.

데카르트의 악마 Descartes' evil demon

만약 강력한 능력을 가진 악마가 내 감각기관에 잘못된 정보를 주고 있다면 그것을 어떻게 알 수 있는가 하는 질문이야. 이 질문에서 모든 진실을 회의하던 데카르트는 "나는 생각한다, 그러므로 나는 존재한다"라는 유명한 명제를 남겨. 내가 생각하고 있으므로 내가 존재한다는 사실 하나만은 의심할 수 없다는 결론이지.

통속의 뇌 brain in a vat

데카르트의 회의론을 좀 더 쉽게 설명하는 이론이야. 어떤 과학자가 내 뇌를 통 속에 넣고 자극을 주어 세계가 존재하는 것처럼 느끼게 하고 있다면, 과연 나는 그것을 알 수 있는가 하는 질문이지.

시뮬라크르 simulacre

가상, 거짓이라는 뜻의 라틴어 시뮬라크룸 simulacrum 에서 유래한 말이야. 존재하지 않지만 존재하는 것처럼 만든, 실제보다 더 생생한 실체로 인식되는 인공물들을 말해. 이를테면, '미키마우스'는 쥐를 모방한 캐릭터지만 쥐가 아니고, 존재하지 않지만, 세상에 거대한 영향을 끼치는 더 생생한 실체야.

아무튼, SF는 불교적이고, 불교는 SF적이라니까.

이제야 무슨 말인지 알겠다. 색즉시공 공즉시색 色卽示空空卽示色, 물질과 비물질의 세계가 다르지 않다……, 부처님 말씀이지. 그러고 보면, 부처님은 가상현실도 없었던 그 옛날에 어떻게 이런 생각을 다 했을까?

부처님이니까.

아, 그렇지, 부처님이었지.

둘은 당연하다는 듯이 마주 보고 고개를 끄덕이며 동의했다.

나는 저 애플의 유명한 광고도 떠올라.[9] 젊은 리들리 스콧이 만든 광고였지. 《1984》[10]를 떠올리게 하는 빅 브라더의 스크린에 한 여자가 망치를 던지는 영상이야. 그러면서 "당신은

1984년이 절대 1984년이 될 수 없는 이유를 알게 될 것이다"라는 말이 나와. 생각해 보면 가상현실의 세계가 열리면 국가적 빅 브라더의 디스토피아는 확실히 상당 부분 힘을 잃는 거 같아. 디지털 세계 속속들이 손이 닿기 어려우니까. 그리고 애플은 스마트폰을 만들어 세상 사람들의 뇌를 파괴했고 우리를 모두 스마트폰 중독에 빠트렸고 세상을 다른 의미로 감시사회로 만들어 버렸어…….

그 말에 또 모두가 웃었다.

ㅋㅋㅋ 그러네. 이제 빅 브라더 대신 리틀 브라더들이 서로를 감시하게 되었지. 무라카미 하루키의 《1Q84》[11]처럼.

응. 코리 닥터로우의 《리틀 브라더》[12]도 정확히 그 문제를 다루는 소설이지.

작가의 SF talk!

《1984》, 조지 오웰 George Orwell, 1949

기술에 의한 감시와 통제사회를 예견한 소설이지요. 조지 오웰이 2차 세계대전 당시에 퍼져 나가는 전체주의에 대한 비판과 경고로 썼고요. 이 소설의 전체주의 독재자인 '빅 브라더'는 지금은 감시 권력을 뜻하는 대명사예요. 이 소설에서 예견한 감시 기술 대부분이 지금 현실화되었다고 하지요.

《리틀 브라더》, 코리 닥터로우 Cory Doctorow, 2008

《1984》 같은 빅 브라더는 아니지만, 인터넷과 스마트폰으로 만인의 만인에 대한 마이크로 감시세계가 된 미국을 묘사해요. 테러를 빌미로 국가가 국민 감시와 통제를 강화하면서 주인공 마커스와 친구들을 테러 용의자로 체포하는데, 마커스는 친구들과 함께 그 통제를 해킹으로 뚫고 나가지요. 어떻게 보면 리틀 브라더를 리틀 브라더 방식으로 헤쳐나가는 이야기일까요.
한국에서도 테러방지법이 발의되면서 화제가 된 작품이에요. 테러를 방지한다는 이유로 국민을 감시하고 통제하는 사회를 만들면, 있을지 없을지 모르는 테러를 잡는 효과 이상으로 모든 국민에 대한 인권유린이 된다는 문제를 비판하고 있어요.

단결의 SF talk!

《1Q84》, 무라카미 하루키 村上春樹, 2009

제목에서 알 수 있듯이, 무라카미 하루키가 쓴 《1984》의 오마주 소설이에요. 무라카미 하루키는 조지 오웰과 같은 상상력에서 치밀한 사이비 종교 컬트 집단을 생각했어요. 이 소설에서 사람을 감시하는 존재는 빅 브라더가 아니라 '리틀 피플'이에요. 리틀 피플은 외부의 기술이 아니라, 우리 내부에서 무의식 중에 서로를 억압하고 감시하고 통제하는 마음을 말해요. 《리틀 브라더》의 주인공이 기술을 이용해 기술에 저항한다면, 무라카미 하루키는 아무리 기술이 발전해도 세계를 지배하는 것은 인간의 마음이고, 그 마음에 주목해야 한다고 말해요.

사실 인터넷은 따지고 보면 기계 하인 같은 존재잖아요. 요리법도 찾아 주고 사전도 찾아 주고 길도 찾아 주고. 내가 원하는 일상의 소소한 것들을 제공해 주지요. 그런데 그 서비스를 받으려면 내 정보가 만천하에 알려질 위험을 감수해야 해요. 네트워크가 나를 감시하도록 허용해야 하지요. 현대사회는 모든 분야에서 그 모순에 직면해 있다고 봐요.

그리고 이미 그 편의를 받기 시작한 시점에서는 정보 제공을 멈출 수가 없게 되는구나.

네, 그렇지요.

어, 그런데 이번 대화에서는 어쩐지 계속 학자 선생님이 조용하시네요.

내 전문 분야가 아니다 보니…….

학자가 입을 가리며 '호호' 웃었고, 다른 셋이 '앗' 하면서 제각기 식은땀을 흘렸다.

자기 전공이 아닌 분야에서는 경청하는 것도 학자의 소양이란다. 그래도 듣자니 흥미롭구나. 그 가상현실, 우리 손주들 교육에도 도움이 될까?

Q1 : 가상현실은 교육에 도움이 될까요?

저는 《레디 플레이어 원》에서 묘사된 학교 생활이 마음에 들었어요. 가상현실을 통한 교육 방법을 제시해 주거든요. 생물학 시간에는 직접 몸속으로 들어가고, 천문학 시간에는 직접 목성을 탐험해요.

오오. 그거 좋아 보이네.

이 세계는 빈민가 아이들이 '오아시스' 네트워크에서 온라인으로 학교를 다니는 것이 일반적이에요. 코로나 시대를 거친 지금 생각하게 되는 부분이 있네요.

하긴, 온라인 비대면 교육을 하는 손자를 보니까, 처음에는 온라인 강의가 익숙지 않아서 짜증을 내더니, 막상 등교해서 학교 선생님들 강의를 듣더니 EBS가 낫다고 투덜대더라고. 최고의 강사에게 수업을 듣다가 눈높이가 높아져 버린 거야.

아……, 그야 EBS 선생님이 더 강의를 잘할 테니까요.

그렇지. 나는 그걸 보면서, 어쩌면 지식은 정말 잘 가르치는 사람들이 온라인으로 가르치고, 선생님들은 아이들의 사회성을 키워 주거나, 관리하거나, 다른 면의 교육을 하는 방향으로 가면 어떨까, 싶더라고. 그러면 오히려 지식이라는 면에서는 평준화될 수 있을 것 같아. 당연히 친구를 사귀거나 사회를 배우는 것은 온라인이 가르쳐 줄 수 없는 것이고.

오, 그럴 수도 있겠어요.

그렇다고 보통의 선생이 온라인 강의를 하는 건 너무 어려운 일이지. 그래서 코로나 때 모두들 고생했지. 온라인 강의는 스튜디오나 녹음 장비도 필요하고, 강사도 방송에 익숙해야 해서 모든 선생님의 강의가 온라인이 되는 것은 무리야.

단결이 그 말에 고개를 끄덕였다.

온라인은 그 이상의 문제가 있다고 해요. 결국 납작한 평면의 시청각만 있는 정보라서……. 촉각과 후각을 포함한 오감을 다 쓰지 않고, 운동과 움직임을 포함하지 않은 경험은 전달력이 극히 떨어진다고 해요. 집중하려면 피로도도 훨씬 높아지고요.

맞아. 온라인으로 교육을 전부 대체할 수 있다는 생각은 큰 착각이지.

학자가 동의했다.

교육과정을 전부 뜯어고치지 않은 채로 온라인으로 바로 넘어갈 수는 없어. 우리 손주들도 모든 자료가 디지털로 주어지니까, 뭘 열심히 찾아봐야겠다든가, 지금 이 내용을 꼭 들어야 한다든가 하는 생각이 없어지더라고. 어차피 자료는 다 있고, 나중에 다시 돌려 보면 되니까 굳이 시간 맞춰 찾아보려고 하지 않더라고. 마치 핸드폰에 주소록이 있으니까 영원히 번호를 기억하지 않는 것처럼.

아, 기록이 기억을 대신하는 현상이군요.

그렇지.

그런데, 만약 학자 선생님이 말씀하신 방향으로 교육이 변화한다면, 오히려 선생님들이 좀 더 본질적인 선생님의 역할을 할 수도 있지 않을까요? 지금 한국사회는 지식 전달에 너무 매달려서, 정말 중요한 교육은 못 하고 있잖아요. 저는 정말 중요한 교육은 시민사회의 일원이 되는 것이라 생각하거든요.

응. 그러면 좋겠어.

옆에서 열심히 받아 적던 직원이 말했다.

요새는 게임과 온라인 영상을 적극적으로 교육 도구로 끌어들이고 있다고 들었어요. 게임이나 영상으로 자폐 스펙트럼과 ADHD 치료도 한다더라고요.

저는 코로나 기간에 방송대학교를 다녔는데, 방송대학이라 교육과정에 변화는 없었는데 시험 제도가 변했어요. 모든 시험이 과제로 바뀌었거든요. 그런데 그 과제가…… 지금까지 제가 들어 왔던 외국의 고교 기말시험 같은 기분이 드는 거예요. 책을 읽지 않으면 답할 수 없으나 정답은 없는 시험이요. 점수 경쟁을 하는 것이 아니라 단지 책을 읽게 하는 것이 목적인. 원래 방송대가 그런 경향이 있었지만요. 책을 안 읽는 사람이 있기 때문에 어차피 변별은 될 것이고.
이를테면 영어 듣기 수업의 과제는 '이 챕터에서 가장 어려웠던 문장과 그 이유, 그 문장이 어떻게 들렸는지를 쓰라'였어요. 강의를 듣지 않으면 답할 수 없는 문제지요.

아, 좋네. 아이들 교육 방향도 그런 식으로 가면 좋겠어. 어차피 지금도 정보는 널려 있잖아. 지금은 암기를 하는 것이 아니라, 정보를 엮어서 의미를 만들어 내는 것이 중요한 시대지.

교육은 쉽게 말할 수 있는 것이 아니지만……, 어떻게든 교육이 지식 전달에 매이지 않고, '어떻게 함께 살아가는 사람이 될까'로 변화했으면 좋겠어요. 기술이 좋은 방향의 변화를 가져오면 좋겠어요. 그러려면 우선 지금의 과다 경쟁 사회부터 어떻게 되어야 하겠지만.

음, 가상현실 기술이 교육 이상의 다른 변화를 가져올 수도 있을까요?

Q2 : 가상현실이 우리의 감각을 바꾸거나 확장하면 어떻게 될까요?

가상현실이 지금보다 더 일상적으로 퍼지면 환경이 보호되는 효과는 없을까요? 풀을 먹어도 소고기처럼 느낀다거나…….

오, 미각 구현이 된다면 가능할 수도 있지 않을까요?

옷 같은 것도 실제가 아니어도 갈아입을 수 있으니까, 옷을 계속 만들 필요도 없고. 비닐이나 플라스틱도 덜 쓰게 될 수 있고…….

미각은 다섯 가지 감각뿐이니 화학적으로 가능할 것 같네. 시각적인 이미지만 보여 주면 되지 않을까? 뇌는 시각에 잘

속으니까.

아, 시각에 잘 속는다……. 그렇구나. 눈을 가리고 마시면 콜라와 사이다를 구분하기 힘들다는 말도 들은 적이 있어요. 그런데 어째 라면만 먹이는 가난한 집에서 미각 앱을 사서 애들에게 씌우고 사는 세상이 떠올랐어요…….

으아아.

사실 나는 반대로 더 건강해질 수도 있을 것 같아. 오히려 아주 맛없는 건강식을 앱으로 속여서 맛있게 먹게 만든다면?

아, 그러네요. 맛있는 건 몸에 나쁘니까!

그렇지. 이를테면, 닭가슴살만 먹으면서 삼겹살 먹는 느낌 나게?

편식이 있는 아이에게 싫어하는 음식을 먹이면서, 좋아하는 음식처럼 느끼게 한다든가!

반대로, 살이 쪄도 가상현실에서는 안 쪄 보이게 할 수 있지 않을까요?

테드 창의 〈외모 지상주의에 대한 소고〉[16]처럼 말이지?

작가의 SF talk!

〈외모 지상주의에 대한 소고 : 다큐멘터리〉, 테드 창, 2002

이 소설에는 '아름다움'을 판단하지 못하게 하는 장치가 등장해. 이 장치를 사용할지 말지에 대해 토론하는 내용을 취재 다큐멘터리처럼 쓴 소설이야. 이곳은 안면 장애인도 인기인이 되거나 학생회장이 될 수도 있는 세상이지. 외모 차별이 사라지는 유토피아인 대신에, '아름다움'에 대한 감각을 잃어버리는 것은 괜찮은가 하는 논쟁이 이어지지.

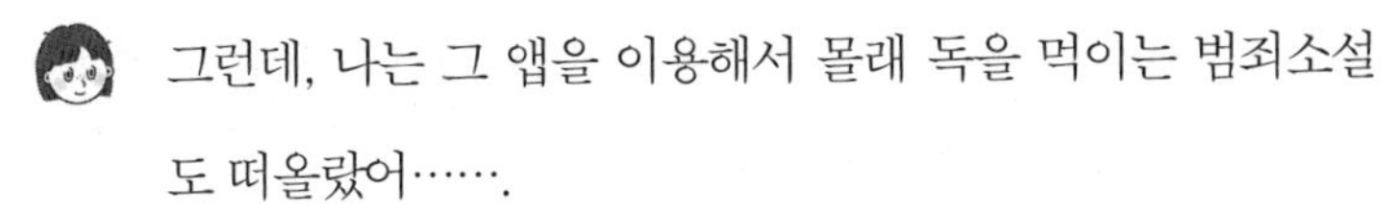

그런데, 나는 그 앱을 이용해서 몰래 독을 먹이는 범죄소설도 떠올랐어…….

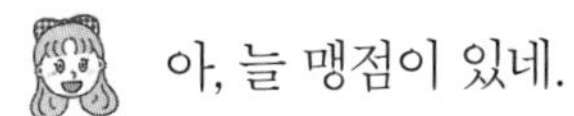

아, 늘 맹점이 있네.

흠, 듣다 보니 또 궁금해졌는데 말이죠. 이 이야기, 아마 신체와 정신의 관계에 대해 토론할 때 잠깐 나왔던 것 같은데요.

Q3 : 가상현실에서의 범죄는 어떻게 일어날까요?

2016년에 VR 기기로 메타버스 세계인 '호라이즌 월드'를 테스트하던 연구원 여성이 성폭행을 당했다고 고소한 사건이 있지. 아바타였지만 현실의 추행과 같게 느꼈다고.

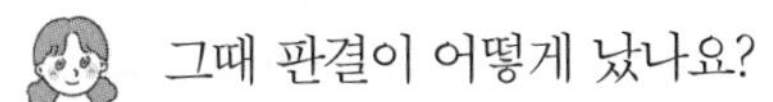

그때 판결이 어떻게 났나요?

논쟁이 있었지. '가상현실이라도 그런 식으로 행동하는 것은 성추행으로 느낄 수 있다'는 사람도 있고, '가상현실은 가상일 뿐, 이를 '성추행'이라고 할 수 없다'는 사람도 있었어. 가장 큰 반론은, '그럼 가상현실에서 서로 죽이는 것은 살인이냐'는 것이었지.

하지만 가상현실에서 살해당해도 기분이 나빠요! 살인은 아니라도 폭력일 수는 있잖아요. 온라인상의 성폭력도 강간은 아니어도 추행과 희롱에 해당하지 않겠어요?

음, 수준의 차이는 있어도 범죄이기는 하다는 거죠?

실제로 2022년에 가상현실에서 아바타를 이용한 성행위를 처벌하는 법안도 발의되었지.

학자의 과학 talk!

가상현실에서의 성폭력

〈메타버스 공간에서의 성폭력 범죄와 형사법적 규제에 대한 연구〉[13]라는 논문에 따르면, 가상현실에서 성범죄 피해를 겪을 때 신경에 미치는 영향이나 트라우마, 모든 면에서 가상과 현실은 큰 차이가 없다고 해.
어떤 실험에서는 성별을 바꾸어서, 남자가 여자 아바타의 몸으로 성추행을 당하는 실험을 해 보았는데, 마치 여자로서 추행당하는 것 같은 수치심을 느꼈다고 하지.
하지만 아직 그 문제를 다루는 법안이 위원회를 통과하지는 못했어. 가장 큰 반대는, 아바타에 대해서 한 일을 현실에서 처벌하면 너무 사람을 억압하게 된다는 거야. 극단적으로 가면, 가상공간에서 사람을 죽이면 실제로 살인죄로 처벌받아도 되냐는 거지. 물론 성적 불쾌감은 결이 다른 문제지만.

직원이 키보드를 치며 고개를 이리저리 갸웃갸웃하다가 말했다.

끙, 어렵네요……. 사실 현실에서는 모르는 사람과 한 자리에서 대화 나누기 쉽지 않은데, 온라인 게임에서는 모르는 사람들과 사적인 이야기도 다 하고 정보도 다 공개하면서 오래 사귄 친구처럼 놀잖아요. 역시 가상세계가 현실처럼 위험하지는 않아서가 아닐까 해요.

응. 가상현실은 아무래도 가상현실이니까.

그래도 인간은 어떤 상황을 주면 그 안에서 충분히 맥락을 만들어 내니까, 저는 가상현실도 현실과 다른 공간이라도 충분히 현실로 느낄 수 있을 것 같아요. 가상현실이 현실과 비슷해질수록 그 현상은 점점 더 심해지겠지요.

저는 가상현실이 점점 더 실제와 가까워지면서, 피해자는 피해로 느끼지만 막을 법은 늦어지는 상황이 이어질 것 같아요. 그 사이에 그곳이 법의 구멍이라는 것을 알게 된 나쁜 사람들이 재빨리 범죄를 모색할 거고, 그러다 그런 범죄가 너무 만연하거나 대형 사고가 터진 뒤에야 법이 생겨날 것 같아요. 디지털 성범죄처럼…….

아, 그거 우울해지네요…….

응, 오히려 '진짜가 아니라면서' 더 쉽게 범죄를 시도하는 사람도 많지. 지금도 얼굴이 보이지 않는다고 쉽게 게임 안에서 성희롱하거나, 여자인 척 속여 유혹하며 사기를 치기도 하지.

그래도 가상현실이니까, 막을 방법도 현실과 다른 형태로 만들 수 있을 것 같아. 실제로 저 호라이즌 월드의 경우 원래는 '개인 경계 기능'이 있었다고 해. 아는 사람이 아니면 120미터 이내로 접근하지 못하게 하는 기능이야.

오, 가상현실이니까 가능한 차단 방법이네요.

네, 이건 게임 제작자나 메타버스 개발자들이 세심하게 배려하면 만들 수 있는 시스템이지요. 오히려 이런 장치는 현실보다 훨씬 쉽게 만들 수 있잖아요. 그 사람들이 좀 더 이런 문제를 진지하게 고민하면 좋을 텐데.

가상현실은 만드는 사람에 따라 디스토피아도, 유토피아도 될 수 있다는 걸까요…….

학자는 잠시 생각하다가 물었다.

사실 가상현실에서 다치는 것이 현실로 이어지는 이야기는 SF에서는 많지?

네, 《일렉트릭 스테이트》[14]라는 그래픽노블도 그래요.

작가의 SF talk!

《일렉트릭 스테이트》, 시몬 스톨렌하그 Simon Stålenhag, 2018

전 인류가 가상현실을 즐기는 세상인데, 그 가상현실이 일시에 오류를 일으켜 전 인류가 사망해요. 가상현실에 멀미가 있던 소녀만이 남아 멸망한 세계를 떠도는 이야기예요. 이야기 이전에 멸망한 세상의 풍경이 아름답지요.

듣던 단결이 갑자기 훌쩍였다.

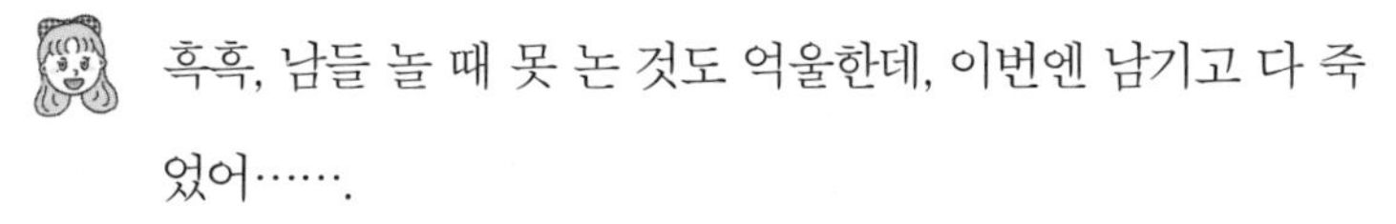
흑흑, 남들 놀 때 못 논 것도 억울한데, 이번엔 남기고 다 죽었어…….

응? 무슨 소리야? 그래도 살았으니 다행이잖아?

혼자 남았는데 뭐가 다행이야!

……같이 다니는 로봇이 있어. 괜찮아…….

그 인간들 다 썩을 텐데 악취는 어쩌나…….

너무들 이입하지 마세요…….

단결이 문득 생각난 듯 말을 이었다.

아, 그러고 보니, 전에 그런 일이 있었잖아요. 양심적 병역거부자가 〈배틀그라운드〉라는 게임에서 총싸움하는 것을 보고, 양심에 따른 병역거부로 인정되지 않아 유죄가 되었지요.

그 말에 모두가 황당해했다.

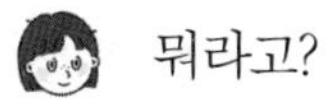
뭐라고?

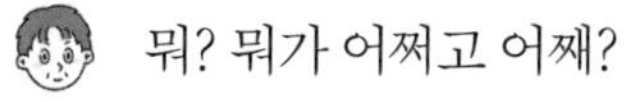
뭐? 뭐가 어쩌고 어째?

재판부에서 "총기를 들 수 없다는 이유로 병역거부를 하면서도 '게임을 할 때는 양심이 민감하게 반응하지 않았다'는 진술을 보면 진실한 병역거부인지 의심이 든다"라고 한 거야.

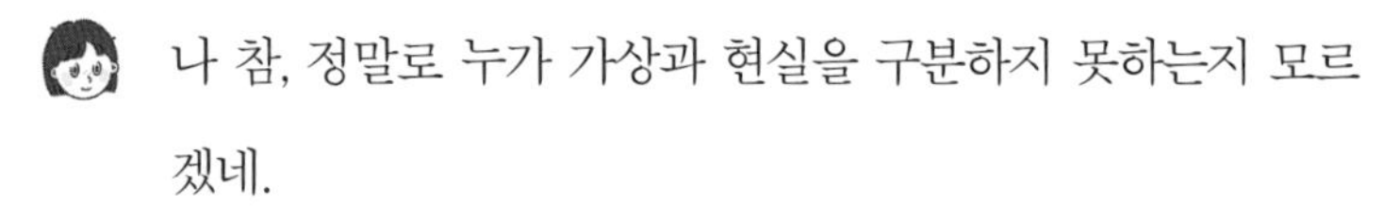

나 참, 정말로 누가 가상과 현실을 구분하지 못하는지 모르겠네.

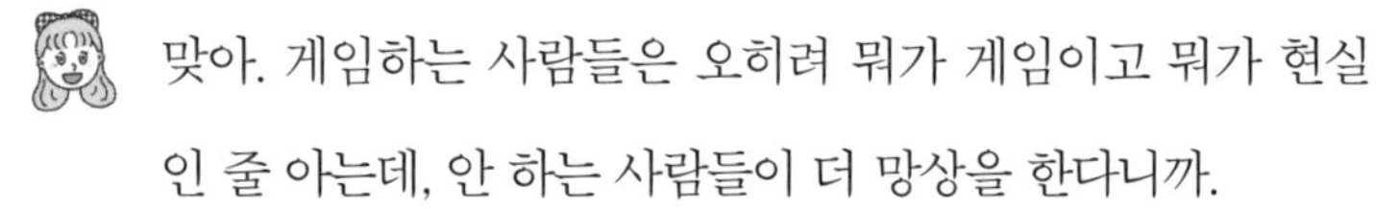

맞아. 게임하는 사람들은 오히려 뭐가 게임이고 뭐가 현실인 줄 아는데, 안 하는 사람들이 더 망상을 한다니까.

그러게요. 판사들도 게임을 좀 해 봐야 게임과 현실을 구분할 텐데.

직원은 고개를 도리도리 젓고 말을 이었다.

자, 그러면, 이 토론은 이쯤에서 마무리하고, 이런 질문은 어때요?

Q4 : 범죄자가 가상현실에 접속하는 것에 제약을 두어야 할까요?

지금도 그렇게 돌아가고 있지 않나요? 게임에서 운영원칙을 어긴 플레이어는 퇴출되잖아요. 범죄 수준에 따라 일시정지에서 영구정지까지.

아, 그 말을 들으니 또 생각나네. 한 정치인이 어떤 게임에서 대리 플레이를 하는 부정행위를 했다고 어떻게 의원을 하느냐고 비난받은 적이 있잖아?

응. 맞아.

친구들끼리 그때 이야기했어. 그럼, 게임에서 영구정지시켜야지, 왜 국회에서 영구정지를 시키려 들어?

어, 무슨 말인지는 알겠다. 지금도 게임 안에서 규칙을 어겼을 때는 일시정지하거나 영구정지하는 식으로, 게임 안에서 처벌하는 것이 일반적이구나. 실제로 동아리나 회사에서 규칙을 어겼을 때도 감옥에 가두는 것이 아니라 그 조직에서 퇴출하거나, 일정 기간 활동 정지를 시키는 것이 일반적이잖아.

응, 동아리나 회사는 사법기관이 아니니까. 현실세계의 재판에서 내리는 처벌을 하면 안 되는 거지.

그러니까, 게임의 규칙을 어기면 게임 안에서 해결하고, 현실의 규칙을 어기면 현실에서 해결하는 게 맞다는 거군요. 그것에 맞추어서 가상현실에서의 포상과 처벌을 고민해 봐도 좋겠어요.

학자가 크게 고개를 끄덕였다.

그 말 들으니 〈블랙미러〉[15] 시리즈의 한 에피소드 생각나네.

〈블랙미러〉 '화이트 크리스마스 편', 찰리 브루커 Charlie Brooker, 2014

이 에피소드에서는 모든 사람이 '제드-아이'라는 일종의 감각정보 처리 장치이자 저장장치인 것을 뇌 속에 심고 살아. 인간의 모든 감각정보는 제드-아이를 통해 받아들여지고 저장되니까, 다른 사람의 제드-아이에 연결하면 그 사람의 기억도 공유할 수 있어.
이 세계에서 범죄자가 받는 가장 끔찍한 처벌은 제드-아이의 접속을 끊어 버리는 거야. 그러면 그 사람은 모든 사람의 시야에서 형체가 사라지고, 목소리조차 들리지 않아. 윤곽은 어렴풋이 보이는데 누군지는 알 수 없고, 대화도 할 수 없지.
모두가 행복한 크리스마스 저녁, 혼잡한 거리에서 차단 처벌을 받은 매튜는 사람들과 섞이기 위해 노력하지만, 사람들은 매튜를 알아차리지 못한 채 스쳐 지나가지.

조선시대의 팽형이네요. 유구한 전통의 사회적 고립 처벌이다…….

단결의 사회 talk!

팽형 烹刑

끓는 물에 삶아서 죽이는 처형 방식이야. 중국과 일본에는 있었지만 한국 조선에서는 팽형을 시행한 적이 없고, 하는 척만 한 뒤에 죽은 사람 취급을 하며 평생 아무도 만날 수 없게 했다는 기록이 있어. 사회적으로 고립되는 처벌이었던 셈이야.

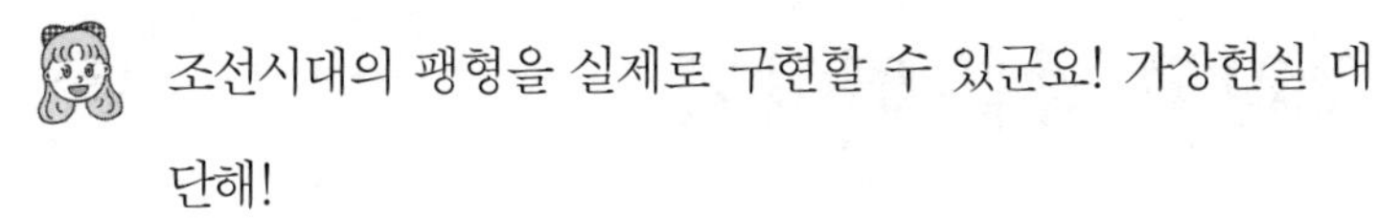

조선시대의 팽형을 실제로 구현할 수 있군요! 가상현실 대단해!

응. 그 세계에서는 개인 간 차단도 가능해. 부부 싸움하고 난 뒤 남편이 꼴도 보기 싫으면, 내 눈에만 안 보이게 차단할 수 있다는 거야.

현실 차단이 가능하군요!

오, 나도 있으면 쓸 것 같네.

그때, 단결이 고개를 들어 스크래처 위에 누운 양갱을 바라보고는 고개를 갸웃하며 눈을 동그랗게 떴다.

지금, 양갱 꼬리 또 팡 터진 거 아냐?

그러네. 우리 이야기 듣다가 또 뭔가 떠오른 걸까?

그리고 남은 이야기

Q5 : 가상현실이 현실과 똑같아지면 어떻게 될까요?

응? 꼭 그래야 하는 걸까? 너무 현실과 똑같으면 무슨 의미가 있지? 사실 우리가 격투 게임을 즐겁게 하는 이유는, 실제로는 아프지 않기 때문이잖아. 실제로 아프면 격투 게임이 즐거울까?

아프면 그냥 실제 격투가 아닐까요……?

나는 아파도 괜찮을 것 같은데. 결국 다치지 않잖아. 그러면 그냥 현실감이지. 실제보다는 덜 아플 테고.

아, 그러네요. 원래 무술 대결은 지루한 훈련과 노력을 해야 겨우 할 수 있다는 것을 생각하면, 그 과정 없이 무술 대결을 하면 재미있을 것 같아요. 실제로 격투 게임을 즐기는 묘미가 그런 거니까.

너무 안 아프면 맞아도 피하지 않을 테니 적당히 아파야 훈련 효과가 있겠다.

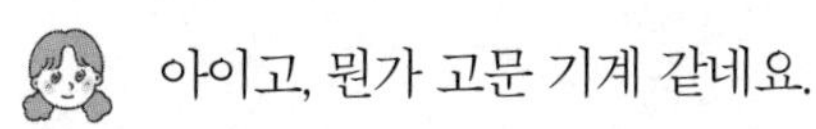

아이고, 뭔가 고문 기계 같네요.

우와, 만약 훈련도 없이 격투 게임에서처럼 날아다니고, 기술을 쓸 수 있다면…… 그걸 체험할 수 있다면 그것도 굉장하겠어요.

벌써 하신 것처럼 눈을 반짝이시네요…….

반대로, 가상현실이라는 점을 이용해서 끔찍한 고문을 하는 소설도 읽은 적이 있어요. 리처드 K. 모건Richard K. Morgan의 《얼터드 카본》[17]이라는 소설에서는 죽지도 않고 상처도 남지 않으니 피의자를 끝없이 고문하는 이야기가 나와요.

으악, 그것도 디스토피아적으로는 중요한 문제네.

응, 만약 감각을 가상현실에서 구현할 수 있다면, 그걸 조정할 수도 있다는 뜻이고, 그러면 마약 수준의 쾌락과 고문 수준의 고통도 가능한 세상이 될 텐데. 그걸 이용하는 사람도 나올 것 같아.

흠, 하지만 만약 마약 수준의 쾌락을 가상현실로 구현할 수 있다면 마약 중독 재활에 도움이 되거나, 마약을 대체할 수 있을지도 모르겠구나. 어쩌면 중독이나 부작용 없이 심각한 고통을 겪는 중증 환자들의 고통을 경감할 수도 있지 않을까?

오, 통각을 정말 가상으로 제어할 수 있다면 그것도 가능하겠어요!

역시, 가상현실이 디스토피아가 되느냐, 유토피아가 되느냐는 어떻게 그 기술을 활용하는가에 달려 있군요.

성공한 '덕후'의 표본,

어니스트 클라인 1972~

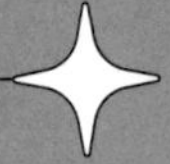

미국의 소설가이자 시나리오 작가, 슬램(청중 앞에서 입으로 시를 공연하는 예술) 시인.

1970년대와 80년대 비디오게임과 영화 마니아였다. 1990년대의 스타워즈 팬들의 이야기를 다룬 컬트영화 〈팬보이즈〉(2009)의 시나리오를 쓰기도 했다. 1997년에서 2001년까지는 슬램 공연장에서 작품을 공연했다.

《찰리와 초콜릿 공장》의 윌리 웡카가 게임 디자이너였다면? 하는 상상으로, 1980년대 대중문화에 대한 해박한 지식을 넣은 소설 《레디 플레이어 원》을 썼고, 영화의 각본을 공동 집필했다. 이 소설로 2011년 프로메테우스상을 수상했다.

가장 좋아하는 비디오게임은 《레디 플레이어 원》에 등장하는 아케이드 고전 〈블랙 타이거〉다.

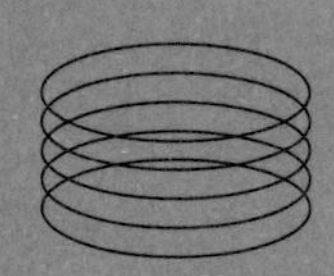

그럼에도

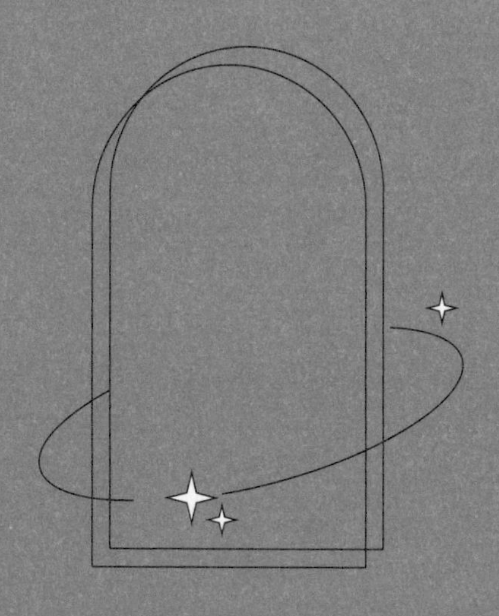

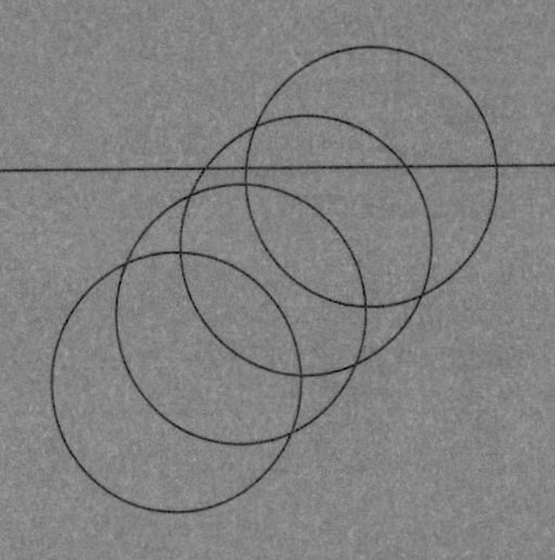

계속 살아갑니다

역경을 헤쳐 나갈 가능성을 모색하는 반전의 질문

7장

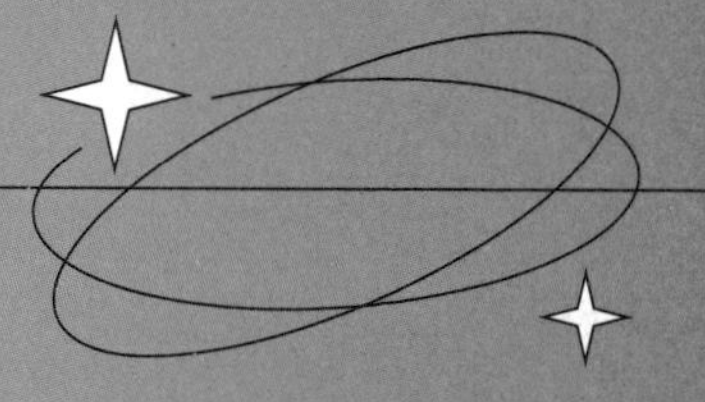

바이러스 재난에서 살아남는 법

스티븐 킹의 《스탠드》, 그리고 역병과 바이러스

"영상! 그래, 영상이었어요!"

양갱이 발바닥에서 연기를 일으키며 기지 안을 우다다다 뱅글뱅글 맴돌다가, 바람처럼 캣타워 위로 높이 올라가 오우~ 하고 울부짖었다.

"영상이라니?"

직원이 물었고, 넷은 캣타워 아래로 우르르 모여들었다. 양갱이 흥분해서 말했다.

"제 남편의 유령은 영상이었어요! 제 주인 가족이 남편 로봇을 녹화한 영상을 제게 보여 줬던 거예요."

네 명은 아, 하고 탄식했다.

"역시 그랬구나. 유령이라는 말에 혹시나 했더니!"

작가가 손가락을 탁 튕겼다.

“주인님들은 제가 그 장난감을 남편이라고 생각하는 줄은 몰랐어요. 하지만 정말 좋아하는 줄은 알았던 거예요. 그래서 장난감이 수명이 다하기 전에 녹화해 뒀다가, 제가 기운이 없어 보이면 영상을 보여 줬던 거죠. 저는 그때 인간의 기술을 이해할 수 없었기 때문에 남편의 유령이 찾아왔다고 믿었던 거고요.”

“그렇구나, 네 주인들은 너도 네 남편도, 정말 사랑했던 거야.”

단결이 눈물을 글썽이며 말했다. 양갱은 캣타워 위에서 방방 뛰었다.

“이제 다 됐어요. 이것까지 말씀드리면 영주님도 생각을 돌리실…….”

양갱은 말하다 깜짝 놀라 꼬리를 팡 터트렸다. 저쪽 어둠 속에, 언제부터인가 백설기가 뾰로통한 얼굴로 웅크리고 앉아 이야기를 듣고 있었다.

“영주님!”

“양갱이 너……, 규칙을 어기고 인간과 대화하고 있었다니……. 어쩐지 인간들이 하는 말에 기묘하게 방향성이 있더라니……. 다 네가 꾸민 일이었구나.”

캣타워 아래에 모여 있던 네 명은 각기 땀을 흘리며 딴청을 피웠다.

 앗, 우리가 언제?

 무슨 소리 들리나? 난 안 들리는데.

 우린 그냥 심심해서 수다 떤 것뿐이지, 그렇지?

 고양이 말이 들리다니, 호호, 그럴 리가 없잖아?

"죄송해요, 영주님! 하지만 전 정말 지구를 떠나기 싫어요! 이제 오해도 다 풀렸잖아요! 인간은 절 괴롭힌 적이 없어요! 그러니까 우리 여기서 계속 살아요!"

"그렇게 간단히 마음이 바뀌지 않는다니까!"

그 말을 듣자 양갱은 얼굴이 붉어지며 볼이 퉁퉁 붓다가 결국 폭발하고 말았다.

"영주님 바보!"

백설기는 흠칫 놀라 털이 고슴도치처럼 화라락 섰다.

"이 고집쟁이! 영주님 혼자 고로롱 별로 돌아가요! 난 여기서 살 테니까!"

양갱은 캣타워에서 펄쩍 뛰어내려 기지를 후다닥 빠져나갔다. 백설기가 놀라 뒤를 쫓았다. 네 사람도 다투어 뒤를 쫓았다. 상자에서 고양이 두 마리가 튀어나왔고, 네 사람이 줄줄이 풍선처럼 퐁퐁 터지며 빠져나왔다.

넷이 문으로 달려가 보니, 양갱이 비가 몰아치는 바깥에서 파란 플라스틱 쓰레기통 위에 올라가 농성하고 있었다. 현관에서 백설기가 폭우를 뚫고 다가가지도 못하고 어쩔 줄 모르고 맴돌고 있었다.

"영주님 혼자 집에 가라고요! 나 데려가지 말고! 그렇게 지구가 싫으면 혼자 가란 말이야!"

"양갱아, 너 없이 내가 어딜 간단 말이냐!"

백설기는 물이 시내처럼 철철 흐르는 도로에 살금살금 내려섰다가, 짧은 다리 탓에 몸이 그대로 퐁당 잠기는 바람에 놀라 어푸어푸 하며 되돌아왔다.

"혼자 살 수 있을 것 같으면 가서 혼자 살라고! 이 고집쟁이 영주님!"

"안 된다! 양갱아! 난 너뿐이다! 너 없이는 못 산다! 전부 너를 위해서였다! 인간들이 널 괴롭히는 것 같아서, 그래서 너를 데리고 떠나려고 했던 거다!"

"그게 아니라는 게 밝혀졌으면 좀 마음을 바꾸라고……."

양갱은 크앙크앙 하며 송곳니를 드러내고 소리치다가 멈칫하고 눈을 동그랗게 떴다. 어찌나 눈이 커졌는지 쫑긋 솟은 까만 귀와 큰 눈만 얼굴에 있는 것처럼 보였다.

"네?"

"응?"

백설기가 당황해 동작을 딱 멈췄다.

"어? 영주님, 지금 뭐라고……."

"아, 아무 말도 안 했다! 나, 나는 나 없이는 못 산다고……."

"저뿐이라는 게 무슨 말씀……."

양갱은 고개를 쭉 빼고 귀를 기울이다가, 몸이 기울어지는 바람에 쓰레기통 뚜껑이 흔들거리며 앞으로 쭈욱 기울어지고 말았다.

양갱은 허둥지둥 기울어지는 쓰레기통을 타고 올랐지만 결국 넘어지는 쓰레기통을 붙들고 그대로 추락하고 말았다. 양갱은 급류가 흐르는 도로에 풍덩 빠지고 말았다. 양갱은 허우적거렸지만 불어난 빗물에 휩쓸려 갈 뿐이었다.

"양갱아!"

백설기가 울부짖었다.

"양갱아-!"를 부르며, 네 사람이 책방 문을 열어젖히고 다투어 첨벙첨벙 도로로 뛰어들었다.

한 시간여 후.

책방 문은 책상과 의자로 단단히 막혀 있었고, 바닥은 열린 문으로 쏟아져 들어온 물로 흥건했다. 건조대에는 네 쌍의 젖은 양말과 신발이 올라가 있었다. 단결이 물을 쓰레받기에 쓸어 담아 쓰레기통에 부어 밖에 버렸고, 작가는 젖은 책을 하나씩 꺼내 널어놓고 드라이기로 말렸다.

학자는 양갱과 백설기를 따듯한 물수건으로 깨끗이 닦은 뒤, 마른 수건에 꽁꽁 싸서 소파에 앉혀 놓았다. 양갱과 백설기는 수건이 답답한 기색이었지만 학자의 기에 눌려 얌전히 있었다. 양갱은 수건에 꽁꽁 싸인 채 수건 끝에서 꼬리를 삐죽 내밀어 백설기를 톡톡 쳤다.

"영주님, 보세요. 우린 따듯한 물이나 수건은 못 만든다고요."

백설기는 풀이 죽은 채 아무 말도 하지 않았다.

"그래도 정말 다행이야. 엣취! 엣취!"

직원이 화장실에서 큰 수건으로 몸을 닦으며 나오면서 말했다.

"양갱이 무사해서……. 엣취!"

직원은 피부가 발갛게 부어올라 있었고 온몸에 두드러기가 돋아 있었다. 직원은 계속 기침하면서 코를 풀었지만, 그래도 기분이 좋은지 환하게 웃었다.

조금 전, 물이 너무 불어서 사람이 걷기에도 위험하다고 판단한 학자의 제안으로, 네 명이 손을 잡아 인간 띠를 만들어 들어가서 물 속에서 버둥대는 양갱을 구했다. 워낙 정신없이 하다 보니, 마지막에 양갱을 품에 꼭 안은 사람은 직원이었다.

백설기는 기침하는 직원을 물끄러미 보았다.

"그래, 지구에는 좋은 인간도 많지. 하지만 여전히 지구는 떠나야 하겠다."

"대체 어째서요!"

양갱이 항의했다.

"이 기상이변을 봐라. 아침에는 황사가 몰아치더니 오후에는 폭우가 내리지 않니. 여름에는 폭염이고 겨울에는 한파가 몰아치고, 기후가 너무 변해서 꽃이 너무 일찍 피어 벌들도 죽고 작물이 열매를 맺지 못하고 있어. 인간은 이미 영역을 너무 확장했고, 무차별로 사냥해 죽게 한 생물의 숫자는 물론 말할 것도 없고 말이다."

"……."

"인간이 우리 고양이에게는 그나마 다정하다지만, 지구가 몇십 년 사이에 이렇게 걷잡을 수 없이 망가졌으면, 다음 몇십 년 사이에는 고로롱 별이나 마찬가지로 이곳도 손쓸 수 없이 망가질 거야. 떠날 수 있을 때 떠나는 것이 좋겠다."

양갱은 침울해졌다.

듣고 있던 학자가 수건에 꽁꽁 싸인 백설기의 배 사이로 손을 집어넣어 확 안아 올렸다. 백설기는 "꺄앙! 꺄앙!" 하며 발버둥쳤다. 학자가 솜씨 좋게 백설기를 제압하고 품에 안아 머리를 쓰다듬으며 말했다.

"아무래도 우리, 마지막에는 환경에 대해 토론해 봐야겠네."

"마지막 대화는 환경인가요?"

작가가 몸을 수건으로 닦으며 방에 들어오면서 물었다.

"하지만, 우리가 토론한다고 환경이 어떻게 달라지는 건 아니잖아요."

"다른 문제도 다 어떻게 할 수 없었어. 그래도 생각을 멈춰서는 안 되지. 우리는 아직 이 지구에 살고 있잖니."

학자가 백설기를 양갱 옆에 내려놓으며 말했다. 양갱이 수건에 싸인 채로 학자의 손이 닿은 백설기의 정수리를 날름날름 핥아 주었다. 백설기도 제 혀로 열심히 학자의 손이 닿은 부분을 핥았다.

"작가 씨, 환경을 이야기하기 좋은 책이 있을까?"

"《바람 계곡의 나우시카》요!"

단결이 멀리서 계단을 우당탕퉁탕 올라오며 말했다.

"우리 나우시카 이야기해요!"

"음, 저는 그 전에 우선 코로나-19 바이러스에 대해 이야기해 보고 싶네요. 아무래도 최근 들어서 전 세계의 패러다임을 변화시킨 가장 큰 사건에 속하잖아요."

학자의 과학 talk!

코로나-19 바이러스

2019년 11월에 처음으로 발생해서, 전 세계에 유행한 급성 호흡기 질환의 원인이 된 신종 바이러스야. WHO, 그러니까 세계보건기구에서는 COVID-19라고 이름 지었지만, 우리나라에서는 흔히 코로나-19라고 불러. 코로나 바이러스는 원래 있었지만, 19년에 발생한 신종이라는 뜻이지.

감염되면 대개는 감기처럼 넘어갈 수 있지만, 때로는 폐렴 같은 중증합병증으로 번져 죽을 수도 있어. 평균 사망률은 1퍼센트 남짓이지만, 전파력이 엄청나서 전 세계 모든 대륙에서 모두 감염자가 나올 정도였어. WHO가 설립 이래 세 번째로 팬데믹 선언을 하게 만든 질병이기도 하지. 지금은 백신과 치료제가 개발되었는데도, 2023년 12월을 기준으로 전 세계 확진자가 7억 7000만 명이 넘고, 사망자는 700만에 가까워. 아직도 유행은 끝나지 않았고 말이야.

작가가 양갱과 백설기가 누워 있는 소파 앞에 털썩 앉았다. 단결은 소란스럽게 달려와서는 작가가 닦던 수건을 빼앗아 머리를 마구 닦으며 말했다.

"아, 그렇지, 안 그래도 내가 바이러스 재난 소설을 찾아보다가 스티븐 킹의 《스탠드》[1]를 읽었는데, 그 책 이야기 한번 해 볼까?"

"오, 그 긴 책을 다 읽었다고?"

"읽다 죽는 줄 알았어……."

"《스탠드》라, 어떤 소설인가요?"

직원이 신이 나서 가방에서 아이패드와 키보드를 꺼내며 기록할 준비를 했다.

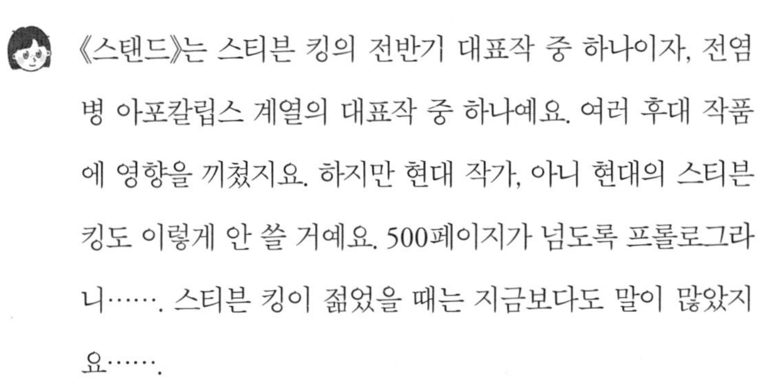

《스탠드》는 스티븐 킹의 전반기 대표작 중 하나이자, 전염병 아포칼립스 계열의 대표작 중 하나예요. 여러 후대 작품에 영향을 끼쳤지요. 하지만 현대 작가, 아니 현대의 스티븐 킹도 이렇게 안 쓸 거예요. 500페이지가 넘도록 프롤로그라니……. 스티븐 킹이 젊었을 때는 지금보다도 말이 많았지요…….

소설계의 제레드 다이아몬드인가…….

자, 이 책은 제가 소개할게요.

단결의 추천 도서

《스탠드》, 스티븐 킹Stephen King, 1978

소설은 네바다 사막의 생화학무기 연구소에서 치명적인 바이러스가 누출되는 것으로 시작해요.
그러면서 미국에서 굉장히 코로나와 흡사한, 놀라울 정도로 흡사한 질병이 유행하지요. 독감과 비슷한 호흡기 질환으로 시작해서 고열이 끓는 병인데, 이 병이 유행하면서 미국의 거의 전역이 디스토피아 상태가 돼요. 단 두 군데를 제외하고요. 콜로라도주의 '볼더'라는 곳과 그곳에서 수백 킬로미터 정도 떨어진 네바다의 '라스베이거스' 두 지역만이 살아남아 서로 싸우게 돼요.
왜 싸우냐면……. 볼더는 천사 편이고 라스베이거스는 악마 편이라…….

예? 천사와 악마?

직원이 눈을 동그랗게 떴다. 작가가 옆에서 깔깔 웃었다.

스티븐 킹의 나쁜 버릇이에요. 일 벌여 놓은 다음에 꼭 외계인 아니면 초능력자 아니면 신이 나와서 수습한다니까요.

착한 편, 나쁜 편이라기보다는 그냥 대립하는 두 진영이에요. 하지만 소설 속의 역병 묘사는 정말 사실적이라 감탄이 나와요. 신이 등장하기 전까지는요…….

예? 신이 나온다고요?

직원이 더 눈이 휘둥그레져서 물었다.

신이 어떤 노인에게 빙의해서 기적을 일으키거든요.

저런.

바이러스는 없애지 않는데요. 선택받은 자들에게 면역체를

제공합니다.

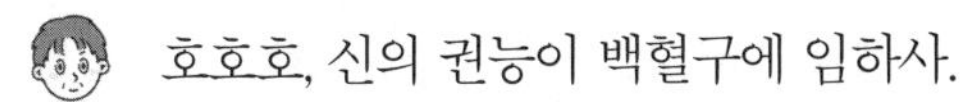

호호호, 신의 권능이 백혈구에 임하사.

네, 바로 그래요. 소설이 진행되다 보면 바이러스에 면역이 있는 여자가 면역이 없는 남자의 아이를 임신하는데, 자기 애가 면역이 있을지 없을지 내내 고민해요. 실제로는 반만 있었지요.

흠, 선천성 면역과 후천성 면역 중 한쪽이 사라진 건가?

어……, 병에 안 걸리지는 않는데 항체가 빨리 생겨요.

항체가 빨리 생긴다, 그러면 후천성 면역계가 잘 돌아가는 모양이네. 그런데 신이 주는 거라면서 되게 쩨쩨하네.

네, 이 소설 신 정말 쩨쩨해요. 무려 악마랑 내기를 했다고요!

응? 신이 악마와 내기를 했다고?

자기가 실험을 하려고 미국 인구의 10분의 9를 죽인다고요!

나쁜 놈일세!

이기고 나서 악마한테 개평도 떼어 줘요. 그래서 악마의 하수인이 아프리카로 날아가서 거기서 호작질을 한다니까요.

아하하, 재미있네.

작가가 고개를 끄덕이며 말을 덧붙였다.

단결이 재미있게 소개하기는 했지만 소설 속의 재난 묘사는 기가 막혀요. 스티븐 킹이 원래 초현실적인 상황 속에서 감탄이 나올 만큼 현실적인 묘사를 하는 작가지요.

소설 속에서 대규모 재난이 난 까닭은 국가가 재난을 은폐하려 했고, 그래서 초기 대처를 못 했기 때문인데요. 그게 미국에서 트럼프 정권이 한 일에 가깝지요. 스티븐 킹은 정말 트럼프가 싫었을 거예요. 자기 소설이 현실에 나타났고, 현실에서 자기가 대통령과 트위터로 싸우리라는 상상을 누가 할 수 있었을까.

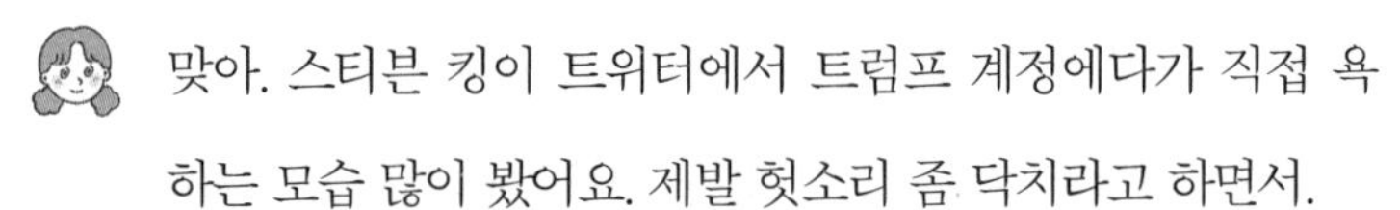

맞아. 스티븐 킹이 트위터에서 트럼프 계정에다가 직접 욕하는 모습 많이 봤어요. 제발 헛소리 좀 닥치라고 하면서.

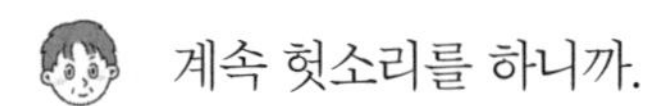

계속 헛소리를 하니까.

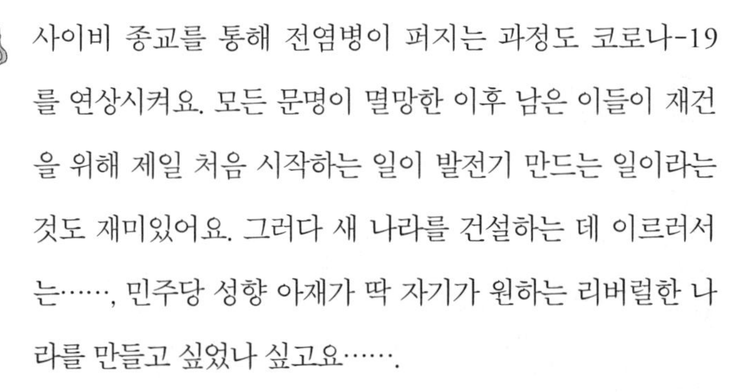

사이비 종교를 통해 전염병이 퍼지는 과정도 코로나-19를 연상시켜요. 모든 문명이 멸망한 이후 남은 이들이 재건을 위해 제일 처음 시작하는 일이 발전기 만드는 일이라는 것도 재미있어요. 그러다 새 나라를 건설하는 데 이르러서는……, 민주당 성향 아재가 딱 자기가 원하는 리버럴한 나라를 만들고 싶었나 싶고요…….

단결은 곰곰 생각하다가 생각난 듯 덧붙였다.

그리고 스탠드의 주인공들은 마스크를 쓰지 않아요…….

맞아 안 써……. 나도 계속 그 생각했어. 과거의 작가들은 마

스크를 이해하지 못했던 거구나. 그런데 나도 코로나-19 이전에는 마스크의 중요성을 잘 몰랐어. 감기에 걸려도 마스크 잘 안 쓰고 돌아다녔으니까.

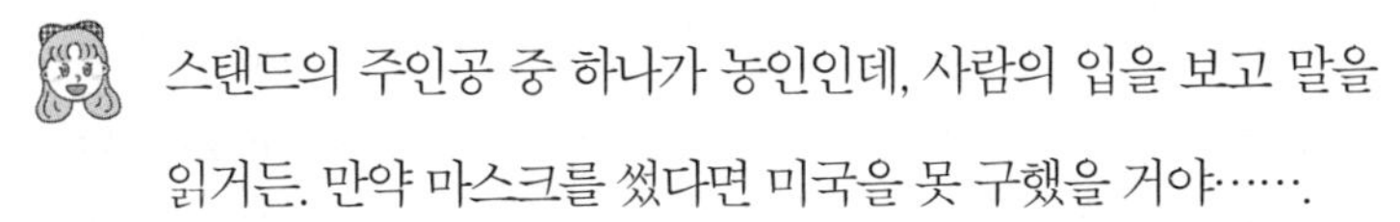

스탠드의 주인공 중 하나가 농인인데, 사람의 입을 보고 말을 읽거든. 만약 마스크를 썼다면 미국을 못 구했을 거야…….

저런…….

그런데 이번이 최초의 전 인류적인 바이러스 확산은 아니잖아. 스페인독감이 지금보다 심했다지. 그때도 마스크가 강조되었는데, 지금 코로나가 오기 전까지 또 다들 잊은 거지. 그때는 고양이한테도 마스크를 씌웠다고.

마스크를 씌운다는 말에 양갱과 백설기의 귀가 놀라 쫑긋해지며 파르르 떨렸다. 단결이 안 씌울 거라며 손짓으로 안심시켰다.

그때는 이 정도로 전 세계에 정보가 공유되지 않았기 때문이 아닐까?

그럴지도 모르겠네.

그런데, 아까 학자 선생님께서 말씀하신 '선천성 면역'과 '후천성 면역'이란 건 무슨 뜻인가요?

직원이 열심히 키보드를 두드리며 물었다.

선천성 면역, 후천성 면역

면역은 선천성 면역과 후천성 면역으로 나뉘어.
선천성 면역은 태어나기 전에 원래 갖고 있는 면역이야. 내가 앞으로 살아갈 세상을 알 수 없으니 선천성 면역 세포들은 몸 구석구석을 돌아다니며 내 몸을 탐색해서, 태어난 이후에 나랑 다른 것이 보이면 무조건 다 공격해. 이 녀석은 세세하게 구별하지 않으니 빠르고 즉각적이긴 한데 완벽하지는 않아서, 병원체를 제대로 못 알아보기도 해. 아이들이 잔병치레를 자주 하는 건 그래서야.
후천성 면역은 반대로 태어난 이후에 생겨나는 면역이야. 이 녀석은 몸에 들어오는 것들을 하나하나 살펴서 위험한 놈, 아닌 놈으로 나눠. 그래서 위험하지 않은 건 무시하고, 위험한 것이라고 결론이 나면 그 적에게 최적화된 맞춤 무기, 즉 '항체'를 만들어 대항해. 후천성 면역은 정확하고 효과적이야. 한 번 만든 항체는 저장되기 때문에, 우리가 한 번 걸렸던 병에는 다시 안 걸리는 거야. 하지만 후천성 면역은 판별한 뒤에 무기를 만들어 공격하니까 시간이 오래 걸리는 단점이 있어.

오…… 꼭 컴퓨터 같네요.

선천성은 빨리 대충 죽이고 후천성은 천천히 정확히 죽이는 거군요! 확실히 둘 다 필요하겠네요.

흑흑, 저는 어렸을 때 엄마가 고양이한테서 떨어트려 키워서 이렇게 됐나 봐요…….

아이고, 그야 알 수 없지.

학자가 직원의 등을 두드리며 위로했다. 단결과 작가도 같이 위로했다.

면역계도 늘 정확하지는 않아서 자주 오류를 내지. 직원 씨처럼 말야. 고양이 털은 위험하지 않은데도 직원 씨 몸은 과민 반응해서 싸우잖아.

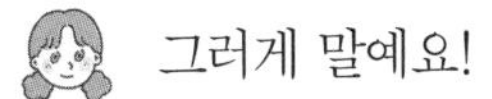

그러게 말예요!

알레르기는 면역계의 대표적인 오류 현상이지. 위험하지 않거나 심지어 필요한 물질인데도 위험한 것으로 착각해서 난리가 나는 거야. 직원 씨처럼 말이지. 심지어 모유 알레르기 있는 아기도 있다니까.

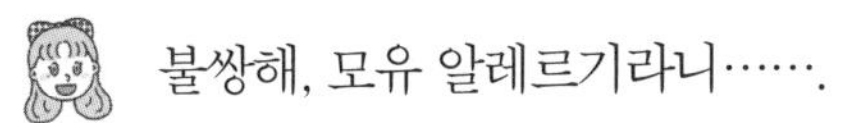

불쌍해, 모유 알레르기라니…….

또 하나는 내 것인데 남의 것으로 착각하는 자가면역질환.

학자의 과학 talk!

자가면역질환

면역계가 알 수 없는 이유로, 외부 침입자가 아니라 자기 몸의 세포를 적으로 착각하고 공격하는 질환이야. 갑상선염 같은 증상은 한 기관을 집중적으로 공격한 결과고, 류머티스 관절염은 전신의 세포를 공격한 결과지.

아, 관절염은 정부가 자국민을 학살한 흔적이군요…….

그렇게 말하니 무섭네…….

마지막으로는 별것 아닌데 온몸이 총공격에 나서서 자기도 죽어 버리는 사이토카인 폭풍이 있지.

네? 자기도 죽어 버린다고요?

학자의 과학 talk!

사이토카인 cytokine

사이토카인은 면역세포가 침입자를 공격하기 위해 만들어 내는 일종의 폭탄이라고 생각하면 돼.

사이토카인 폭풍이란, 사이토카인이 일시에 지나치게 많이 방출되어서 침입자만이 아니라 자기 몸에도 치명상을 입히는 현상이야. 적군과 아군을 가리지 않은 무차별 융단폭격인 셈이지.

사이토카인 폭풍은 주로 젊고 면역력이 강한 사람에게 나타나. 면역력이 강하다 보니 별것 아닌 침입자에게도 총공세를 펼치며 싸우다가 자기까지 다치게 하는 거지. 20세기 초 스페인독감 유행 때 유난히 젊은 이들이 많이 죽었던 것도 이 때문으로 보고 있어.

사이토카인이란 친구, 설레발이 심하네요.

어휴, 면역계가 팔팔하다고 꼭 좋은 것도 아니네요.

꼭 자기 힘세고 무기 많다고 막 전쟁 일으키다가 자국민도 죽이는 나라 같아요!

그렇게 말하니 그것도 무섭네!

아무튼, 듣다 보니 저, 이것저것 궁금한 것이 진짜 많이 생겼

는데 말이죠. 이를테면…….

Q1 : 바이러스가 인류를 멸망시킬 수 있을까요?

사실 제가 생각하기에 재미있는 점은, 이런 바이러스 소설의 대부분은 그 바이러스의 위력을 과장한다는 거예요.

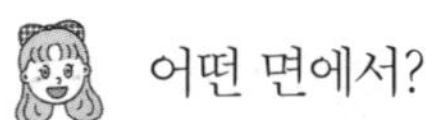

어떤 면에서?

《스탠드》의 바이러스는 전염률이 99.4퍼센트야. 그리고 발병 즉시 목이 붓고 피를 토하며 순식간에 죽어. 말하자면 치사율도 아주 높고 전염률도 아주 높은 병이지.

응, 호흡기로 전파되고, 호흡기 질환처럼 나타나고, 고열이 발생하고, 보통 고열이 발생한 지 1~2일 만에 죽지.

더해서 작가들은 이런 심각한 병은 자연적으로 발생하지 않으리라 생각하고 인공 바이러스를 상상하는 것 같아. 바이러스 재난 만화인 우라사와 나오키의 《20세기 소년》[2]의 바이러스도 연구소에서 만든 것이고, 마찬가지로 강력한 치사율과 전염력을 가진 인공 바이러스였지?

작가의 SF talk!

《20세기 소년》, 우라사와 나오키, 1999~2007

주인공 켄지의 주변에서 이상한 일이 일어나면서, 신흥 종교집단에 인류가 휘둘리는데, 그 지도자가 어린 날의 친구 중 하나고, 단서도 어린 시절 추억과 관련이 있다는 것을 알게 돼. 이 종교집단이 살포한 바이러스가 결국 인류를 멸망시키고 극소수만 살아남지.

SF 작가들 생각에, 현대는 과거보다 의학 기술이 고도로 발달했으니, 만약에 현대나 미래에 전 지구적인 치명적인 바이러스가 돌려면 지금까지 있었던 바이러스보다 훨씬 더 강력한 바이러스여야 한다고 생각하는 것 같아요. 하지만 코로나-19는 그보다 낮은 치사율과 높은 전파력으로 세계의 패러다임을 바꾸었단 말이지요.

그렇지.

그 패러다임의 변화는 한편으로 인간의 대응 기술 변화로 생겨난 것이고요. 전 지구적인 재앙이 오기 전에 변화한 거죠.

그렇구나. 지금은 인류가 굳이 인류 멸망까지 기다리지 않고, 재앙이 오기 전에 적극적으로 대응하면서 그 전에 세상의 패러다임을 바꾼다는 거지?

응, 전 세계적인 마스크 반대 시위나 바이러스의 존재를 부정하는 시위도 그래서 일어나지 않았나 해. 바이러스가 자기 삶을 다 무너뜨리기 전에 시스템이 먼저 생겼으니, 역설적으로 당장 눈앞에서 나를 방해하는 것이 시스템이 되었던 거지.

 그렇게 볼 수도 있겠네.

 SF 작가들이 거기까지 예상하기는 어려울 것이고, 설사 예상하며 쓴다 해도 과거의 독자가 이해하기는 어려웠을 거야. 어차피 소설에서 흥미로운 부분은 재난 자체의 묘사일 테니까

 작가 씨 말이 맞아. 사실 바이러스 입장에서 숙주를 죽이는 건 자살 행위지. 숙주가 죽으면 자신이 살아갈 환경 자체가 사라지는 것이니까.

직원이 고개를 갸우뚱했다.

 어……. 하지만 바이러스는 사람을 많이 죽이잖아요?

 그렇기는 하지만, 역사적으로 바이러스가 숙주를 무차별적으로 죽이는 건 처음부터 그러려고 그런 게 아니라, 종의 장벽을 건너뛰다 보니 우연히 나타난 피해에 가까워. 조금 지나면 바이러스들이 적응해서 알아서 사망률을 낮춰. 가능하면 숙주를 죽이기보다는 비실비실하게 만들어서 숙주가 여기저기 돌아다니면서 다른 숙주에게 알아서 전파하게 만들어야 자기들도 많이 퍼질 수 있거든.

 아, 〈전염병 주식회사〉[3] 게임을 해 보면 알 수 있어요!

전염병 주식회사 Plague Inc.

어? 어라? 와! 나도 처음으로 여기 들어왔네요!
이건 영국의 독립 게임 개발사 엔데믹 크리에이션즈 Ndemic Creations에서 만든 게임인데요, 플레이어가 질병이 되어서 인류를 멸망시키는 게임이에요. 코로나-19가 퍼지던 시절에는 코로나-19로 고통받는 사람들을 위로하기 위해서 거꾸로 인류가 질병을 막는 확장팩이 추가되었지요.
게임에서도 바이러스가 인류를 멸종시키기는 정말 어려운데, 멸종시키려면 일단 처음에는 전파력만 높이고 힘을 모아 두었다가, 마지막에 급속 변이를 일으켜 치사율을 높여야 해요.

하지만 현실에서 바이러스가 그러기 어렵다는 뜻이죠?

그렇지. 그 게임처럼 어떤 초월자가 의도적으로 변이를 일으키지 않는 이상.

치료 모드 확장팩도 재미있었어요. 엄격하게 통제하면 처음에는 효과적이지만, 이내 시민들이 시위를 일으켜서 오히려 바이러스가 더 빨리 퍼져요. 그래서 적당히 조이고 풀어 주어야 해요.

하하, 현실적이구나.

그리고 백신 개발에는 전 세계의 협조가 필요한데, 만약 아직 문제를 공유하지 못한 채로 게임 안에서 올림픽이 열리면 질병 입장에서는 신나는 파티가…….

그것도 현실적일세!

그런데, 다른 바이러스보다 유난히 메르스, 사스를 포함한 코로나 바이러스가 잘 퍼지는 이유는 뭘까요?

직원이 문득 궁금해졌다는 듯이 물었다.

호흡기 질환은 원래 잘 퍼져. 숨을 안 쉴 수는 없으니까. 그리고 최근 논문에 의하면 코로나 바이러스는 콧속의 ACE2라는 효소와 결합하는 특성이 있어서, 주로 코를 통해 들어온다고 해. 사람이 입과 귀는 막아도 코는 막기 힘드니까.

그렇군요. 입은 다물 수 있지만 코를 막으면 숨을 못 쉬니까…….

단결이 손으로 입을 막아 봤다가, 이어서 코를 막아 보며 말했다.

응. 그래서 입만 가리고 코를 내놓는 마스크 쓰기가 위험한 것이지.

현대사회가 바이러스가 퍼질 수밖에 없는 구조이기도 하다고 들었어요. 세계가 연결되어 있고 도시가 밀집되어 있으니까요. 말하자면 국제공항을 막을 수 있는가, 서울로 모이는 교통을 통제할 수 있는가, 물건 배달은 막을 수 있는가……. 모두 불가능하지요. 인간의 교류를 막았다가는 바이러스 이상의 경제 재난이 오는 사회에서 우리는 살고 있으니까요.

그러고 보니, 좀비 재난 이야기는 역병 재난 이야기와 비슷한 점이 있지 않아요?

Q2 : 좀비는 바이러스의 의인화일까요?

그러네요. 좀비는 의인화된 바이러스 같기도 하네요. 바이러스가 눈에 보이지 않아서 그렇지 실제로는 좀비에게 뜯기는 것과 비슷할지도요. 우르르 몰려와서.

세포를 뚫고 들어가서 내부에서 싹 거둬 먹고, 더 먹을 게 없으면 세포를 폭파하고 나와서 다른 숙주를 찾는 거구나.

사실 좀비는 흔히 계급의 은유로 많이 해석돼요. 가진 자들이 보기에, '멍청한' 노동계급이 '떼로' 몰려들어서 나라의 기간基幹 산업을 파괴하고 자본을 잠식하는.

단결의 말에 작가가 눈을 크게 뜨고 고개를 갸웃했다.

어? 산업사회에서 현대인이 기계화되고, 그래서 정신증이 창궐하는 것에 대한 은유라고 생각했는데?

응, 정신증도 노동자들이 가혹한 노동을 하다가 기계의 부품처럼 자아를 잃어 가면서 일어나는 일잖아.

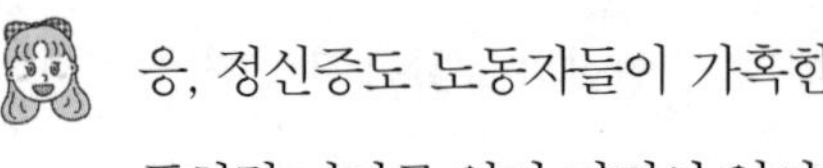

그럼 좀비에게 물어뜯겨 좀비가 된 사람은 무엇에 대한 은유죠? 무식한 노동자와 어울리면 같이 무식해진다는 뜻인가요?

자본가가 보기에 그렇다는 거예요. 노동자가 "우리는 이따위로 안 살 거야!" 하고 궐기하니까, 자본가들이 "멍청한 놈들이 세상 돌아가는 법칙을 모르고!" 하다가 주위를 둘러보면서 "앗, 저렇게 말하는 놈이 있으니까 옆 애들도 옮았잖아!", "노동조합 같은 무식한 것을 만들려고 하네, 멍청한 놈들이!" 하고 생각하며 좀비 떼라고 조롱하는 거죠.

자본가가 노동자를 좀비 떼처럼 생각한다는 거죠? 그러고 보니 시위 군중을 보면서 정치가들이 좀비 떼라는 표현을 쓴 것도 들은 듯해요.

살아 있는 시체들living dead 이라는 말이 실제로 70년대 파업하는 노동자들을 조롱할 때 쓰인 말이기도 해요.

학자가 흥미롭다는 듯 고개를 끄덕였다.

그렇구나. 애초에 부두교에서 좀비를 만든 이유도 말 잘 듣는 노동력을 확보하기 위해서라고 하니까.

학자의 과학 talk!

좀비

원래 좀비는 부두교 신화 속에 등장하는 '살아 있는 시체'에서 유래되었다고 해.
죽은 뒤 영혼이 빠져나간 시체에서 그 몸만 되살린 게 좀비야. 주술로 사람을 좀비로 만들어서 자의식 없이 일만 하는 노예로 부릴 수 있었다고 하지. 좀비 현상을 연구했던 과학자 웨이드 데이비스 Wade Davis 에 의하면, 부두교 마법사가 약물로 사람을 가사 상태에 빠뜨렸다 깨우면, 뇌도 손상되고 본인도 죽었다 살아났다고 믿게 되면서 좀비화 된다고 보고 있어.

 좀비 이야기도 그렇지만, 코로나-19와 같은 세계적인 재난은 노골적으로 사회의 밑바닥을 드러내는 면이 있다고 생각

해요. 사회구조를 앙상하게 드러내고 발가벗긴다고 할까요.

권위에 복종하는 성향이 있는, 말하자면 '보수적인' 사람이 오히려 방역에 저항한다는 분석도 보았어요.

권위에 복종하는데 방역에는 저항한다……. 뭔가 모순적이네요.

보수는 기본적으로 자기 개인의 안녕과 성공을 바라는 성향이 있는데, 방역은 '나만 걸리지 않으면 괜찮다'고 생각해서는 해결되지 않거든요. '나 혼자'가 아니라, '남이 걸리지 않도록' 신경을 써야 비로소 가능하지요. 내가 손해를 보더라도요. 그걸 위해서는 민주 시민 의식이 필요하고요.[4]

그것도 재미있는 분석이구나.

전부터 궁금했는데 말이죠. 이런 질문은 자주 들으셨을지도 모르겠지만.

Q3 : 세균과 바이러스의 차이는 무엇인가요?

일단 가장 큰 차이라면, 바이러스에는 세포막이 없어. 그리고 숙주 없이 단독으로 살 수 없지.

바이러스가 세균보다 더 위험한가요?

감염되었을 경우, 바이러스가 세균보다 더 처치하기 곤란하니까.

그건 어째서인가요?

직원이 열심히 키보드를 치며 물었다.

학자의 과학 talk!

세균과 바이러스의 차이

세균은 독립적으로 생활할 수 있어서, 우리 몸에 들어와도 우리 세포랑 섞이지는 않아. 그러면 일대일로 맞붙는 셈이니 그들만 구별해서 공격하거나 퇴치할 수 있어. 스나이퍼가 적군만 골라 쏘듯이 말야.
하지만 바이러스는 우리 몸에 들어오는 순간 세포 안으로 파고들어 기생하다가 세포를 뚫고 튀어나와. 리들리 스콧의 영화 〈에이리언〉[5]처럼 말이지. 바이러스를 죽이는 건, 몸속에 에어리언이 들어 있는 사람을 죽이지 않고 내부의 기생체만 죽이는 것과 같아. 그래서 훨씬 더 까다롭지.

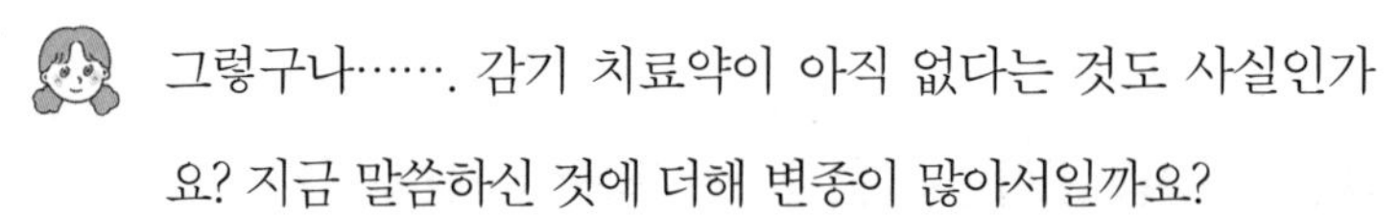

그렇구나……. 감기 치료약이 아직 없다는 것도 사실인가요? 지금 말씀하신 것에 더해 변종이 많아서일까요?

감기 증상을 일으키는 바이러스는 종류가 수백에 이르러. 코로나, 리노, 아데노 바이러스의 수많은 변종이 감기를 유발하거든. 애초에 항바이러스제도 별로 없는데, 그중 어떤 것이 이번 감기의 원인인지 밝히다가 감기가 나아 버리거든.

그 말에 셋이 소리 내어 웃고 말았다.

밝히는 사이에 나아 버리는군요!

그래서 감기 치료는 대증치료를 하지. 말하자면, 증상에 대한 통증을 줄여 주는 데 집중하는 거야. 나머지는 면역계에 맡기고.

대충 죽이지만 빠른 선천 면역과 느리지만 정확히 죽이는 후천 면역의 합동 공격으로!

그러면 바이러스에는 백신만이 답인가요?

응. 바이러스의 기본 대응은 백신이야. 걸리기 전에 예방하는 것이 최선이지. 항바이러스제가 있기는 하지만, 종류도 항생제에 비해서는 매우 적고, 효과에 비해 부작용도 심해. 애초에 어떤 병이든 걸리기 전에 예방하는 게 최고지.

그러면 말이죠, 이런 질문도 자주 들으셨을 것 같지만…….

Q4 : 바이러스는 왜 생물이 아닌가요?

그건…… 생물에 대해 정의 내릴 때 바이러스를 발견하지 못했거든.

헉, 그런가요?

그리고 약간 편의적인 면이 있어. 바이러스를 생물체의 범주에 넣게 되면, 대충 DNA나 RNA 단백질로 둘러싸인 모든 것이 생물의 범주에 들어가게 되는데 그러면 너무 복잡해지지.

그렇구나. 가상현실이나 시간여행이 있다고 웹소설 대부분을 SF로 정의해 버리면, SF가 너무 많고 복잡해져서 애매하게 넘어가는 것과 비슷하네요……!

작가가 깨달았다는 듯이 말했다. 옆에서 단결이 엑, 하고 놀랐다.

아, 그런 거였어?

요즘 학자들의 견해는 바이러스가 생물과 무생물의 중간 단계가 아니라, 원래 세균이었던 어떤 것들이 퇴화해서 생겨난 것이 아닐까 생각하고 있어. 바이러스는 숙주에 기생해서만 살아갈 수 있는데, 만약 바이러스가 먼저 나오고 숙주가 되는 생명체가 나왔다면, 바이러스의 정의조차도 어긋나는 형편이라.

알겠어요. 바이러스가 생물보다 먼저 나올 수 없다는 것이지요?

논리적으로 그렇지. 실제로 일반적인 세포보다도 훨씬 더 크고 복잡한 구조를 가진 판도라 바이러스나 미미 바이러스 같은 것도 발견되었거든.

그러면, 바이러스는 원래는 세균이었는데 숙주에게 붙어살면서 세포막이 필요 없어진 걸까요?

응. 애초에 우리 세포 속에 존재하는 미토콘드리아도 그런

식의 내부 기생을 통해 세포 안의 작은 기관이 되었으니까. 단지 바이러스는 세포 내부에서만 사는 것이 아니라 몸을 오가는 것이지.

학자의 과학 talk!

세포 내 공생설 endosymbiotic theory

미토콘드리아는 진핵생물의 세포 안에서 에너지를 생산하는 기관이야. 그런데 미토콘드리아는 다른 세포 속 소기관들과는 달리 내부에 별도의 DNA와 리보솜, 그러니까 단백질 합성 기관이 있고, 스스로 복제할 수도 있어.
그래서 원래는 독립적인 생물이었는데 어쩌다 다른 커다란 세포 내부로 들어와 공생하게 된 것이 아닌가 해. 이것을 세포 내 공생설, 혹은 내부 공생설이라고 해. 이 가설을 처음 주장한 사람은 린 마굴리스 Lynn Margulis 인데, 저 《코스모스》의 저자, 저명한 천문학자 칼 세이건의 첫 번째 아내이기도 하지.

그러면요, 또 질문이 있는데요…….

Q5 : 바이러스는 생태계에서 어떤 역할을 하는가요?

학자들이 추정하기에, 생태계에 존재하는 바이러스의 종류는 이 세상에 존재하는 모든 생물 종 수의 열 배에 달할 거라고 해. 모든 생물체는 그에 기생하는 바이러스가 적어도 한 종 이상 있으니까. 그런데 바이러스의 주요 역할은 사람이나 동식물이 아니라, 박테리아를 파괴하는 거야.

박테리아요?

특히나 바이러스는 해양 생태계에 중요한 역할을 해. 바다는 텅 비어 있는 게 아니라, 온갖 미생물로 가득 차 있지. 바이러스는 해양 미생물들을 파괴하여 그들을 구성하는 원소들을 다시 바닷속으로 재순환시키는 역할을 해. 생태계에서 생산자-소비자-분해자의 구도는 다들 알지? 여기서 분해자는 보통 미생물들인데, 이들의 개체 수를 조절하는 역할을 바이러스가 한다는 거지.

학자의 과학 talk!

생산자, 소비자, 분해자

생태계는 빛이나 기후, 토양처럼 생물이 아닌 부분과, 그 안에서 살아가는 생물로 이루어져 있어. 그리고 생물은 생태계의 에너지와 영양분 순환에서 역할에 따라 셋으로 나뉘지.
광합성 등으로 생물이 아닌 것들을 생물적인 것으로 바꿔 주는 것이 생산자야. 주로 녹색식물이지. 생산자가 만든 물질과 에너지를 쓰고 퍼뜨리는 이들이 소비자야. 주로 동물이지. 그들의 죽은 시체 같은 유기물을 분해해서 다시 토양이나 주변 환경으로 되돌리는 이들이 분해자야. 주로 미생물이나 균류지.

생산자와 소비자, 분해자의 역할이 잘 맞물려야 생태계가 안정적으로 유지될 수 있어.

 아! 미생물 다음의 분해자가 바이러스군요!

 그러면 바이러스가 없어져도 생태계는 파괴되겠군요!

 어, 미생물이 많아지면 어떤 상황이 벌어지나요? 저는 미생물 농도가 높으면 좋다는 말만 들어서…….

 칼 세이건이 '애플파이를 하나 만들려면 일단 우주부터 만들어야 한다'고 한 적이 있어. 지구상의 모든 물질은 총량이 정해져 있어서 서로 이동하기만 할 뿐인데, 만약 미생물이 지나치게 흥한다면 다른 생물 종들의 총량에도 영향이 있겠지.

그 말에 단결이 감탄하며 고개를 끄덕였다.

 와 멋있다. 어디 써 두고 싶네요. 지구상의 모든 물질은 총량이 정해져 있다…….

 응. 그렇게 균형이 맞춰졌기에 우리가 이렇게 존재하는 거지. 또 바이러스는 우리를 유전적으로 이어 주기도 하고.

 어? 그건 또 무슨 뜻이죠?

 데이비드 쾀멘의 《진화를 묻다》[6]라는 책을 보면, 바이러스의 수평 유전에 대해 나와.

《진화를 묻다》, 데이비드 쾀멘 David Quammen , 2018

이 책에서 데이비드 쾀멘은 수평 유전자 전달 Horizontal Gene Transfer; HGT에 대해서 이야기해. 유전은 부모에게서 자식으로, 위에서 아래로만 이어지는 것이 아니라, 같은 세대에서 일어나기도 해.
대표적으로 세균은 '플라스미드'라고 하는 작은 여분의 DNA를 가지고 있는데, 이것들을 서로 주고받을 수 있어. 그래서 항생제 내성균이 하나라도 생기면 집단 전체에 그 유전자가 확 퍼지는 거지. 꼭 세균들만이 아니라 사람들 사이에서도 수평 유전은 일어나.
바이러스는 숙주 세포 안에 들어가서 숙주 세포의 DNA 속에 자신의 유전물질을 끼워 넣거든. 이 과정에서 종종 바이러스의 유전물질이 숙주의 DNA 안에 그대로 남기도 해. 연구에 의하면 인간 유전체에도 바이러스에서 유래한 부위가 무려 전체의 8퍼센트나 된다고 하지.

'감염 유전'이군요, 멋있어!

멋있다……. 그러면, 우리는 혈연으로 이어지지 않아도 함께 있는 것만으로도 유전적으로 이어지겠군요.

아, 그래서 부부나 애인이나 친구가 닮는 거구나.

우리도 오늘 하루 종일 같이 있었으니, 그만큼 닮아졌을 거야!

아, 정말 신기해요. 그럼, 이제 바이러스에 대한 마지막 질문을 해 볼게요.

Q6 : 코로나-19나 그와 유사한 변종 바이러스가 없어지지 않고 우리와 함께 살아간다면, 인간의 삶은 어떻게 바뀔까요?

코로나-19는 우리와 공존할 거야. 모든 바이러스가 그랬으니까. 역사적으로도 대부분의 바이러스는 처음에는 대규모 질병을 일으켜도, 점차 인간 집단 사이에 정착했어.

바이러스를 우리가 극복하느냐 마느냐는 그와 별개의 문제고, 모든 바이러스는 생겨나면 우리와 함께 살아가는 것 같네요.

감염자의 3분의 1이 죽어 나갔다던 흑사병으로부터도 인류는 회복했지. 보통 그렇게 자연적으로 회복하는 데는 3~5세대 정도의 시간이 걸린다고 해. 대강 150년 정도일까.

150년……. 그러면 우리가 사는 동안에는 코로나-19의 영향 아래에서 살게 되겠군요.

코로나는 치명률이 떨어지니 인구에 미치는 영향은 적을 거야. 하지만 세대가 변해도 바이러스와 함께하는 삶은 계속되겠지.

많이 회복되었다고는 하지만, 그래도 이후로 문화가 구석구석 많이 변했어요.

노동기관에서도 그때 매뉴얼을 정비하느라 바빴어요. 모든 조항에 코로나-19에 관한 것을 새로 넣어야 했어요. 콜센터에서 목소리가 잘 안 들린다고 마스크를 못 쓰는 것을 금지하는 조항도 넣고요. 특히 사람을 응대하며 살아야 하는 노동자들의 안전이 심각하게 위협받았으니, 어떻게 규격화할지가 중요한 화두가 되었어요.

아, 그랬구나.

코로나-19는 결국 누가 지금 시스템 안에서 더 위험한가를 계속 발견하게 했다고 생각해요. 안전망을 더 촘촘하게 만들어야 했지요. 아주 기본적으로는 방역을 위한 자가격리 기간만큼의 연차를 모두 쓸 수 있어야겠고요. 애초에 집에서도 근무가 가능하다는 걸 모두가 알게 되었잖아요.

맞아. 실은 오래전부터 가능했는데 습관의 문제였지. 나는 지방에 사는데, 나라 전체가 서울 중심으로 돌아가서 발생하는 비용이 너무 컸어. 사소한 일로도 기차를 타고 서울까지 와서 회의하고, 그러면 돌아오는 차는 없어서 숙박까지 하고 돌아와야 했단 말이지. 서울에서 여기로 올 수는 없냐고 하면 시간과 돈이 많이 들어서 안 된대! 아니, 그럼 내 시간과 돈은? 다행히 지금은 그런 회의가 대부분 화상통화로 바뀌었어.

코로나-19가 기술은 있었지만 차마 습관을 바꿀 수 없어 적용하지 못했던 것들을 촉발하는 방아쇠가 되었을지도 모르겠구나.

직원이 잠시 생각하다가 말했다.

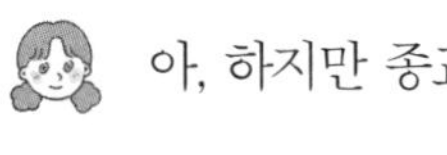 아, 하지만 종교 쪽에서는 그때도 잘 바뀌지 않았어요. 한창 코로나-19가 성행할 때도 교회 예배를 강행한 곳이 많았지요.

 사실 《스탠드》에서도 결국 사이비 종교 단체에서 전염병이 퍼져요. 컬트 집단 사람들은 전염병에 걸리는 것보다 종교 공동체에서 배제되는 것을 더 두려워하니까.

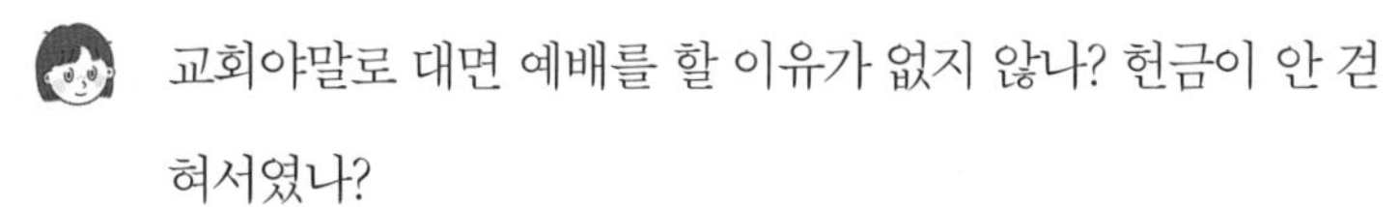 교회야말로 대면 예배를 할 이유가 없지 않나? 헌금이 안 걷혀서였나?

 응? 송금하면 되잖아요?

 아, 예전에는 오히려 대형 교회들이 송금을 받았거든요. 그런데 코로나-19가 퍼지니까 도리어 대형 교회들이 대면 예배를 강조했어요.

 네? 왜요?

 예전에 예배에 갈 수 없는데 송금하던 사람들은 열성적인 신도들이었거든요. 하지만 보통 사람들이 비대면으로 헌금하면서, 눈치 보여서 많이 내던 사람들이 돈을 줄여서 내기 시작한 거죠. 수익이 줄기 시작하니 대형 교회가 비대면 예배를 결사반대하게 된 거예요.

 아이고, 정말 과학도 믿음도 종교도 아니고 돈의 문제였구나.

 응. 그때 교육계와 회사는 오히려 돌아갔는데.

작가가 비가 쏟아지는 창밖을 보며 말했다.

전 세계적으로 비극적인 일이었지만……, 그래도 좋은 면을 생각해 보면 말이죠. 재택근무와 비대면 업무는 앞으로도 더 늘어났으면 좋겠어요. 코로나-19 때 장애인 고용이 급증했다는 기사를 보았어요.

아, 좋은 방향의 변화구나.

네, 충분히 가능하다는 이야기잖아요. 원격 업무를 늘려서 지방에서 사는 인구도 늘었으면 좋겠어요. 불필요하게 서울로 오가기 위한 시간과 자원을 줄이고, 고향을 떠날 이유도 줄이고요. 서울 집중이 해소되어야 공해도, 바이러스 전파도 줄어들고, 부동산 문제도 해결되고, 부동산으로 인한 가계 부채도 줄고, 많은 문제가 해결될 테니까.

나는 아이들이 낯선 이들을 너무 경계하지 않았으면 좋겠어. 그때도 중국인 입국을 거부해야 한다는 여론이 크지 않았니. 그렇게 해결될 문제가 아닌데 말이지.

맞아요. 그곳에 가 있는 무수한 기업들, 나라를 오가면서 일해야 하는 사람들, 수출과 수입 문제, 그 여파로 일어날 경제 대란으로 죽는 사람이 더 많아질 수도 있는데, 자기 집 문 잠그는 것처럼 간단히 생각하는 사람들이 많았죠.

한국도 가족과 친지에 대한 신뢰는 높지만 낯선 이에 대한 신뢰는 점점 낮아지고, 결국 차별과 혐오가 확산되는 듯해서 걱정이야. 원래도 단일민족 신드롬이 크고, 내 자식만 잘 되면 된다는 생각이 큰 나라기도 하고.

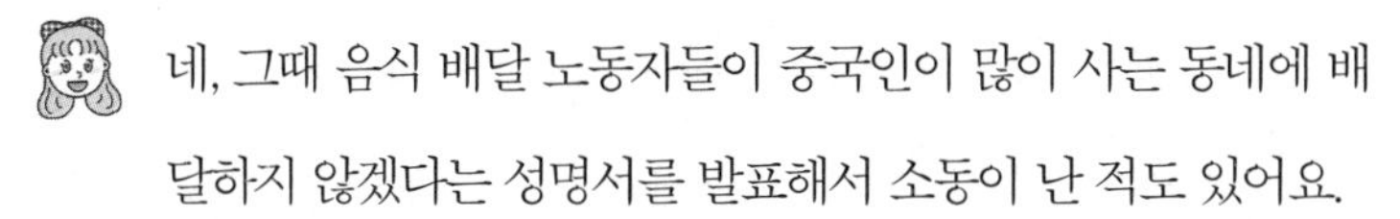

네, 그때 음식 배달 노동자들이 중국인이 많이 사는 동네에 배달하지 않겠다는 성명서를 발표해서 소동이 난 적도 있어요.

역사상 대부분의 나라에서 역병이 돌면 가장 먼저 외국인과 다른 지역 사람들을 배척하지. 더해서 나는 한창 성장기의 아이들이 가장 중요한 시기에 사람을 못 만난 채로 2년을 보낸 것도 걱정이야. 그것도 인생에서 지워지지 않겠지.

환대하는 마음을 갖고 안전한 세계를 만드는 것이 남은 과제가 되겠네요.

위험을 경계하면서도 일상을 함께 버텨 나가는 세상으로 잘 이행했으면 좋겠어요. 물론 죽은 사람들과 그 역사는 지워질 수 없겠지만요.

단결은 하, 하고 한숨을 쉬며 기지개를 켰다.

이제 《바람계곡의 나우시카》 이야기해도 되겠지? 그 책 보면서 팬데믹 이후의 삶에 대해 계속 생각하게 되더라고.

응. 거기 나오는 마스크처럼, 마스크 양쪽에 공기주머니 있으면 숨 쉬기 편할 거 같아. 그래, 감상이 어땠어?

그리고 남은 이야기

Q7 : 만약 '걸리면 사회적으로 유리해지는' 감염병이 돈다면 사회는 어떻게 대응하게 될까요?

그건 병이 아니잖아? 초능력이지.

그렉 카이저의 〈나는 불타는 덤불이로소이다〉[7] 떠오르네요. 듀나의 링커 우주 세계관 단편들도요.

작가의 SF talk!

〈나는 불타는 덤불이로소이다〉, 그렉 카이저 Greg Kaiser, 1982

주인공은 외계에서 불사 바이러스에 감염되어 죽지 않는 사람이 돼요. 그 바이러스가 죽었다 깨어날 때 퍼지고, 불사 바이러스에 감염되고 싶어 하는 사람이 많기 때문에, 주인공은 콘서트처럼 군중을 모아서 자살쇼를 주기적으로 벌여요. 그 몸에 사람들이 모여들어 물고 빨고 핥지요. 주인공은 그런 사람들에게 환멸을 느끼지요.

〈브로콜리 평원의 혈투〉[8], 듀나, 2011

지구에 온 기계생명체를 타고 인류가 우주로 진출할 수 있게 된 시대, 범우주 네트워크를 형성하는 '링커' 바이러스가 북한에서부터 퍼지는데, 이 바이러스는 숙주를 죽이기도 하지만 몸을 바꾸어 우주에서도 살 수 있게 해 줘요. 여기서 남한인 청수와 북한인 진호가 외계행성에서 만나요. 진호와 그 아이들은 바이러스로 외계행성에서 생존할 만큼 진화했지만, 아직 그 행성의 음식을 먹을 수 없었던 청수가 사람고기를 먹으려 들어서 둘은 필연적으로 부딪쳐요. 이 링커 바이러스는 듀나의 여러 단편에 등장해요.

그런 바이러스가 있다면 모두 바이러스에 걸리기 위해 노력할 테니 바로 온 인류의 진화가 일어나지 않을까요?

하지만 면역력이 있어서 안 걸리는 사람이 있겠지. 걸렸다가 면역력이 생겨서 능력이 늘어나지 않아서 억울해하는 사람도 있겠네.

아, 그러면 면역력이 있는 사람들이 소수자가 되어서 면역을 없애는 약을 맞을 수 있겠네요.

면역 억제제가 마약처럼 거래되고 그러다 부작용으로 다른 바이러스에 걸려 죽을 수도 있겠군.

그러면 백신은 도리어 무기가 될 수도 있겠네요!

어? 하지만 몸이 항체를 만드는 건 그 바이러스가 몸을 공격하기 때문이 아닌가요?

아니야. 항체는 모든 이물질에 대해서 만들어져. 그러니까 알레르기도 생기는 것이지.

오, 초능력 알레르기!

"제가 초능력 알레르기가 있어서……. 엣취!"

귀여워…….

Q8 : 로봇끼리도 접촉성 전염병이 생겨날 수 있을까요? 컴퓨터 바이러스 말고요.

철분이나 금속을 먹고 사는 세균이 생겨나 퍼진다면……? 그럴 수 있을까?

오히려 컴퓨터 바이러스여야 할 거 같은데요. 사물인터넷을 통해 접속된 가전제품이 같이 감염될 수 있겠지요.

컴퓨터 바이러스라면 접촉이 아니라 인터넷이 문제겠네. 그러면 방역하려면 무선 연결을 끊어 버려야겠군. 그런 전염병이 도지면 다시 아날로그적인 세상이 되려나?

아아, 인터넷에 접속하지 않아도 돌아가는 가전로봇들이 방역을 위해 인터넷을 강제 차단하고 살아가는 거군요. 검색도 못 하고 다른 로봇보다 현저하게 능력이 떨어지지만 안전한 로봇……. 귀여워…….

정말로 단결 씨는 온 세상을 귀여워하시네요.

너무 귀엽잖아요. 나중에 그 애들이 세상을 구하겠지요?

스티븐 킹이 핸드폰을 너무 싫어한 나머지 《스탠드》와 거의 비슷한 구도로 《셀》[9]이라는 작품을 쓴 적이 있지. 핸드폰으로 바이러스가 감염되는 바람에 핸드폰을 안 쓰는 사람만 살아남는 세계였어.

으아, 그건 무섭네. 스즈키 고지 원작의 영화 〈링〉[10]도 그래서 무섭잖아. 집집마다 TV가 있는데 사다코 귀신은 TV에서 나오니까.

하지만 이제 비디오 없어져서 사다코 죽었을 거야…….

어차피 계속 복사하다 보면 화질이 열화되었을 테니까…….

저런. 비디오의 쇠락이 가져온 귀신의 종말.

ㅇㄱㄹㅇ ㅂㅂㅂㄱ네요.

그건 또 뭐야?

어? 어? 그러니까……, ……이거레알반박불가…….

…….

…….

하하하.

공포의 새로운 차원을 선보이다,

스티븐 킹 1947~

호러의 왕King of Horror이라는 별명으로 불리는 호러의 거장이자, 초자연, 서스펜스, SF, 환상소설의 거장. 극작가이자 감독이기도 하다. 어릴 때부터 글을 썼고 1974년에 발표한 첫 장편소설 《캐리》로 이름을 알렸다. 40여 년간 500여 편의 작품을 발표했고 33개 언어로 번역되었으며 3억 5000만 부가 넘게 팔렸다. 쓰는 거의 모든 책이 전 세계적인 베스트셀러가 되며, 명실공히 세계에서 가장 유명한 작가 중 하나다. 그의 작품의 전반적인 특징은 기이하고 초현실적인 상황이 일어나는 가운데, 미국 하층민의 삶을 탁월하리만치 현실적이고 생생하게 묘사하는 것이다.

여섯 차례의 브램 스토커상, 여섯 차례의 호러 길드상, 다섯 차례의 로커스상, 세 차례의 세계 판타지상, 오 헨리상, 휴고상 등을 받았다. 2003년에 호러작가협회로부터 종신기여상과 전미도서상 평생공로상을 받았으며, 2014년에는 국가예술훈장을, 2018년에는 PEN아메리카에서 수여하는 문학공로상을 받았다.

8장

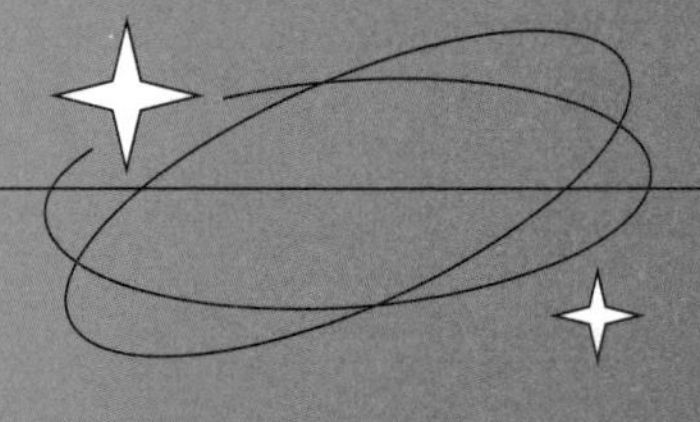

다 함께, 지치지 않고 환경을 회복하기

미야자키 하야오의 《바람계곡의 나우시카》, 그리고 지구와 인간

양갱이 움찔움찔 수건에서 빠져나와 꼬리를 바르르 떨며 기지개를 쭉 켰다. 백설기도 수건이 갑갑한지 움찔거리며 몸을 빼냈다. 둘은 수건을 이불 삼아 푹 파묻혔다. 백설기는 자리에서 몇 바퀴 뱅글뱅글 돌다가 복슬복슬한 하얀 공 모양이 되어 누웠고, 양갱이 그 위에 고개를 얹고 고로롱대며 누웠다.

직원이 아래층에서 새로 갓 구운 쿠키와 음료수를 쟁반에 담아 들고 왔고, 학자를 위해서 맥주를 한 캔 더 가져왔다. 학자는 새 맥주를 보고 '호호' 하며 좋아했다. 넷은 소파를 등지고 바닥에 모여 앉아서 이야기를 시작했다.

자, 어서 《바람계곡의 나우시카》[1] 만화책을 본 소감을 털어

놓아라. 오호홍, 오호홍.

작가가 방긋방긋 웃으며 말하자 단결이 말했다.

한 서른 번은 울었어……. 한 세 번 정도는 빼애——앵 하고 울었고…….

그럴 줄 알았어! 이 책 단결이 눈물 버튼이라니까.

전에 손녀한테 나우시카 애니메이션 틀어 주고 주말 내내 여섯 번 본 적이 있지. 애가 보고 보고 또 보더구나. 2012년생에게도 통하는 1984년의 감성이라니.

오오, 뿌듯하군요.

하하, 꼭 작가 씨가 만든 것처럼 뿌듯해하시네요.

이거, 만화가 원작이겠지? 애니메이션은 나도 알고 있었는데, 만화가 훨씬 더 이야기가 풍성하고, 나우시카가 훨씬 더 복합적인 인물이더라고. 아 또 눈물 나네.

아, 아니야. 젊은 미야자키 하야오가 나우시카 애니메이션을 제작하려고 했더니, 그때는 일본이 원작이 없는 애니메이션을 만드는 분위기가 아니어서 제작사가 안 된다고 했대. 그래서 미야자키가 '응? 그러면 원작 만들지 뭐' 하고 애니메이션과 동시에 만든 작품이야.

오오, 존경한다.

오. 《2001 스페이스 오디세이》 같네.

응, 그것도 영화와 소설이 동시에 진행됐지? 아서 C. 클라크가 스탠리 큐브릭Stanley Kubrick과 영화 대본을 공동집필하면서 소설도 동시에 썼지.

저도 애니메이션만 보고 만화는 아직 안 봤는데, 소개해 주시겠어요?

작가의 추천 도서

《바람계곡의 나우시카》, 미야자키 하야오 宮崎 駿, 1984

애니메이션과 만화, 둘 다 미야자키 하야오 작품이죠.
전쟁이 끝난 뒤 세상은 오염되어요. 인간은 '부해'라는 오염된 숲에서 날아온 독한 포자와 거대한 벌레 무리 '오무'의 위협 속에서 근근이 살아가고 있어요. 대기가 독성물질로 가득해서, 바람이 늘 불어 주는 바람계곡 같은 곳 이외에서는, 마스크를 안 쓰고 공기를 들이마시는 정도로도 사망하고 마는 세상이에요. 오무는 부해의 수호자인데, 인간이 부해를 없애려 하면 몰려와서 공격하고, 오무가 죽으면 그 시체에서 다시 부해가 퍼져요.
사람들은 부해와 오무가 인간의 위협이라고 생각하고 없애고 싶어 해요. 하지만 주인공 나우시카는 벌레를 비롯한 모든 생물을 사랑하고, 그러다 보니 오무와 부해의 아름다움에도 이끌리는 강하고 다정한 공주님이에요. 그러다가 나우시카의 마을이 전쟁에 휘말리면서 나우시카도 전쟁에 휘말리게 되죠. 그러면서 차츰 부해의 비밀이 밝혀지게 돼요. 부해는 사실 오염을 자기 몸 안으로 받아들여서 정화하는 숲이라는 사실이.

단결은 들으면서도 감동이 몰아치는지 훌쩍였다.

읽으면서 언니와 나중에 이 만화 이야기해야겠다 생각하면서 읽었는데 나중에는 점점 그 모든 게 흐려지더라고…….
'크샤나 황녀가 짱이라고 해야지!' '서로 이해하는 이야기 최고라고 해야지!' '책임을 감내하는 건 너무 아름답고 괴롭다고 말해야지…….'

계속해 줘. 더. 더.

작가가 제 자리에서 폴짝폴짝 뛰며 눈을 반짝였다.

애니메이션은 전에 봤는데 만화책이 훨씬 훨씬 훨씬 더 좋았어. 애니도 물론 좋지만 말야. 애니메이션에서 나우시카는 훌륭하고 선하고 완전한 사람인데, 만화에서는 그 선함 때문에 악을 필연적으로 저지르고, 그 악함을 최선을 다해 책임지고 거기서 물러나지 않는 사람이더라. 결국 우리 삶은 생존하기 위한 끊임없는 타협이라는 걸 받아들이는 인물이었어. 그래서 사람들도 자연도 모두 나우시카 앞에선 가장 사랑스러운 민낯을 드러내는 모습이…….

단결은 다시 또 훌쩍였다. 직원이 익숙한 태도로 휴지를 건네줬고, 단결이 코를 팽 풀었다.

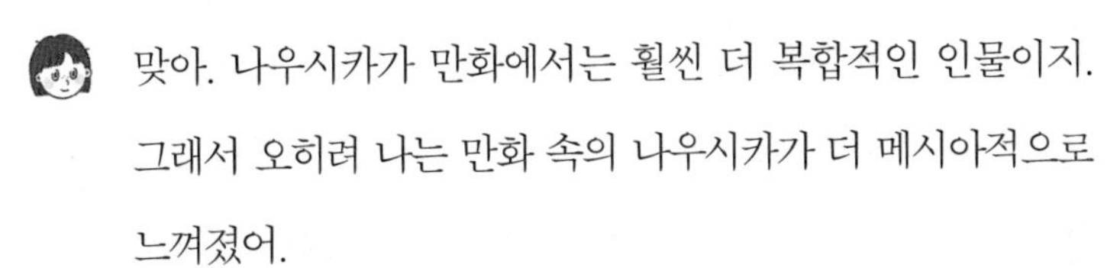

맞아. 나우시카가 만화에서는 훨씬 더 복합적인 인물이지. 그래서 오히려 나는 만화 속의 나우시카가 더 메시아적으로 느껴졌어.

나오는 사람들이 다 너무 귀여웠어. 오마도 승병들도 황제도 크샤나도 그 오빠들도 모두. 추하고 더러운 뒷면에 있는 가장 사랑스러운 민낯이 드러나는 모습이 정말 좋고 매우 슬펐고 아름다웠어. 그리고 그런 과정이 결국 서로를 이해하는 매개체가 된다는 거 말이지. 우리는 사실 서로를 정말로 이해하는 게 불가능한데, 《바람계곡의 나우시카》는 그것을 보여 줘서…….

그리고 《스탠드》보다 더 마스크의 중요성을 강조해…….

단결은 훌쩍이다가 바닥에 뒤집어져서 깔깔 웃었다.

맞아, 맞아.

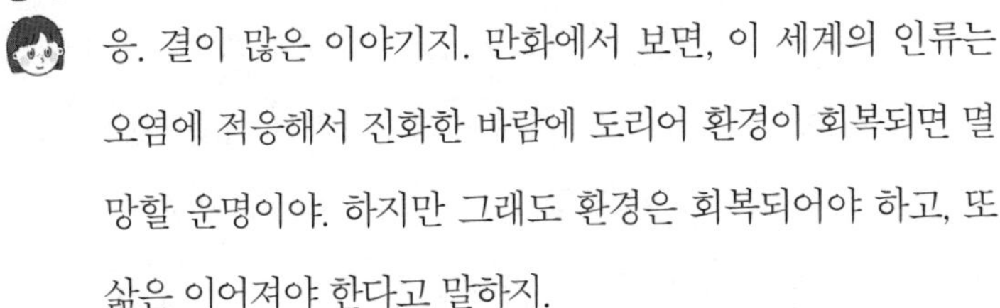

응. 결이 많은 이야기지. 만화에서 보면, 이 세계의 인류는 오염에 적응해서 진화한 바람에 도리어 환경이 회복되면 멸망할 운명이야. 하지만 그래도 환경은 회복되어야 하고, 또 삶은 이어져야 한다고 말하지.

'염화'라는 장치가 정말 여러 생각을 하게 하더라. 마음에 직접 말을 전하는 능력 같은 거지? 자연이 우리에게 직접 말을 걸어오는 건 가능하지 않은데, 그걸 가능하게 하는 설정이잖아. 서로를 온전히 이해할 수 있게 해 주고, 서로의 정서까지 전달받으며 감화되는 과정이…… 비인간적으로 좋았어.

난 도르크의 황제 미랄바가 성불하는 모습도 좋았어. 황제는 나우시카 입장에서는 적이고 원수인데, 무찌르는 대신 성불시키지. 그것을 신하가 보며, '그렇게 업이 많은 분이 성불하다니, 기적이다…….' 하며 눈물을 흘리는 부분도 놀라웠어.

응. 황제가 사랑스러워지는 부분에서 정말 너무 감탄했어. 또, 나우시카가 너무 대단해서 미묘하긴 하지만 크샤나가 현실적인 인물 중에서는 먼치킨 아니야?

맞아. 완벽한 여성 캐릭터를 둘이나 창조했지. 이 남자가.

그 말에 단결은 깔깔 웃었다.

크샤나야말로 만화에서 훨씬 복합적이지? 아, 크샤나는 오무와 부해를 없애려고 하는 군사 국가 토르메키아 왕국의 황녀예요. 애니메이션에서는 나우시카와 대립하는 역할에서 끝나지만, 만화에서는 나우시카와 다양하게 협력하는 카리스마적인 지도자로 성장하지요.

하하, 나는 손녀와 애니메이션을 하도 봐서 나우시카 성우 목소리가 지금도 귓가에 맴돌아.

네, 애니메이션 결말도 좋아요. 그것도 다른 의미로 완벽하지요.

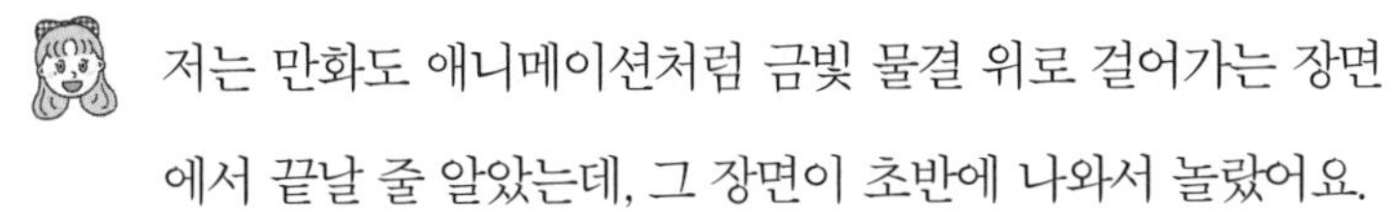

저는 만화도 애니메이션처럼 금빛 물결 위로 걸어가는 장면에서 끝날 줄 알았는데, 그 장면이 초반에 나와서 놀랐어요.

응. 만화에서는 예언이 원래부터 전해져 내려온 것이 아니라, 예언자가 나우시카가 오무의 촉수로 이루어진 금빛 물결을 걷는 모습을 보고 예언을 만든 것이니까. 그래서 비슷한 일이 마지막에 한 번 더 일어나지.

그리고 물건 디자인이 모두 너무나 독창적이어서 경이로웠어.

마스크도.

맞아요, 마스크도.

셋은 동의하며 고개를 끄덕였다.

영상매체에서 마스크를 쓰는 세계관을 만들었다는 것도 놀라웠어요. 보통 영상에서는 얼굴을 절대로 가리지 않잖아요. 이 만화에서는 모두 마스크를 쓰고 있어서 중간중간 자신이 누군지 밝히는 장면이 나와요.

그리고 전에는 몰랐지. 마스크를 벗을 때 나우시카가 "대기가 달콤해……"라고 하는 말이 무슨 뜻인지. 이제 나도 알아…….

아, 그거 슬프구나.

아, 마스크라고 하니까, 김초엽 작가의 《지구 끝의 온실》[2]과

김효인 작가의 〈우주인 조안〉[3] 생각나네요. 오늘 황사가 몰아치는 풍경을 보면서도 떠올린 작품이지만.

작가의 SF talk!

《지구 끝의 온실》, 김초엽, 2021

자가 증식하는 먼지 '더스트'로 인해 멸망한 시대, '모스바나'라는 독성도 있고 작물을 파괴하는 잡초가 창궐해요. 하지만 알고 보니 이 귀찮은 잡초가 더스트의 증식을 막아 주고 있었죠. 이 식물을 중심으로 식물 생태학자 아영, 더스트 내성이 있는 나오미와 아마라, '프림 빌리지'라는 대안공동체의 지도자 지수, 그리고 온실에서 덩굴식물을 만드는 레이첼의 삶이 얽히는 소설이에요.

〈우주인 조안〉 김효인, 2019

미세먼지가 너무 심해진 미래, 헬멧과 우주복을 입고 타인과 접촉하지 못하고 사는 사람들은 C(Clean)라고 불리면서 100세 이상 살고, 그런 방역을 할 돈이 없는 사람들은 N(No Clean)이라 불리고 그냥 자유롭게 살다가 30세 이전에 일찍 죽어요. 시한부 판정을 받은 C와 곧 죽을 운명이지만 자유롭게 사는 조안이 만나요. 서로 만질 수는 없지만…….

오, 아름답네……. 저 유명한 조반니 보카치오의 《데카메론》[4]도 흑사병을 피해 자가격리를 하던 사람들이 심심해서 이야기를 나누는 책이지?

《데카메론》, 조반니 보카치오 Giovanni Boccaccio , 1350~1353

중세시대에, 흑사병을 피해서 피렌체 교외 별장에 열 명의 귀족 남녀가 모여요.
격리되어 할 일이 없었던 이들은 열흘간 이야기를 나누며 시간을 죽이기로 해요. 《데카메론》에는 그들이 나눈 이야기 100편이 모여 있지요. 역병이 퍼져 격리된 상황에서도 긍정적인 태도를 잃지 않았다는 점에서 코로나-19 시대에 회자되었던 작품이에요.

꼭 지금 우리 같네요!

그러게. 이것도 일종의 작은 '데카메론'이려나?

사람 넷과 고양이 두 마리의 데카메론…….

귀엽네요, 그렇죠?

학자는 제 앞에 놓인 마지막 맥주를 꺼내 '치익' 하고 땄다. "데카메론의 사람들처럼, 나도 즐거움을 잊지 말아야지" 하면서.

Q1 : 《바람계곡의 나우시카》처럼 식물로 오염을 정화할 수 있을까요?

사실 말하면, 나는 부해 식물이 오염물질을 빨아들여 정화하는 것까진 이해가 되는데, 어떻게 식물이 모래가 되어 부스러질 수 있는지 고민하느라 감상의 때를 몇 번 놓쳤어.

앗!

그러면 정화는 가능하다는 건가요?

직원이 학자 옆에 바짝 다가가 앉으며 물었다.

응. 보통 생물들은 토양이 중금속으로 오염되면, 그걸 빨아들여서 자기 몸에 축적해서 토양을 정화하거든.

오오, 나우시카 이야기가 과학적이었군요.

작가와 단결도 바짝 다가가 앉았다.

지금도 그걸 특히 잘하는 식물들을 골라서 토질오염이 심각한 곳에 심어서 환경을 회복하지. 호랑버들이 그중 특히 유명해. 물론 오염 종류에 따라 잘 빨아들이는 식물이 달라. 카드뮴이나 아연은 호랑버들이 탁월하고. 비소와 같은 중금속은 송엽국이 잘 빨아들이고.

하지만 모래로 변하지는 않는다는 말이죠?

그야, 모래는 광물이니까…….

앗…….

식물이 풍화되어 그런 모습이 되었을 가능성은 없나요?

식물 사체일 수도 있지 않나요?

단결과 작가가 다투어 물어보았다. 학자가 하하, 웃으며 맥주를 꼴깍 마셨다.

풍화된 잔해거나 사체일 수도 있겠지만, 그렇게 바로 청정해지지는 않을 거야. 왜냐하면 오염을 빨아들인 식물은 나중에 베어서 태워서 폐기하거든. 식물에서 다시 오염이 퍼질 수 있으니까.

아……. 만화에서처럼 바로 깨끗해지지는 않는군요.

단결이 살짝 실망하며 말했다.

중금속은 식물 안에 그대로 남는다는 뜻이군요. 땅에서 뽑아 올리기만 하는 거죠?

응. 변화시킬 수는 없고 제거하는 거지. 흘린 커피를 휴지로 흡수하듯이. 커피는 여전히 휴지 안에 있는 거지.

식물을 태울 때 괜찮나요? 연기에서 오염이 퍼져 나갈 수도 있잖아요?

그건 오염물질 종류에 따라 다르겠지. 연기가 모두 오염물질은 아니야. 그리고 어차피 식물을 그대로 두면 한계가 와. 어느 이상은 빨아들일 수 없다는 뜻이지. 충분히 오염을 빨아들인 식물은 제거해서 안전하게 태운 뒤, 다시 식물을 심기를 반복해야지.

맞다. 저는 전에 레이첼 카슨Rachel Carson의 《침묵의 봄》[5]이라는 책에서 '생물 농축'에 대해 읽은 적이 있어요. 오염된 미생물을 물고기가 먹으면 그 오염이 커지고, 그 물고기를 사람이 먹으면 또 더 커진대요. 오염이 사라지지 않고 계속 남기 때문에. 정말 무서웠어요.

그래, 그거 무섭지.

학자의 과학 talk!

생물 농축biomagnification

먹어서 몸에 들어온 것이 분해되지 않고, 먹이사슬 위 단계로 갈수록 계속 쌓이는 현상을 말해. 보통 먹이사슬 단계가 하나씩 높아질 때마다 화학물질이 열 배 이상 농축되니까……, 처음에는 적은 농도였어도, 마지막 포식자의 몸에는 치명적인 수준의 양이 쌓일 수도 있어. 그리고 인간은 보통 최종 포식자지.

최초의 생태학 소설로 분류되는 대하소설 《듄》도, 프랭크 허버트가 미국 오리건주 사막에서 모래사초를 심어서 사막화를 막는 장대한 풍경을 보고 감동받아서 쓰기 시작했다고 하지요. 그런 식으로 생물로 오염을 정화하는 예시가 더 있나요?

사막화로 심하게 건조된 곳은 땅에 소금기가 많아서 식물이 잘 자라지 않아. 그래서 '염생식물'이라는 소금에 강한 식물을 심지.

학자의 과학 talk!

염생식물

바닷가나 갯가처럼 염분이 많은 곳에서도 잘 자라는 식물을 말해. 나문재, 퉁퉁마디, 천일사초, 통보리사초, 왕잔디, 버들명아주, 갯보리, 갯강아지풀, 밀사초⋯⋯ 등등 많지.

요즘에는 플라스틱 먹는 밀웜도 찾아내었지.

학자의 과학 talk!

플라스틱을 먹는 밀웜

밀웜은 딱정벌레에 속하는 갈색거저리의 애벌레야.
플라스틱을 분해하는 건 정확히 말하자면 밀웜 그 자체가 아니라, 밀웜의 소화기관에 공생하는 박테리아야. 이 박테리아는 스티로폼을 분해해서 생분해가 가능한 안전한 탄소화합물로 바꿔서 배출할 수 있어. 어차피 플라스틱도 고분자 탄소화합물이거든.
밀웜은 게다가 먹을 수도 있어서, 한국에서는 '고소애'라는 이름으로 식용으로도 팔려. 밀웜mealworm이라는 이름도 먹을 수 있는 벌레라는 뜻이지. 서구에서는 우주 식량으로도 연구하고 있대.

밀웜 외에도 더 있어. 1974년에 플라스틱의 하나인 폴리에스테르를 분해하는 곰팡이가 처음 발견된 이래로, 최근까지 약 400여 종이 넘는 플라스틱 분해 미생물이 발견되었지.

오, 멋있어! 상용화되지 않는 이유가 있나요?

신기술이 다 그렇듯이 보통 비용 문제지. 게다가 미생물마다 분해할 수 있는 플라스틱의 종류가 한정되어 있거든. 밀웜도 스티로폼밖에 분해하지 못하니까 상용화하려고 해도 아주 철저한 쓰레기 분리수거가 필요할 거야.

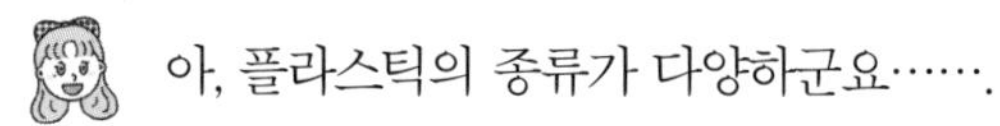

아, 플라스틱의 종류가 다양하군요…….

단결이 한숨을 푹 쉬었다.

우리가 버리는 플라스틱이 거의 재활용되지 않는다는 말도 들었어요. 철저하게 분리해야 겨우 가능한데 그러기가 쉽지 않다고요.

그렇지. 단순한 제품도 라벨이 접착체로 붙어 있고, 복잡한 제품은 온갖 다른 플라스틱 부품이 합쳐져 있으니까.

결국 플라스틱 분해는 어려운 걸까요…….

그러게요. 저는 바다 한가운데 남한 면적 몇 배 크기의 플라스틱 대지가 생겼다는 말을 들었는데 말이죠.

단결의 사회 talk!

플라스틱 섬

지구의 해류가 순환하는 곳을 '자이어'라고 해요. 그런데 지구의 다섯 개 자이어 중 두 곳에 이미 거대한 플라스틱 섬이 생겼다더라고요. 그리고 그 근처 섬에 사는 사람들은 나라가 플라스틱에 뒤덮인 채로 살고 있다고 해요.

단결이 스마트폰으로 사진을 찾아 보여주자, 모두 경악하고 말았다.

너무 많아……. 밀웜을 얼마나 풀어야 저걸 다 먹을 수 있는 걸까요?

정세랑 작가의 〈리셋〉[6]에 나오는 거대 지렁이라도 만들어야 할 것 같아!

작가의 SF talk!

〈리셋〉, 정세랑, 2017

어느 날 하늘에서 거대 지렁이가 내려와 인류를 멸망시키기 시작하는 재난 소설이에요. 화자는 인류가 자원을 고갈시키고 쓰레기를 양산한 것을 생각하면, 늦기 전에 제때 왔다고 말하지요.

저도 가능하면 플라스틱을 덜 쓰려고 하는데, 일상이 너무나 플라스틱으로 돌아가서 답이 안 나올 때가 있어요. 비닐을 버리려고 해도 비닐이 필요하니까…….

응. 플라스틱 시대Age of Plastic 라는 말이 괜히 나온 것이 아니지. 수전 프라인켈의 《플라스틱 사회》[7]라는 책은 이런 에피소드로 시작해.

학자의 과학 talk!

《플라스틱 사회》, 수전 프라인켈Susan Freinke, 2011

저자가 플라스틱 없는 삶을 살아 보려고 당차게 마음을 먹고 일어나. 하지만 다음날 일어나서 쓴 안경이 플라스틱이었고, 안경을 벗고 화장실에 갔더니 변기 뚜껑이 플라스틱이었고, 옷을 입으려고 했더니 역시 플라스틱이었어. 물을 먹으려고 했더니 역시 플라스틱 통에 있는 거야. 그래서 한 시간 만에 포기하고 하루 종일 플라스틱을 몇 종류나 쓰는지 일일이 기록했더니 미국인 평균 하루 사이에 197가지의 플라스틱을 접한다고 했지.

아, 우린 망했나 봐요.

직원이 시무룩해져서 어깨를 축 늘어뜨렸다.

플라스틱은 왜 이렇게 분해가 안 되는 걸까요?

플라스틱을 먹는 분해자가 없으니까.

왜 안 먹는 거죠?

분해자가 생물의 사체 같은 물질을 분해하는 것은 그 과정에서 에너지가 생겨서 그것을 이용해서 살 수 있어서야. 그게 바로 '썩는' 것이지. 그런데 플라스틱은 분해해서 에너지를 얻기 쉽지 않아. 그러니 쌓이기만 하는 거지.

어, 그러면 밀웜 속 박테리아 같은 것은요?

돌연변이지. 자연이 인간의 잘못을 대신 수습하는 셈이지만, 아직 숫자가 적지.

우리가 엄청 맛없는 걸 만들어 버린 거구나. 미안해, 분해자들아…….

단결이 시무룩해져서 말했다.

하지만 자연의 기본은 순환이야. 이 플라스틱이라는 인공 탄소화합물을 분해해서 자연으로 자연스럽게 돌려보내는 방법을 알아내지 못하면……, 그래서 그들이 생태계 순환 시스템 안으로 들어가지 못하면, 생태계는 균형이 깨져서 결국 무너지고 말 거야.

그 말에 모두 조용해졌다.

Q2 : 환경을 조금이라도 회복할 방법은 없을까요?

셋은 침묵하며 서로를 바라보았다.

 무너지나요?

 무너지면 어떻게 되죠? 빙하기가 올까요?

 아, 그렇지. 빙하기는 지구 입장에서는 목욕 같은 거 아닐까?

 목욕?

작가가 번뜩 생각난 듯 말하자 단결이 눈을 동그랗게 떴다.

지구가 "아이고, 지저분해! 몸에 귀찮은 생물이 너무 많아. 좀 씻어야겠다!" 하고 깨끗이 탈탈 털면서 목욕하는 거지. "어어, 시원하다!" 하면서.

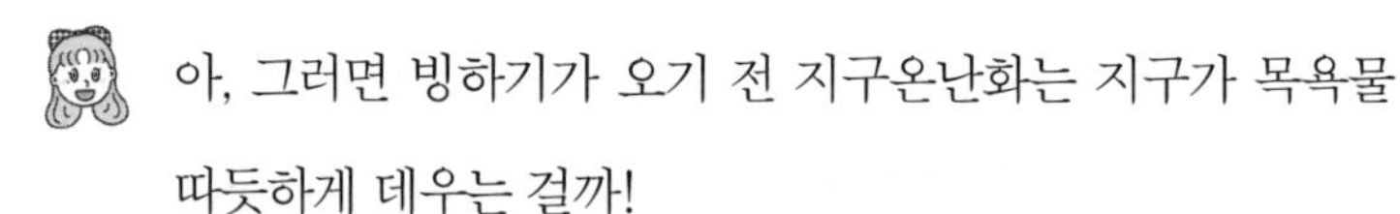

아, 그러면 빙하기가 오기 전 지구온난화는 지구가 목욕물 따듯하게 데우는 걸까!

따끈하게 물 데우고, 해수면 상승에 의한 대홍수로 온탕 목욕을 한 뒤에! 이어지는 빙하기로 냉탕 목욕을 하는 거지!

 시원하겠네! 때밀이도 싹싹 하고!

그 말에 학자가 맥주를 뿜으며 웃었다.

인간은 꼭 바이러스 같지? 지구라는 숙주에서밖에 살 수 없는데, 그 숙주를 지키지 못하고 죽여 버리고 마는 거지. 하지만 바이러스와 달리 우리에겐 옮겨 갈 숙주가 없는데 말이야. 우리는 하나뿐인 숙주를 죽이는 어리석은 돌연변이 바이러스지. 자기 생명도 못 지키는.

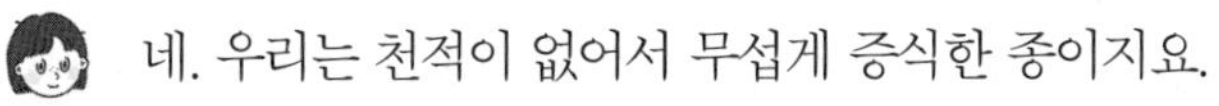

네. 우리는 천적이 없어서 무섭게 증식한 종이지요.

아, 맞아. 호주에서도 이주민이 사냥놀이를 하면서 풀어놓은 토끼 열세 마리가, 토끼 포식자가 없는 호주 생태계에서 무한히 증식하는 바람에 지금은 2억 마리까지 늘었다고 해. 토끼가 너무 늘어서 호주에서는 환경 문제라지.

그래. 농업혁명 이전의 전 세계 인구는 500만 명쯤이었다고 하지.

그게 원래 인류의 적정 숫자였을지도 모르겠어요. 자연과 조화를 이룰 수 있었던 숫자였을 거예요. 하지만 우리는 그 이상의 인류가 살 수 있는 문명을 만들어 버렸어요. 보통 한 종이 이렇게 증식했을 때는, 그게 인간이 아니더라도 생태계가 파괴되고요. 호주에서 늘어난 토끼처럼요. 그리고 그 과도한 증식의 결말은 생태계 파괴에 의한 그 종의 소멸이고.

하지만 그 종이 소멸한 뒤에는 다른 종이 만들어지고, 환경도 되살아나지. 페름기 대멸종 이후에도 지구는 다시 회복했고, 다른 종이 생겨나 번성했잖아.

학자의 과학 talk!

페름기—트라이아스기 대멸종

페름기와 트라이아스기 사이에 일어난 사건으로, 지구 생물의 96퍼센트가 절멸한 최악의 대량 멸절이었지. 대략 2억 6000만 년 전에서 2억 5000만 년 전까지, 1000만 년에 걸쳐 두 번의 대량 멸종이 있었다고 해. 학자들은 화산 폭발로 인한 극심한 온난화, 이산화탄소 과다 누출, 해양 산성화 등이 원인이라고 보고 있어. 원인만 다르지 상황은 어째 지금과 비슷한 면이 있지? 이로 인해 바다를 가득 채웠던 삼엽충은 모두 멸종했고, 고생대가 끝나고 중생대가 시작되었어.

그런 최악의 대량 멸종 속에서도 생명은 살아남았어. 어쩌면 우리는 1000만 년 같은 긴 시간을 지켜볼 수가 없어서 계속 종말에 대해 말하는 걸 거야. 하지만 지구의 역사에서 종말은 온 적이 없지. 변화가 있었을 뿐.

그렇군요. 우리가 사라져도 어차피 다른 생물이 나타나겠군요! 지구는 괜찮을 거야!

단결이 두 손을 불끈 쥐고 좋아하자, 학자가 맥주를 마시며 잠깐 생각하더니 말했다.

물론 잘못해서 지구가 아예 금성처럼 될 수도 있겠지만.

학자의 과학 talk!

금성의 변화

금성은 지구보다 태양에 더 가까우니 좀 덥기는 해도, 아득한 옛날에는 액체 상태의 물이 있을 만큼 지구와 비슷한 환경이었다는 가설이 있어. 그러다 갑작스러운 대규모 화산 폭발로 인해 대기 중 이산화탄소 농도가 급격히 높아졌어. 온실효과로 기온이 올라가면서 바위가 더 많이 녹고, 그러면서 이산화탄소가 더 많이 누출되는 일이 반복되며, 현재는 표면 기온이 섭씨 400도가 넘는 태양계에서 가장 뜨거운 행성이 되었다고 하지.

셋은 다시 또 조용해졌다.

희망적인 말씀만 하는 경우는 절대로 없으시네요…….

하하, 잘 안될 가능성은 늘 있으니까.

직원은 걱정이 가득한 얼굴로 물었다.

어떻게 방법이 없을까요? 플라스틱을 줄일 수는 없을까요? 이미 생겨난 플라스틱은 사라지지 않는다고 해도요.

간단하지 않겠지. 일단 익숙해지면 포기하기가 쉽지 않은 법이니까.

몇 나라에서 비닐봉지를 아예 중지하는 정책을 쓴다는 기사는 봤어요. 케냐에서는 2018년부터 비닐봉지를 쓰면 징역까지 살 수 있는 강력한 법을 제정했다고 해요. 케냐는 자연을 이용한 관광이 국가 산업이라서, 환경 보호가 무엇보다도 중요하다고 생각한 거죠. 인도에서도 2022년부터 일회용 플라스틱을 엄격하게 제한하기로 했다고 해요. 전에 인도에서 물건을 사니까 바나나잎으로 싸 주더라고요.

오, 바나나잎! 좋네.

국가가 나서 주면 좋겠어요. 자연스럽게 바뀌기는 쉽지 않으니까.

응. 국가가 그러기를 요구하는 시민운동도 필요하겠지.

단결은 곰곰 생각해 보다가 물었다.

 혹시 플라스틱을 에너지원으로 쓸 수는 없을까요?

 가능하기는 하지, 플라스틱이 대부분 석유에서 합성한 탄소 고분자 화합물이니까.

 오, 가능하군요!

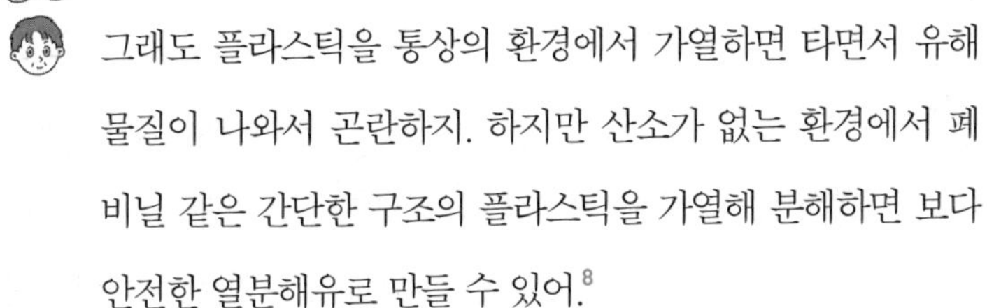 그래도 플라스틱을 통상의 환경에서 가열하면 타면서 유해 물질이 나와서 곤란하지. 하지만 산소가 없는 환경에서 폐비닐 같은 간단한 구조의 플라스틱을 가열해 분해하면 보다 안전한 열분해유로 만들 수 있어.[8]

 혹시 휘발유차 대신 전기차를 쓰면요?

 전기를 무엇으로 만드느냐에 따라 다르겠지. 만약 석유연료 안 쓰는 자동차를 만든다고 하면서, 그 전기를 화력발전으로 생산한다면 결국 조삼모사겠지. 게다가 전기차가 주로 쓰는 리튬이온배터리도 독성이 어마어마하니까.

 석탄이나 석유 계열은 다 비슷해서 말이지요…….

 아, 그래서 원자력이 오히려 친환경적이라는 말도 나오는 걸까요?

 단순히 탄소 배출량만 생각하면 그렇지만, 원자력은 기본적으로 방사능 폐기물이 나오는 데다 멜트다운해 버리면……, 그러니까 냉각 장치가 정지해서 녹아 버리면 돌이킬 수 없는 환경 재앙이잖아요.

단결과 직원과 작가는 아, 하고 탄식하며 머리를 싸매었다.

아, 프로메테우스 왜 인간에게 불을 줘서. 신들이 화나서 간 쪼아 먹을 만하네.

원자력은 안전성 문제가 크지. 그래서 원자력을 없애는 나라도 많아. 독일은 2023년 원자력 발전소 가동을 중단했지만, 큰 혼란은 없었어.

에너지원을 무엇으로 바꾸려 해도 기존 시스템에는 거기에 매달려 돌아가는 경제와 매달려 먹고사는 사람들이 있어서 어렵다고 들었어요. 석유도 석유 재벌들이 지키고 있어서 대체되지 않는다고요.

화석연료를 전혀 쓰지 않아도 인간이 먹고사는 과정에서 온실가스는 생겨나. 식량을 생산하려고 숲을 밀거나 경작지를 만들 때도 그렇고. 애초에 사람들이 좋아하는 고기, 유제품, 쌀은 생산 과정에서 메탄가스가 엄청나게 발생하거든. 간단한 문제는 아니야.

그냥 인간이 친환경적이지 않네요…….

그래도 포기하지는 말아야지. 내가 빌 게이츠의 책을 소개해 볼게.

《빌 게이츠, 기후재앙을 피하는 법》[9], 빌 게이츠 Bill Gates, 2021

마이크로소프트의 창업주 빌 게이츠가 명확하고 구체적으로 계획을 잡고 쓴 책이지.
인류는 지금 매년 510억 톤의 온실가스를 배출하고 있어. 빌 게이츠는 수년 내로 온실가스를 '줄이는' 것이 아니라 '0'으로 만들어야 한다고 말해. 인류가 '탄소 제로'에 이르러야만 한다고. 그러지 못하면 앞으로 10~30년만 지나도, 코로나-19 팬데믹 규모의 재난이 10년에 한 번 오는 것보다 세상이 훨씬 더 안 좋아질 것이라고 해. 탄소 제로를 가장 먼저 구축하는 나라가 아마도 다음 시대에 세계를 이끌 것이라고도 하지.
그러기 위해 대체 에너지와 신기술에 예산을 투입하고 전 세계의 지도자와 시민이 협력해야 한다고 말하지. 그 무엇보다도 새 에너지를 싸게 만드는 것이 관건이라고 해. 전기는 이미 우리 삶의 근간이고, 가난한 나라에서도, 가난한 사람들도 지금과 마찬가지로 전기를 써야만 하니까.
빌 게이츠는 이 탄소 제로 목표를 2050년으로 잡고 있어.

Q3 : 배양육이 환경에 도움이 될까요?

채식은 어때요? 만약 채식으로 환경을 지킬 수 있다면 가장 싸게 먹히는 방법인 듯한데!

작가가 생각난 듯 묻자 학자가 맥주 캔을 불끈 쥐며 말했다.

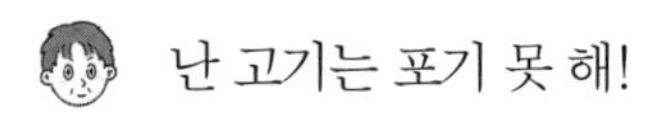

난 고기는 포기 못 해!

하하, 그것도 어떤 사람들은 포기하지 못할 거야. 그런데 나는 사람들이 채식을 안 하는 이유는 고기를 좋아해서라기보다는 고기가 이미 많이 생산되고 있어서가 아닐까 해. 그러다 보니 고기로 돈을 벌고 싶은 욕심이 사람들의 삶을 고기에 익숙하게 만드는 거 아닐까 싶어.

나는 간단해서라고 생각해. 사실 요리해 보면 고기 요리가 제일 쉽다는 걸 알게 되지.

채소는 유통기한이 짧기도 하고요.

고기를 먹는 체계도 석유나 석탄과 마찬가지로, 경제와 맞물려 있고 관여하는 사람이 많으니 바꾸기 힘들까요?

그리고 단순하게 고기 생산을 줄이면 결국 부자들만 고기를 먹겠지요. ……하지만 배양육은 어떨까!

단결이 갑자기 눈을 번뜩 빛내며 말했다.

배양육은 거의 고기랑 똑같고 단백질 함량도 전혀 부족하지 않다고 해요! 아직 상용화가 될 만큼 싸지 않을 뿐이지요!

배양육 좋지. 배양육은 마블링을 원하는 대로 만들 수도 있고 말이지. 하트 모양 마블링으로 사랑을 전할 수도 있을걸.

역시 좋잖아요!

와, 좋은데요.

단결과 직원이 같이 눈을 반짝였다.

근데 배양육에 대해 욕하는 사람도 많아요. 그래서 상용화가 안 되는 걸까? 비건, 그러니까 채식주의자라면서 고기 맛을 원하다니, 이상하지 않느냐, 고기를 먹고 싶으면서 왜 콩으로 가짜를 만드냐, 그냥 고기를 먹지, 왜 거지 같은 맛을 원하느냐, 하면서요.

응, 보통 채식주의자를 욕하는 말이 "채식한다면서 왜 고기 맛을 만들어 먹냐, 위선이다"지.

그야 인간 욕구 최상위가 식욕이니까요. 채식이 꼭 환경만을 위해서는 아니잖아요. 어떤 사람은 고기에 알레르기가 있을 수도 있고요.

채식주의자가 고기를 안 먹겠다는 게, 육식하는 사람의 고기를 빼앗겠다는 것이 아닌데 말이야. 물론 나는 인간은 고기를 먹도록 진화를 다 했다고 생각해. 그래도 생태계와 공존하기 위해서 고기 소비를 줄일 수는 있잖아? 그게 뭐 그리 나쁘지? 배양육이나 인공육으로 우회할 수 있으면 고기를 먹고 싶은 우리 스스로를 속이면서, 동물들과도 행복하게 공존할 수 있잖아.

딱 심너울 작가의 〈한 터럭만이라도〉[10] 떠오르네.

작가의 SF talk!

〈한 터럭만이라도〉, 심너울, 2018

배양육이 보편적인 시대, 짐승에게는 동의를 구할 수 없어서 비윤리적이라고 오히려 사람고기를 먹기도 하는 세계야. 그러다가 말을 정말 잘하고 똑똑한 앵무새에게 배양육을 받으려고 설득하는 이야기야. 앵무새는 긴 대화 끝에 발톱을 제공해. 그리고 인류는 가장 윤리적인 닭발을 먹게 되지. 제공자에게 동의까지 얻은!

단결이 고기를 반죽하는 시늉을 하며 침을 꼴깍꼴깍 삼켰다.

배양육! 배양육을 만들면 좋아하는 부위만 엄청 많이 만들 수도 있다고! 닭발만 잔뜩! 우설만 잔뜩! 아, 좋아하는 부위가 너무 많아……. 그러면 행복하게 고기를 즐기면서 평화롭게 자연과 공존할 수 있잖아!

작가가 잠깐 생각해 보다 말했다.

그러고 보니 〈주토피아〉[11]에서는 배양육 먹겠지?

작가의 SF talk!

〈주토피아〉, 바이런 하워드 Byron P. Howard, 리치 무어 Rich Moore, 2016

육식동물과 초식동물, 모든 동물이 서로 해치지 않고 어울려 사는 유토피아 같은 세계가 배경인 애니메이션이야. 이 세계에서 토끼 경찰인 주디와 사기꾼 여우 닉이 협력해서 연쇄 실종 사건을 해결하러 나서며 우정을 나누게 되지.

어? 그게 그런 이야기였어?

단결이 눈을 깜박였다.

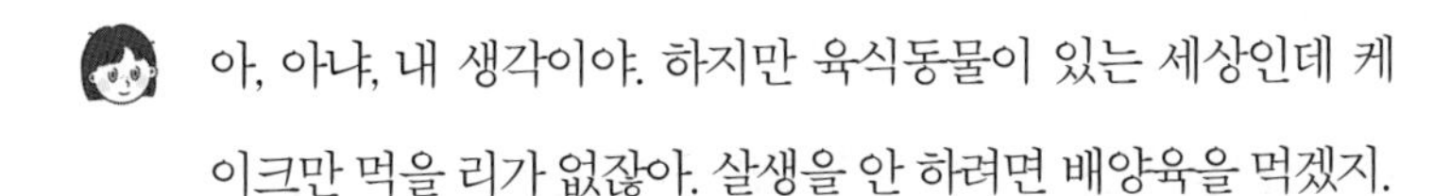

아, 아냐, 내 생각이야. 하지만 육식동물이 있는 세상인데 케이크만 먹을 리가 없잖아. 살생을 안 하려면 배양육을 먹겠지.

단결이 큭큭 웃었다. 학자도 큭큭 웃으며 맥주를 꿀깍꿀깍 마셨다.

육식동물이 케이크만 먹고 살 수 있을 리가 없지.

음, 하지만 배양육을 배양하려면 역시 본체가 있어야 하니

까, 주토피아도 문명사회라면 언니가 말한 심너울 작가 소설처럼 동물 본인의 동의를 받아서 배양하겠지? 매년 세금 내듯이 조금씩 면사무소 가서 피도 뽑고 살도 좀 잘라 주고.

오, 토끼 맛 배양육……. 조금 받아서 줄기세포로 분화시키면 되겠구나.

주디 팔뚝 살 배양육 나눠받아 맛있게 먹는 닉 모습 떠오르네…….

으악. ㅋㅋㅋ

그러면 램 스테이크나 송아지 고기 먹으려면 아가한테 동의 받아야 하는 건가?

점점 무서워지네요.

아, 아름다운 사랑이야……. 배양육을 서로 나눠 먹다니.

내 피와 살로 먹여 살리고 등골을 뽑아 먹는 사이…….

자, 그럼 제가 환경에 대한 마지막 질문을 해 볼게요.

Q4 : 환경 파괴가 100까지 있다고 할 때 지금 얼마나 진행 중일까요? 60? 70?

응? 그걸 알 수가 있을까요?

130 정도 아닐까요? 늦지 않았을까?

그래 봤자, 지표면하고 바다 쪼금이지.

학자가 마지막 맥주를 탈탈 비우며 느긋하게 말했다. 셋은 그 말에 눈을 동그랗게 뜨며 감탄했다.

  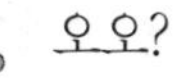 오오?

 지구는 구형이라고! 내부는 그대로인데?

 앗, 아앗? 내핵을 고려하고 계셔!

 지구 내부 부피를 계산하고 계셔! 그래요. 지금도 망가진 건 거죽뿐이네요.

 우리가 피부 좀 까졌다고 내 몸은 다 망했어, 틀렸어, 하고 좌절하지 않잖아.

 맞아!

작가가 신이 나서 박수를 쳤다.

 그러면 환경 파괴가 100까지 가기 전에 인류는 멸망할 수 있겠군요. 이거 긍정적인데요?

 긍정적인가요!

 긍정적이죠! 지구가 금성이 되기 전에 우리가 사라져 줄 수 있으니까!

단결이 같이 신이 나서 박수를 쳤다.

그렇군요. 지구가 온난화 대홍수로 목욕하고, 해일과 화산폭발과 지진으로 거죽 한번 싹악 벗겨내면 안은 멀쩡하니 다시 생물이 번성하겠군요.

ㅋㅋ 지구온난화 목욕설……. 지각변동 박피설…….

아, 역시, 우리가 걱정하는 건 언제나 우리 인류의 목숨뿐이군요.

네, 지구는 굳건할 거예요! 안은 딴딴하니까!

그래, 환경을 완전히 파괴하고 있다는 것도 사실 인류의 오만이지. 이 거죽 위에서 무슨 일이 있든, 저 지표 아래와 넓은 바다 가득 번성하는 미생물이랑 바이러스는 굳건할 거야.

아, 이제야 마음이 편해지네요. 태양이 빛나는 한 지구는 지구로군요.

그러게.

직원은 키보드에서 손을 내려놓고, 턱에 손을 괴고 생각에 잠겼다.

그렇군요. 인류가 환경을 돌이킬 수 없이 파괴하고 있다고 하지만, 결국 그 환경이란 인류가 살 수 있는 환경을 말하는 거군요. 물론, 우리 입장에서는 지구가 점점 살 수 없는 환경으로 변해 간다고 해도…….

응. 애초에 인류는 환경이 매우 안정적이어야 살 수 있는 동물이야. 환경의 변화에 가장 민감하게 영향을 받지. 인간은 세대가 너무 길고, 번식률도 떨어지니까.

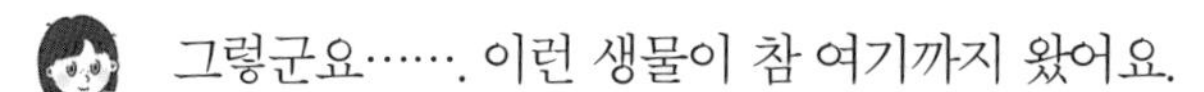

그렇군요……. 이런 생물이 참 여기까지 왔어요.

우리가 환경을 파괴하고 있다지만, 그건 오히려 인간이 가장 안정적으로 살 수 있는 환경을 구축하다 일어난 일이라고 생각해. 콘크리트 도로를 깔고 건물을 세우고, 교통수단을 만들고. 우리는 이미 역동적인 자연에서 살 수 없으니까. 그런데 그게 원래 역동적인 환경에서 잘 살아가던 다른 생물들과 충돌한 거지. 난 야생에서 못 살아. 많은 사람이 그렇겠지. 아마 인류는 이제 야생에서 살라고 하면 90퍼센트는 죽을 거야.

이제 지금의 인류는 완전히 자연 친화적으로 생태계와 어울려 살려고 하면 어차피 살 수 없다는 걸까요…….

고무적이네요!

고무적인가요!

어디가!

이대로 인류가 계속 이렇게 살다가 문명이 파괴되면 인류는 어차피 다 죽을 테니까요! 그러면 고양이들이 우리 대신 남아서 세상을 지배하겠지요!

훌륭한데요!

그래, 앨런 와이즈먼도 《인간 없는 세상》[12]에서 그렇게 말했지.

《인간 없는 세상》, 앨런 와이즈먼 Alan Weisman , 2007

어느 날 갑자기 한순간에 인류가 지구상에서 모두 사라진다면 어떤 일이 벌어질까? 하는 질문을 진지하게 고찰한 과학책이야. 도시는 삽시간에 식물로 뒤덮이고, 관리가 중단된 건축물들은 속절없이 무너져 버리지. 하지만 그 도시 속에서도 야생에 적응한 일부 집고양이들은 새나 쥐를 잡아먹으며 살아남으리라고 말해. 인간들 덕분에 개체 수도 제법 많고 말이지.

대견하네요! 우리 대신 잘 살아야 해, 고양이들아!

단결은 마지막 남은 따듯한 쿠키를 '냠' 하고 먹고는, 소파 위에서 수건에 파묻힌 채 열심히 듣고 있던 양갱의 엉덩이를 손가락으로 톡톡 쳤다. 양갱의 꼬리가 단결의 손가락을 따라 통, 토통, 튀면서 높이 올라갔다.

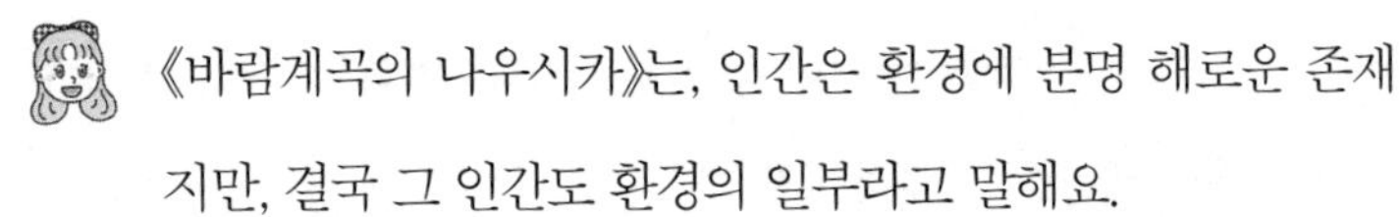
《바람계곡의 나우시카》는, 인간은 환경에 분명 해로운 존재지만, 결국 그 인간도 환경의 일부라고 말해요.

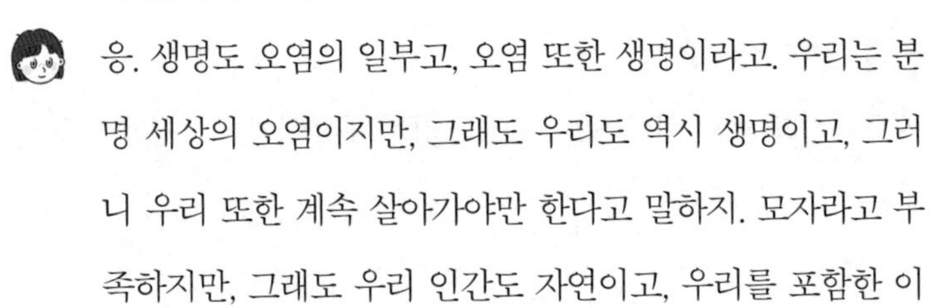
응. 생명도 오염의 일부고, 오염 또한 생명이라고. 우리는 분명 세상의 오염이지만, 그래도 우리도 역시 생명이고, 그러니 우리 또한 계속 살아가야만 한다고 말하지. 모자라고 부족하지만, 그래도 우리 인간도 자연이고, 우리를 포함한 이

전체가 자연이라고.

동의해. 오염이나 파괴도 사실은 인간의 관점일 수 있지. 자연이 어떤 의지를 가지고 움직이는 것도 아니고, 마땅히 그래야 하는 방향이 있는 것도 아니니까. 어쩌다 보니 자연 속에서 우리 인간 같은 생명체도 생겨나고 진화해 온 거지. 물론 그러다 우리가 종말을 맞이할 수도 있겠지만, 그 또한 마찬가지로 생명의 역사에서 계속 있었던 일이야.

네, 저는 인간이 크게 뭘 바꾸지 않고, 변화하지 않고 이대로 계속 살다 보면 결국 개체 수가 크게 줄거나, 그러다 멸종할 수도 있을 것 같아요. 그러면 어차피 지구는 회복되겠지요. 그게 우리가 없는 세계라 해도.

그래, 자연에 의지는 없어도 항상성을 유지하려는 성질은 있는 듯해.

우리도 항상성을 유지하려고 목욕하니까!

그래도, 여전히 우리는 우리대로 또 살기 위해 최선을 다해야 할 거고요.

네! 우리도 살아야 하니까! 지구가 못 견디고 목욕하기 전에 우리가 먼저 최선을 다해 때 밀고 씻어 주어야겠어요!

화이팅!

그리고 남은 이야기

Q6 : 에코 페미니즘에 대해 설명해 주시겠어요?

네! 제가 딱 맞는 책을 소개해 볼게요.

단결의 사회 talk!

《에코 페미니즘》[13], 반다나 시바 Vandana Shiva, 마리아 미즈 Maria Mies, 1993

이 책은 환경과 인간의 삶이 연결되어 있다는 큰 테제를 줄기로 여성과 자연의 삶을 엮어 가는 사회학 서적이에요. 우리 모두가 연결되어 있다, 그러므로 무언가를 파괴하는 것은 바로 우리 자신을 파괴하는 것이라는 맥락에서는 중요한 화두를 던진 책이지요.
그 차원에서 '어떤 성장을 할 것인가', '무엇이 자연과 공존하는 성장인가'라는 문제를 페미니즘과 함께 제안한 책이기도 해요. 땅, 물, 환경, 공기를 잘라내어 상품화하는 것이 노동, 인간, 여성성을 잘라내어 상품화하는 것과 얼마나 다르냐는 질문을 던지기도 하지요.

생태와 평화를 사랑한 거장,
미야자키 하야오 1941~

일본의 애니메이션 감독이자 애니메이터. 1963년 도에이 애니메이션에 입사하여 후에 동업자가 되는 다카하타 이사오高畑勲와 함께 본격적으로 애니메이션을 만들기 시작했다. 《미래소년 코난》(1978), 《빨강머리 앤》(1979) 이후 1984년, 《바람계곡의 나우시카》를 만들면서 다카하타 이사오 함께 스튜디오 지브리를 창단했다. 일본에서 영화와 애니메이션을 통틀어 가장 상업적으로 성공한 감독이자, 애니메이션의 패러다임을 바꾼 사람으로 평가받는다.

그의 많은 작품에 선악으로 나눌 수 없는 복잡한 인물, 강하고 다정하며 주도적인 여성과 어린이, 함께 노동하는 군중, 하늘을 비행하는 이미지, 스팀펑크적인 기계, 신화적인 생물들이 등장한다. 또한 늘 평화주의, 전쟁 반대, 생태계와의 조화, 환경과의 공존을 주요한 주제로 다룬다.

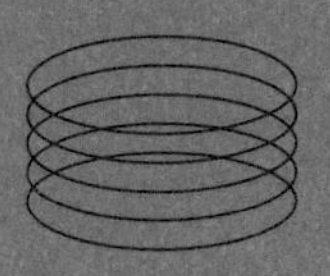

SF는 끝나지 않아!

어느덧 비가 멎었다.

폭포 같던 빗줄기가 멈추자 거짓말처럼 하늘이 개었다. 황사가 비에 씻겨 나가 하늘도 푸르렀다. 창밖에서 사람들이 하나둘 바깥으로 나오고 있었다. 모자와 코트와 우산을 털고, 마스크도 벗고 오랜만에 맑은 공기를 만끽했다. 넷의 핸드폰이 짜릉 짜르릉 울렸다.

부릉거리는 시동 소리와 함께 도로도 평상시처럼 움직이기 시작했다. 마침 서녘에 해가 지며 노을이 붉게 물들었다.

"영주님……."

수건 속에서 양갱이 고개만 빼꼼 내민 채 백설기의 뺨을 핥으며 조심스레 말을 걸었다. 백설기는 수건에 파묻힌 채 끙끙대며 뒷발을 높이 꺼내 들어 허벅지를 날름날름 핥고는 네 사람을 힐끗 보았다.

"그래, 지구인이 지구를 엉망으로 파괴하고는 있지만, 어차피 지금 지구인의 기술로는 내핵까지 파괴하지 못할 거고, 자연이라는 놈이 그리 만만하지도 않을 것 같구나."

"영주님!"

양갱은 활짝 웃었다.

"인간은 문명사회가 아니면 살아갈 수 없을 만큼 야생성을 잃어버렸고, 자연이 지금보다 더 망가지면 아마 적응하지 못하고 없어져 가겠지. 하지만 우리는 야생성이 있으니 인간이 사라진 뒤에도 살아남을 거다. 다른 짐승이나 식물이나 곤충도 그렇겠지. 나, 나는 여전히 인간이 싫지만, 인간이 없어질 때까지 여기서 버티며 기다리는 것도 나쁘지 않겠구나."

"그럼, 지구를 떠나지 않으시는 거죠? 우리, 계속 여기서 살아도 되는 거죠?"

"그래, 어차피 고로롱 별로 다시 이주하려면 귀찮기도 하니 말이지."

양갱은 너무 좋아 수건을 벗어 던지고, 꼬리를 높이 들고 백설기를 껴안고 뒹굴었다.

"사랑해요, 영주님!"

"어흠, 나도 사랑……, 어흠."

백설기는 헛기침하며 잠시 체통을 지키려다가 '에라, 모르겠다' 하고 양갱과 함께 털을 문대고 서로 핥으며 뒹굴었다.

한참 양갱과 꼬리를 돌돌 말고 동그랗게 엉켜 있던 백설기는 네 사람을 보며 근엄하게 말했다.

"우리는 계속 이 지구에서 살아가겠다. 또 고양이는 너희 인간이 사라진 뒤에도 계속 살아가겠지. 그러니 너희가 지구에 살아 있는 동안에는 우리가 옆에 계속 있어 줄 것이다. 마지막까지……. 으음, 양갱아, 아이고, 그만 핥거라."

넷이 퍼뜩 정신을 차리고 보니, 양갱과 백설기가 털뭉치처럼 뒤엉켜서 각자 서로의 뱃살에 머리를 파묻은 채 잠들어 있었다. 까만색과 하얀색이 어우러져 꼭 털로 만든 태극무늬처럼 보였다. 단결이 살짝 양갱의 엉덩이를 쳐 보니 눈을 꼭 감은 채 꼬리만 살랑거렸다. 단결이 한 번 더 엉덩이를 건드리자, 양갱은 한쪽 눈을 뜨고 귀엽게 '야옹' 하고 울었지만, 더 이상 말은 하지 않았다.

 저, 뭔가 이상한 꿈을 꾼 것 같아요.

 어……. 저도 이상한 꿈을 꾸었는데요.

 이상하네, 저도 꾸었어요. 모두 피곤해서 다 같이 졸았던 걸까요?

 뭐, 좋지 않니. 좋은 꿈도 때로는 현실의 체험처럼 마음을 풍요롭게 해 주지. 이 꿈은 오래 기억하고 싶구나.

 네, 이 세상에 고양이들이 있어서 참 다행이에요. 그것만으로 세상은 살 만하잖아요?

단결이 소파 등받이를 끌어안는 자세로 옆에 털썩 앉으며 말했다. 작가도 그 옆에 같이 앉았다.

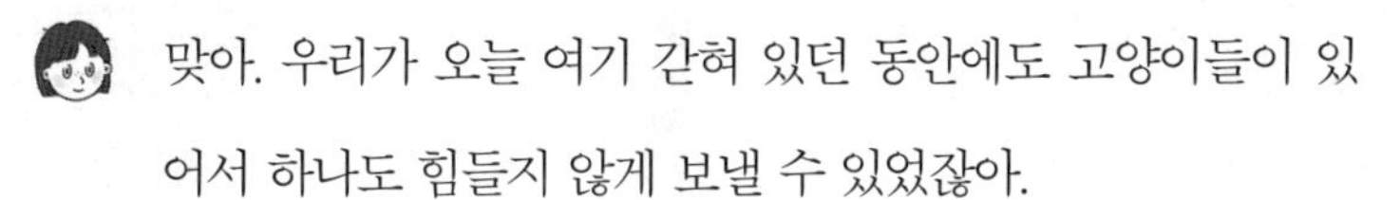

맞아. 우리가 오늘 여기 갇혀 있던 동안에도 고양이들이 있어서 하나도 힘들지 않게 보낼 수 있었잖아.

아, 그렇지, 이왕 이렇게 된 거, 같이 저녁이라도 하고 헤어질래요? 못다 한 이야기도 더 하면서요.

학자는 큰 가방에 책을 한 아름 담았고, '끙차' 하며 들다가 허리가 삐끗했는지 '아이고오' 하면서 등을 두들겼다. 작가와 단결이 달려와서 책을 나눠 들었다.

단결은 작가와 수다를 떨다가, "뭐라고, 그것도 SF라고?" "그것도 SF야?" 하는 질문을 반복했다. 작가는 단결이 말하는 책을 열심히 수첩에 받아 적고는 꼭 읽어야겠다며 주먹을 불끈 쥐었다.

직원은 가방을 챙기며, 오늘 1년치 기사가 나왔다며 좋아했다. 그때 마침 직원의 스마트폰으로 아까 첫 원고를 받은 출판사에서 메일 답장이 왔다. 직원이 메일을 열어 보니 앞으로 계속 연재해 보자는 메일이었다. 직원은 흥분해서 모두에게 메일을 보여 주며, 번갈아 가며 끌어안고 방방 뛰었다.

SFoo

Q1 : 드라큘라와 좀비가 서로를 동시에 물면 어떻게 될까요?

드라큘라좀비가 되겠지?

드라큘라좀비라니, 너무 이상하네…….

역시 둘 중에 센 쪽이 이기겠지!

좀비가 이긴다.

어째서죠!

좀비가 감염이 더 빠르잖아. 좀비는 물기만 하면 되는데, 드라큘라는 물고 피를 빨아야 하니까 그만큼 더 오래 걸리잖아.

악 ㅋㅋㅋ, 좀비도 먹을 시간이 필요하다고요!

밥 먹으며 하기 딱 좋은 대화네요(우물우물).

아냐, 아냐. 잘 생각해 봐. 영화 보면 좀비는 이빨만 박아도 옮아. 뜯는 건 두 번째 문제라고.

맞네요! 일단 물리면 아무리 빨리 도망쳐도 감염되더라고요!

그러네요. 그런데 그 감염, 무슨 원리일까요?

광견병이지, 뭐.

오.

맞아. 드라큘라 전설도 광견병에서 나왔다는 설을 봤어.

늑대인간도 그래.

광견병 증상

광견병은 인수人獸 공통 전염병이야. 말하자면 동물과 사람 모두 걸리는 병이지. 광견병에 걸린 사람이나 동물에게 물리면 침에 있던 바이러스가 상처를 통해 전해져서 옮게 돼. 광견병에 걸리면 침 분비량과 공격성이 늘어나서 침을 줄줄 흘리면서 아무에게나 달려들려고 하지. 꼭 늑대인간 같지? 게다가 불면증이 와서 밤에 돌아다니기도 하고, 물을 극도로 무서워하게 되고, 감각이 민감해져서 빛과 소리에 예민해져. 흡혈귀가 햇빛과 성수를 두려워하거나, 좀비가 아주 작은 소리에도 반응하는 것과 비슷하지.

와, 그러네요. 모두 흡혈귀고, 좀비고, 늑대인간이네요. 좀비가 은유만이 아니라 현실에도 근거가 있었네요!

그렇구나. 동물에게 물린 뒤 괴물처럼 인격과 행동이 이상해지는 증상을 보고 옛날 사람들이 전설로 만든 것이겠지요?

아, 그런데 드라큘라가 피 제대로 못 빨았는데도 옮기기도 해요! 전에 본 영화에서는 드라큘라가 살짝 물기만 했고 십자가와 마늘 콤보 공격으로 바로 도망갔는데, 물린 사람은 고열이 나고…….

그것 봐. 고열이 나야 하잖아. 좀비는 그 자리에서 변한다고. 맞다, 그러고 보니 광견병 증상 중에 고열도 있지.

그러네요. 좀비는 바로 죽고 바로 깨어나는데, 드라큘라는 사경을 헤맨 뒤 다시 깨어나야 하니까!

드라큘라가 좀비보다 감염력이 약하네요. ㅋㅋ

그러면 드라큘라와 좀비가 서로를 물면, 높은 확률로 드라큘라가 먼저 드라큘라형 좀비가 되고, 좀비는 나중에 고열이 나고 죽음을 겪은 뒤 내부에서 드라큘라의 본성이 깨어나서 드라큘라형 좀비가 되겠군요!

아니 이런 질문에 이렇게 길게 답할 줄은…….

ㅋㅋㅋ

Q2 : 텔레포트로 시공간을 이동하는 장면은 옛날 만화나 영화에서도 많이 봤는데, 왜들 그렇게 빛의 터널로 들어갈까요? 우연히 창작자들이 같은 상상을 한 걸까요, 과학적인 근거가 있는 걸까요?

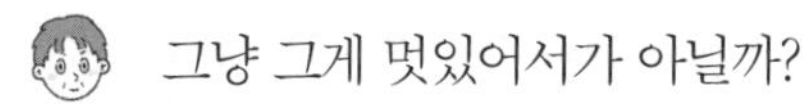

그냥 그게 멋있어서가 아닐까?

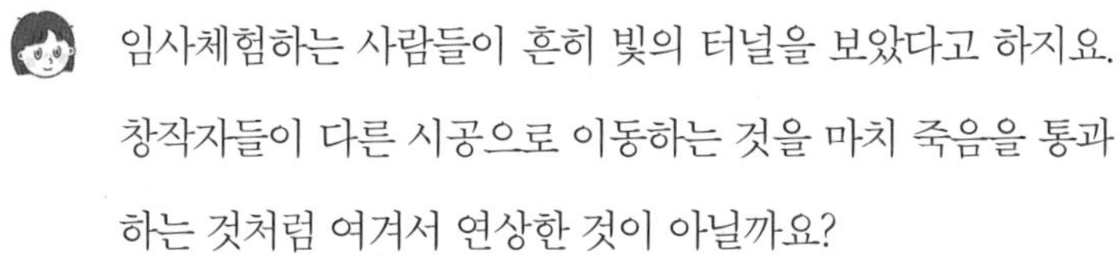

임사체험하는 사람들이 흔히 빛의 터널을 보았다고 하지요. 창작자들이 다른 시공으로 이동하는 것을 마치 죽음을 통과하는 것처럼 여겨서 연상한 것이 아닐까요?

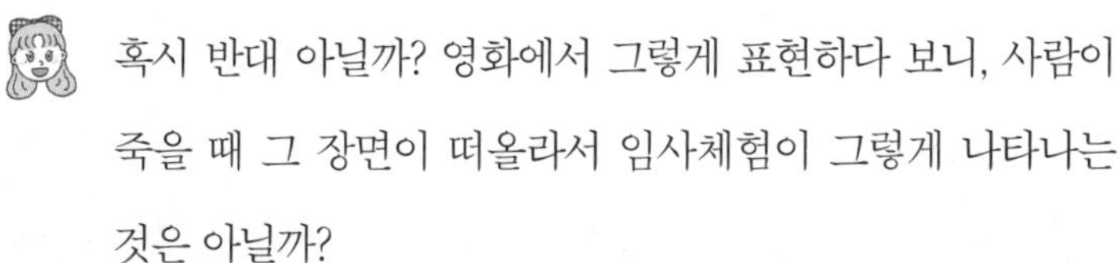

혹시 반대 아닐까? 영화에서 그렇게 표현하다 보니, 사람이 죽을 때 그 장면이 떠올라서 임사체험이 그렇게 나타나는 것은 아닐까?

아냐. 임사체험이 먼저일 거야. 영화나 소설이 있기 전부터 사람은 죽었잖아.

하긴, 죽을 때 뇌세포가 한순간에 죽어 가는 것이 빛처럼 느껴질 수 있겠구나. 시각장애인의 시각 피질에 전극을 꽂고 자극을 주면 눈에 불꽃이 튀는 느낌이 든다니까.

그런데 실제로 광속으로 이동하면 빛의 터널로 들어가요. 빛이 기울어져서 시야 앞으로 쏠리게 되는데, 그걸 광행차 현상이라고 하지요.

작가의 SF talk!

광행차 현상

기본적으로는 내가 움직이기 때문에 천체, 즉 우주에 있는 별 같은 것들이 움직이는 것처럼 보이는 현상을 말해요. 비 오는 날 자동차를 타고 달리면 비가 앞에서 내리는 것 같잖아요? 내가 비를 향해 달리니까 비가 앞에서 기울어지는 것처럼 보이는 거죠. 지구도 우주를 공전하기 때문에 별빛은 기울어져 보여요. 만약 우리가 우주선을 타고 광속으로 난다면, 빛은 기울어지다 못해 눈앞에 모여서 마치 빛의 터널로 들어가는 것처럼 보인다고 해요.

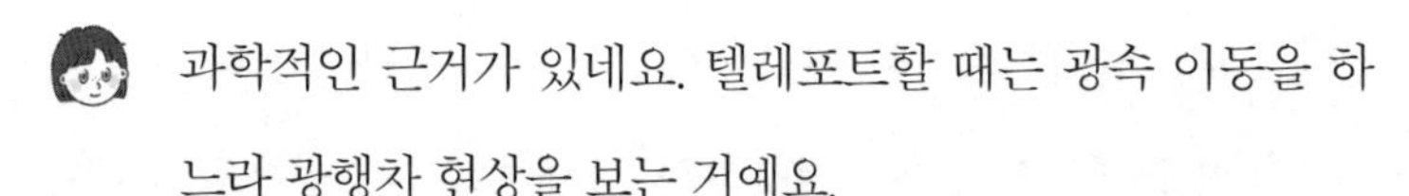

과학적인 근거가 있네요. 텔레포트할 때는 광속 이동을 하느라 광행차 현상을 보는 거예요.

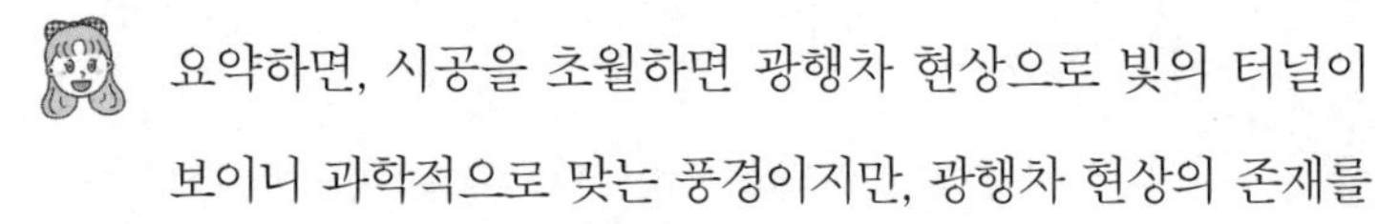

요약하면, 시공을 초월하면 광행차 현상으로 빛의 터널이 보이니 과학적으로 맞는 풍경이지만, 광행차 현상의 존재를

모르던 시절의 창작자들도 빛의 터널을 상상한 건 임사체험 때문이라는 건가?

응. 내 생각에는 죽어서 영혼이 되면, 말하자면 질량이 0이 되어서 없어지면, 광속 이동이 가능할 테니 마찬가지로 광행차 현상을 볼 수 있을 것 같아. 우리가 빛의 속도로 갈 수 없는 건 질량이 있어서거든.

그런 이야기를 하는 SF도 있겠지?

당연하지!

작가의 SF talk!

《미래로 가는 사람들》[1], 김보영, 2005

《미래로 가는 사람들》은 '기, 승, 전, 합' 네 에피소드로 이루어진 연작 소설인데, 세 번째 에피소드인 '전'에 광속 이동에 대한 이야기가 나와. 여기에는 광속에 이르고 싶어 하는 사람들이 나오는데, 그 이유는 이미 죽은 사랑하는 사람들을 보고 싶어서야. 실제로 이 사람들이 광속에 이르자, 죽은 영혼들이 우주에 가득 차서 빛의 속도로 날고 있는 풍경을 보게 되지.

〈증명된 사실〉[2], 이산화, 2017

영혼을 연구하는 연구소가 등장하는 소설이야. 사람이 죽으면 어떻게 될지 과학적으로 연구하다가, 죽으면 질량이 0이 되니까 중력의 영향권에서 벗어나 지구에 머무르지 못하고 저 막막한 우주로 튕겨 나간다는 결론에 이르지.

Q3 : 인공지능이 운전하는 자율주행 자동차가 교통사고를 낸다면, 책임은 소유주에게 있을까요, 인공지능을 개발한 회사에 있을까요?

이건 정확히 이서영 작가의 〈센서티브〉[3]에 나오는 이야기네. 거기서는 소유주와 회사가 다 책임을 안 지려고 하지?

작가의 SF talk!

〈센서티브〉 이서영, 2017

이 소설에는 기계가 잘 인식하지 못하는 모녀가 등장해. 지문 등록이 잘 안 되고, 스마트폰 터치가 안 되고, 자동문도 잘 안 열리지. 기계화되고 자동화된 세상에서 이들은 늘 소외되어 있어. 그러다 엄마가 운전하던 자율주행차의 AI가 딸이 그곳에 없다고 생각하고 달려가고, 엄마는 비상정지 장치를 누르려 하지만 센서가 손가락을 인식하지 못해서 딸이 치어 죽고 말아.

결국 정확히 어느 부분에서 문제가 났는지 진상규명을 해야겠지. 그런데 그래도 소유주는 인공지능에 결함이 있었다고 회피할 거고, 회사에서는 소유주가 관리를 못했다고 회피할 것 같아.

그때 법제화가 잘 안 되어 있으면 책임 회피가 만연할 것이고, 잘 되어 있다면 그래도 법에 따라 시시비비가 가려지겠

구나.

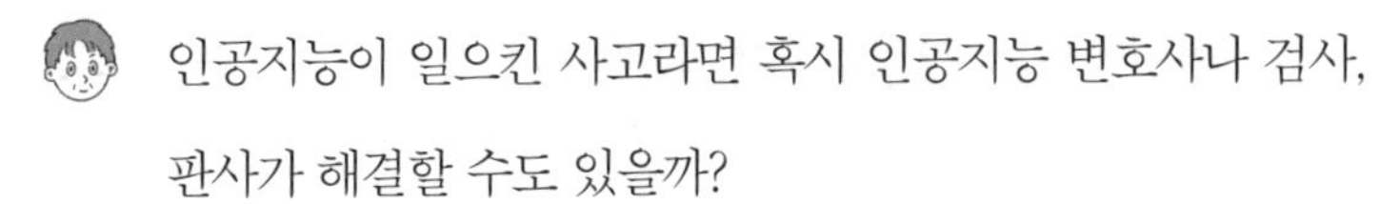

인공지능이 일으킨 사고라면 혹시 인공지능 변호사나 검사, 판사가 해결할 수도 있을까?

흠, 과연 인공지능 법조인을 사람들이 받아들일까요?

나는 변호사는 인간이 해야 할 것 같아. 하지만 판사는 인공지능이 할 수 있을 것 같아. 변호사는 맥락을 만드는 사람이고 판사는 해석하는 사람이니

……라고 작가 언니는 생각하지만 실제로 사람들이 자기 운명을 인공지능이 결정한다고 생각하면 반발이 어마어마할걸.

정말? 나는 인간을 기계보다 더 못 믿겠는데.

생각해 보니 한국은 강력한 경찰국가에 감시사회고, 공정에 대한 신화가 큰 나라라 가능할 수도 있겠다. 하지만 자기가 생각한 것보다 높은 형량을 받았다고 여기는 사람이 판사를 살해하는 건 쉽지 않지만, 화나서 자기에게 판결을 내리는 인공지능을 파괴하려 드는 건 어렵지 않을 것 같아. 그렇게 법관 파괴 운동이 일어나고……. 사펑이 강화된다…….

사펑……. 사이버펑크구나. 이번에는 알아들었어, 휴.

ㅋㅋㅋ

Q4 : 이미 남이 만든 생각이 아닌 내 고유의 상상력을 기르기 위해선 어떤 훈련이 필요할까요?

그런 건 없습니다. 당신이 상상할 수 있는 모든 것이 역사상 존재했거나 현재 지구 어디엔가 있습니다…….

아, 고유의 상상력, 너무 어렵네.

하늘 아래 새로운 것은 없지.

시공 이동 묘사도 늘 빛의 터널인데!

당신은 결코 새로운 것을 쓰지 않습니다. 독창성 찾다가 오히려 100년 전에 다 해서 유행 지났고 이미 세상에 널린 흔한 것을 쓰고 맙니다…….

아하하.

하지만 그러니까 이미 있는 책을 보는 것이 의미 있고, 특히 고전의 반열에 오른 책을 많이 읽는 것이 의미 있다고 생각해. 고전일수록 지금 창작의 원형적인 형태가 나오거든. 그 생각과 플롯이 오래전부터 있었고 무수히 변주되었다는 것을 알고 쓰는 것과 모르고 쓰는 것에는 큰 차이가 있다고 생각해.

어떤 면에서 그렇지?

내가 새롭지 않다는 것을 아는 것?

음, 알 것도 같고 모를 것도 같네요.

거장들의 어깨를 딛고 서서 새로운 변주를 하는 거죠. 새로운 상상은 없어도 새로운 변주는 무한하니까요.

Q5 : 과학에는 어떤 윤리가 필요할까요?

생명윤리에 연구윤리에 기술의 사회적 책임……. 너무 많은데?

학자 선생님께서 그중 가장 중요하다고 생각하는 하나를 고르시면 뭘까요?

과학기술자의 사회적 책임 의식.

오, 좀 더 쉽게 말씀해 주시면요?

말하자면, 다른 건 몰라도 자기가 하는 일이 어떻게 사회에 적용되는지는 생각을 좀 해야 한다는 거지.

좀 하지 않는 경우는 어떤 경우일까요?

대장장이와 칼잡이 논리로 많이 설명해.

대장장이와 칼잡이가 뭔가요?

대장장이는 칼을 만들 뿐이니, 그 칼을 산 칼잡이가 사람을 죽여도 대장장이 책임은 아니라고 하지. 대장장이가 사람 죽이라고 칼을 만든 건 아니니까. 하지만 칼은 태생부터 누군가를 해칠 가능성이 있는 물건이야. 그렇다면 대장장이는 칼잡이가 칼을 안 좋은 데 쓰거나 잘못 쓸 가능성을 최대한 줄이려 애쓸 필요도 있겠지. 칼집 같은 안전장치를 더 만든다든가, 위험해 보이는 사람에게는 함부로 칼을 팔지 않는다든가 말이야. 물론 최대한 그렇게 했는데도 칼이 잘못 쓰이는 일이 많아지면 대장장이보다는 공권력이 책임을 져야 하겠지.

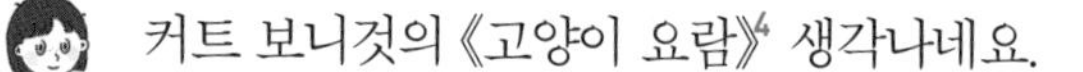

커트 보니것의《고양이 요람》[4] 생각나네요.

작가의 SF talk!

《고양이 요람》, 커트 보니것 Kurt Vonnegut , 1963

한 과학자가 상온에서 어는 물 Ice-9을 만들어서 빙하기를 초래하고 거의 모든 생물이 멸종하지요. 하지만 과학자는 자기 잘못을 이해하지 못해요. 그저 연구를 했다고만 생각하죠.
커트 보니것은 과학자들과 같이 일했는데, 천재적인 과학자들이 자신의 이론과 연구가 세상에 어떻게 쓰이는지는 아무 관심이 없는 모습을 보며 이 이야기를 구상했다지요.

하지만, 거꾸로 과학자가 강력한 '반동적'인 신념을 가지고 사회에 적용되기를 바라고 기술을 개발하는 것도 위험할 것 같아요. 로버트 하인라인의 〈길은 움직여야 한다〉[5]처럼.

단결의 SF talk!

〈길은 움직여야 한다〉, 로버트 A. 하인라인, 1940

이 단편에서는 파업을 진압하는 기계를 훌륭하고 윤리적으로 묘사해요. 이기적인 노동자들 때문에 고속도로 주행이 멈추자, 파업을 파괴하는 기계들이 동원되어서 파업을 무력화시키고 게으르고 나쁜 파업 노동자들을 처벌하는 신나는 모험 활극이에요.

 어디가 신나는 거지!

 로버트 하인라인은 신났을 거야. 자기 신념이 있으니까……. 하인라인은 확고한 아나키스트 우파니까. 게으른 노동자를 싫어하거든. 내 말은, 사람이 선의를 갖고 신념을 가져도, 그게 정말로 세상에 도움이 되는 신념인지는 또 알 수 없다는 거지.

그래. 나는 그래서 인류가 머리와 발을 부지런히 움직이면서, 눈과 귀를 늘 열어 두어야 한다고 생각해. 인류는 계속 새로운 것을 만들고 앞으로 나아가겠지. 하지만 끊임없이 그 기술이 주변과 어울리는지 살피고, 그에 맞춰 다듬어 가야 하겠지.

  간단하지 않은 거죠.

 너무 간단해 보이면, 혹시 내가 간과하거나 놓치는 것이 없는지 한번 생각해야지.

 만약 그 기술이 주변과 어울리지 않는다면, 사람들은 가만히 참고만 있지 않을 거라는 것도 SF는 보여 주고 있어요. 어쩌면 기술 자체가 기술을 개발한 사람들을 무너뜨릴지도 모르고요.

 아, 좋아라. SF 이야기는 정말 끝이 없네요! 우리 이 대화 영원히 할 수 있을 것 같지 않아요?

작가의 말

이 책은《SF는 인류 종말에 반대합니다》이후 두 번째 책입니다. SF를 중심으로 사회와 과학 전반에 대해 토론합니다. 이번에는 미래에서 온 로봇 봉봉 대신 외계에서 온 고양이, 양갱과 백설기가 함께해 주네요.

지난번 박상준 SF아카이브 대표에 이어, 이은희 생물학자/과학 커뮤니케이터와 이서영 작가/활동가와 함께했습니다. 덕분에 과학적으로도 더 깊이 있고, 현실의 사회운동 이슈가 반영된 책이 되었습니다. 이번에는 챕터별로 중심이 되는 책을 하나씩 선정해서 집중적으로 다루면서, 한편으로 이전보다도 한국 작가의 책을 많이 소개하고자 했습니다. 이전과 마찬가지로 독자 여러분께 질문을 모았고, 편집부 내부의 질문도 추가로 모아서 그 질문을 중심 화제에 올렸습니다. 그렇게 내용을 정리한 뒤 매주 텔레그램에 모여 대화를 나누었고, 그 대화를 기반으로 이야기를 꾸미고 책을 만들었습니다.

책에 등장하는 학자, 단결, 작가, 직원은 각기 이은희 과학 커뮤니케이터, 이서영 작가, 김보영 작가, 지상의책 편집자들을 반영합니다만, 당연히 현실의 인물과 같지 않습니다. 실제 나눈 대화를 기반으로 하되, 이전과 마찬가지로 캐릭터에 맞추어 대화를 분배하고 과장하여 다시 썼습니다. 과학은 학자에게, SF는 작가에게, 사회적인 주제는 단결에게 더 얹어 주고, 질문이나 정리는 직원에게 몰아 주었지요. 성격도 실제 인물을 반영하되 새로 창조했어요. 실제로 이서영 작가는 고전까지 섭렵하는 서브컬처 마니아이자, 꾸미기를 좋아하고 고양이 집사에 술도 좋아하는 노동운동가지만, 캐릭터로서는 설정 과다라 인물들에게 조금씩 배분했습니다.

우리도 열심히 토론했지만, 여러분도 우리처럼 이 책에 나온 주제로 여러분만의 토론을 해 주시면 기쁘겠습니다. 어떤 토론이든 양갱의 기억을 되살릴 수 있을 거고, 그래서 고양이들이 지구에 우리와 함께 머물게 해 줄 테니까요.

김보영

• • •

작가라는 명칭으로 책을 쓴 지 스무 해가 넘었지만, 이번 책은 제게 정말로 새로운 경험이었습니다. 두 분의 걸출한 작가님들과 '함께' 작업하는 건 진정 처음이었으니까요. 물론 이전에도 '공저'의 형태로 다른 분들과 함께 책을 내 본 적은 많았지만, 공저란 무릇 여러 명의 저자가 각자의 독립적인 이야기를 써서 한 권의 책으로 묶는 것이 보편적입니다. 마치 뷔페에 제공된 메뉴 중 하나를 담당하는 느낌이랄까요. 하지만 이번의 공저는 달랐습니다. 여럿이 한데 모여 서로의 생각들을 자유롭게 풀어 놓고, 이것들을 모아서 하나의 이야기로 엮어 내는 일이었으니까요. 여러 가지 재료를 한데 섞어 뭉근하게 끓여 스튜를 만드는 느낌이랄까요. 맛있는 스튜는 각각의 재료가 뭉개지지 않고 원형과 고유의 식감을 유지하면서도, 재료에서 흘러나온 것들이 하나로 섞여 녹진하면서도 풍부한 맛이 만들어져야 합니다. 결코 쉬운 일이 아니죠. 그 쉽지 않은 일이 가능하다는 것을 이번 작업으로 알게 되었습니다.

대중없이 떠들었던 이야기들과 날것에 가까운 생각들을 하나로 훌륭하게 녹여 낸 김보영 작가님, 제가 보아 왔던 세상에 대한 관점과 가치관이 전부가 아님을 각인시켜 주셨던 이서영 작가님, 그리고 이 프로젝트를 기획하고 자리를 만들어 주신 김시형 그린북 대표님과 무형의 생각이 물성을 지닌 책으로 갈무리될 수 있도록 해주신 지상의책 출판사 여러분들과의 인연을 저는 대단한 행운이라 생각합니다. 더 나아가 이 행운이 여러분과의 만남으로도 계속 이어지면 좋겠습니다.

이은희

• • •

《SF는 인류 종말에 반대합니다》 북토크 사회를 맡은 인연으로 두 번째 책의 한 축으로 참여할 수 있어서 기쁩니다. 원래는 집필을 담당했었는데, 제 역량 부족으로 결국 다시 김보영 작가님께 공이 돌아가고 말았네요. 고생시켜드려서 죄송한 마음과 감사한 마음이 공존합니다.

저번 책은 우주로 많이 갔는데, 이번 책은 우주로 거의 나가질 않습니다. 제 전문 분야가 사회운동이고, 이은희 작가님의 전문 분야가 생물학이다 보니 '여기, 지금'의 이야기를 하게 되었습니다. 덕분에 '여기, 지금'을 다루는 아름다운 SF들을(그러다 보니 한국 SF도!) 많이 소개할 수 있어서 오히려 좋아!

대담을 하는 과정은 즐겁기도 했지만, 많이 배우는 과정이기도 했습니다. 전혀 생각지 못한 과학적 사실을 접하고 충격을 받기도 했고, 이미 읽었던 SF를 다 함께 모여서 얘기하자 완전히 다른 시각으로 읽혀서 감동하기도 했습니다. 이 책을 읽으시는 분들께도 그 기쁨과 감동이, 세상의 생김새와 함께 온전히 전달되기를 바라요. 김보영 작가님, 이은희 작가님과 함께 대담할 수 있어서 다행이에요. 또한, 책을 함께 만든 강민형 편집자님, 지혜빈 편집자님께도 진심으로 감사드립니다.

이서영

질문해 주신 분들

이 책은 인터넷 설문 조사로 모집된 실제 질문을 토대로 구성되었습니다.

1장

Q5 : treehyun

3장

Q6 : 서범근

5장

Q4 : 엽기부족
Q6 : 갱
Q7 : 김현옥

6장

Q2 : 김수한무거북이와두루미
Q3 : 김수한무거북이와두루미

7장

Q6 : 박댐
Q7 : 정한별
Q8 : 갱

8장

Q4 : mj

9장

Q1 : 김수한무거북이와두루미
Q2 : 무무
Q3 : 엽기부족
Q4 : Long_live_the_Kang

프롤로그

1. 마거릿 애트우드,《나는 왜 SF를 쓰는가: 디스토피아와 유토피아 사이에서》, 양미래 옮김, 민음사, 2021
2. 토마스 모어,《유토피아: 최상의 공화국 형태와 유토피아라는 새로운 섬에 관하여》, 박문재 옮김, 현대지성, 2020
3. 조너선 스위프트,《걸리버 여행기》, 신현철 옮김, 문학수첩, 1992
4. 정소윤 외 (2015), 〈가스상 대기오염물질에 의한 종이 기록물의 가속열화 특성 연구〉, 한국펄프종이공학지 제47권 4호

1장

1. 옥타비아 버틀러,《블러드차일드》, 이수현 옮김, 비채, 2016
2. 이호림, 이혜민, 윤정원, 박주영, 김승섭 (2015). 〈한국 트랜스젠더 의료접근성에 대한 시론〉,《*보건사회연구*》, *Vol.35*, p. 46.
3. 옥타비아 버틀러,《킨》, 이수현 옮김, 비채, 2016
4. 옥타비아 버틀러,《와일드 시드》, 조호근 옮김, 비채, 2019
5. "FACT SHEET: Intersex," United Nations FREE&EQUAL, https://www.unfe.org/wp-content/uploads/2017/05/UNFE-Intersex.pdf.
6. Jyoti Taneja, David Ogutu, Michael Ah-Moye (2016). "Rare successful pregnancy in a patient with Swyer Syndrome," *Case Rep Women's Health*, 2016 Oct; 12:1-2.
7. "Intersex Issues in the International Classification of Diseases: a revision," Global Action for Trans Euality(GATE), https://globaltransaction.files.wordpress.com/2015/10/intersex-issues-in-the-icd.pdf.
8. 존 콜라핀토,《미안해, 데이빗》, 김주성, 현숙경 옮김, 도서출판 사람, 2022

9. Sapuri M., Klufio C., (1997). "A Case of Advanced Viable Extrauterine Pregnancy," *PNG Medical Journal, Vol.40*(1)

10. Zoe Cormier, "Fish are the sex-switching masters of the animal kingdom," BBC EARTH, 29 November, 2017, https://www.bbcearth.com/news/fish-are-the-sex-switching-masters-of-the-animal-kingdom

11. 이산화, 《우리가 먼저 가볼게요: SF 허스토리 앤솔러지》, 〈나를 들여보내지 않고 문을 닫으시라〉, 에디토리얼, 2019

12. 이산화, 《감겨진 눈 아래에: 브릿G 단편 프로젝트》, 〈아마존 몰리〉, 황금가지, 2019

13. 천선란, 《어떤 물질의 사랑: 천선란 소설집》, 〈어떤 물질의 사랑〉, 아작, 2020

14. 박애진, 《원초적 본능 feat. 미소년》, 〈완전한 결합〉, 온우주, 2013

15. 이종산, 《커스터머》, 문학동네, 2017

16. Zhi-Kun Li, He-Yun Wang, Li-Bin Wang, Gui-Hai Feng, Xue-Wei Yuan, Chao Liu, Kai Xu, Yu-Ham Li, Hai-Feng Wan, Ying Zhang, Yi-Fei Li, Xin Li, Wei Li, Qi Zhou, Bao-Yang Hu (2018). "Generation of Bimaternal and Bipaternal Mice from Hypomethylated Haploid ESCs with Imprinting Region Deletions," *Cell Stem Cell, 23*(5), p. 664-676.

2장

1. 마거릿 애트우드, 《시녀 이야기》(리커버), 김선형 옮김, 황금가지, 2018

2. 마거릿 애트우드, 《증언들》, 김선형 옮김, 황금가지, 2020

3. 아밀, 《로드킬》, 〈로드킬〉, 비채, 2021

4. 이서영, 《악어의 맛》, 〈히스테리아 선언〉, 온우주, 2013

5. 〈고아라고 성경험 · 성병 진단서 떼 오라는 예비 시어머니〉, 윤근영 기자 (2023.04.25.), 연합뉴스.

6. 〈해외 입양: 입양인들은 언제쯤 진실을 마주할 수 있을까?〉, 정다민 기자 (2022.12.27.), BBC코리아.

7. 〈'비혼 임신' 불법 아닌데… "시험관 하려면 결혼하고 오세요"〉, 장수경 기자 (2022.11.26.), 한겨레신문.

8. 미시 피어시, 《시간의 경계에 선 여자》(1~2), 변용란 옮김, 민음사, 2010

9. 샬롯 퍼킨스, 《허랜드》, 임현정 옮김, 궁리, 2020

10 미셸 바렛, 메리 맥킨토시, 《반사회적 가족》, 김혜경, 배은경 옮김, 나름북스, 2019

11. 게르드 브란튼베르그, 《이갈리아의 딸들》, 히스테리아 옮김, 황금가지, 1996

12. 제임스 팁트리 주니어, 《체체파리의 비법》, 〈휴스턴, 휴스턴, 들리는가〉, 이수현 옮김, 아작, 2016

13. 요시나가 후미, 《오오쿠》(1~19), 정효진 옮김, 서울미디어코믹스, 2006~2021

14. 박문영, 《지상의 여자들》, 그래비티북스, 2018

15. 앤드류 니콜(감독), 〈가타카〉, 제시 필름스(제작), 1997(미국), 1998(한국)

16. 프랭크 허버트, 《듄》(1~6), 김승욱 옮김, 황금가지, 2021

3장

1. 폴 앤더슨(지은이), 벤 보버(엮은이), 《SF 명예의 전당 3: 유니버스》, 〈조라고 불러다오〉, 최세진, 김지원 옮김, 오멜라스, 2011

2. 제임스 캐머런(감독), 〈아바타〉, 20세기폭스, 라이트 스톰 엔터테인먼트, 듄 엔터테인먼트, 인지니어스 필름 파트너스(제작), 2009

3. 위의 책, 70쪽

4. 캐서린 케첨, 엘리자베스 로프터스, 《우리 기억은 진짜일까?: 거짓기억과 성추행 의혹의 진실》, 정준형 옮김, 도솔, 2008

5. 칼 세이건(지은이), 앤 드루얀(기획), 《악령이 출몰하는 세상: 과학, 어둠 속의 촛불》, 이상헌 옮김, 사이언스북스, 2022

6. 시로 마사무네, 《공각기동대》(1~3), 대원씨아이, 1999

7. 김창규, 《한국 SF 명예의 전당: SF Award Winner 2014-2021: 乾》, 〈업데이트〉, 아작, 2022

8. 아이작 아시모프, 《바이센테니얼 맨》, 이영 옮김, 좋은벗, 2000

9. 마쓰모토 레이지, 《은하철도 999》(1~20), 대원씨아이, 1998~2001

10. 올리버 색스, 《아내를 모자로 착각한 남자》, 조석현 옮김, 알마, 2016

11. 카야타 스타코(지은이), 오키 마미야(그림), 《델파니아 전기》(1~18). 김희정, 김소형 옮김, 대원씨아이, 2002~2004

12. 권교정, 《제멋대로 함선 디오티마》(1~4), 길찾기, 2007~2009

13. 버지니아 울프, 《올랜도》, 이미애 옮김, 열린책들, 2020

14. 노라 빈센트, 《548일 남장 체험: 남자로 지낸 여성 저널리스트의 기록》, 공경희 옮김, 위즈덤하우스, 2007

15. 알렉스 프로야스(감독), 〈다크 시티〉, 미스테리 클록 시네마(제작), 1998

4장

1. 엘리자베스 문, 《어둠의 속도》, 정소연 옮김, 푸른숲, 2021

2. 템플 그랜딘, 《어느 자폐인 이야기》, 박경희 옮김, 김영사, 2011

3. 어슐러 K. 르 귄, 《어둠의 왼손》, 최용준 옮김, 시공사, 2014

4. 이토 아사, 《기억하는 몸: 새겨진 기억은 어떻게 신체를 작동시키는가》, 김경원 옮김, 현암사, 2020

5. 차이나 미에빌, 《바스라그 연대기》(1~4), 이동현 옮김, 아작, 2017~2019

6. Bonnie Evans, (2013). "How autism became autism," *History of the Human Sciences, Vol.26*(3), p.3-31.

7. 은소희, 은백린 (2009). 〈주의력결핍 과잉행동장애〉, *Korean Journal of Pediatrics, Vol.51*(9)

8. 김보영, 《다섯 번째 감각》, 〈지구의 하늘에는 별이 빛나고 있다〉, 아작, 2022

9. 최의택, 《슈뢰딩거의 아이들》, 아작, 2021

10. 전삼혜, 《인어의 걸음마》, 〈고래고래 통신〉, 서해문집, 2021

11. 주제 사라마구, 《눈먼 자들의 도시》, 정영목 옮김, 해냄, 1998

12. 존 윈덤, 《트리피트의 날》, 박중서 옮김, 폴라북스, 2016

13. 심너울, 《땡스 갓, 잇츠 프라이데이》, 〈정적〉, 안전가옥, 2020

14. 이브 헤롤드, 《아무도 죽지 않는 세상》, 강병철 옮김, 꿈꿀자유, 2020

15. 도나 해러웨이, 《해러웨이 선언문》, 〈사이보그 선언〉, 황희선 옮김, 책세상, 2019

16. 사토 마코토, 《사토라레》(1~8), 북박스, 2005

17. 이나경, 《극히 드문 개들만이》, 〈다수파〉, 아작, 2021

18. 정소연, 《U, Robot 유, 로봇》, 〈우주류〉, 황금가지, 2009

19. 스티븐 로즈, 힐러리 로즈, 《급진과학으로 본 유전자, 세포, 뇌: 누가 통제하고, 누가 이익을 보는가》, 김동광, 김명진 옮김, 바다출판사, 2015

20. 마이클 센델, 《완벽에 대한 반론: 생명공학 시대, 인간의 욕망과 생명윤리》, 김선욱, 이수경 옮김, 와이즈베리, 2016

21. 김초엽, 《수브다니의 여름휴가》, 밀리오리지널, 2022

5장

1. 아이작 아시모프, 《로봇1: 강철도시》, 정철호 옮김, 현대정보문화사, 1992

2. 카렐 차페크, 《R.U.R: 로줌 유니버설 로봇》, 유선비 옮김, 이음, 2020
3. 데즈카 오사무, 《우주소년 아톰》(1~18), 학산문화사, 2001~2002
4. 데즈카 오사무(지음), 우라사와 나오키(그림), 《플루토》(1~8), 윤영의 옮김, 2023
5. 문목하, 《유령해마》(리커버에디션), 아작, 2021
6. 아오키 카즈히코(프로듀서), 〈크로노 트리거〉, 스퀘어(제작, 유통), 1995
7. 리들리 스콧(감독), 〈블레이드 러너〉, 더 래드 컴퍼니, 블레이드 러너 파트너십, 쇼 브라더스(제작), 1982(미국), 1993(한국)
8. 윤필(글), 재수(그림), 《다리 위의 차차》(1~2), 송송책방, 2022
9. 단요, 《개의 설계사》, 아작, 2023
10. 심너울, 《나는 절대 저렇게 추하게 늙지 말아야지》, 〈컴퓨터공학과 교육학의 통섭에 대하여〉, 아작, 2020
11. 테드 창, 《소프트웨어 객체의 생애 주기》, 김상훈 옮김, 북스피어, 2013
12. 고다 요시이에, 《기계 장치의 사랑》(1~2), 안은별 옮김, 세미콜론, 2014
13. 양원영, 《안드로이드라도 괜찮아》, 온우주, 2016
14. 샘 빈센트, 조너선 브랙클리(각본), 〈휴먼스〉(시즌1~3), 샘 도노반(감독), Channel4(영국), AMC(미국), 2015~2018
15. 가와카미 노부오, 《콘텐츠의 비밀》, 황혜숙 옮김, 을유문화사, 2016

6장

1. 어니스트 클라인, 《레디 플레이어 원》, 전정순 옮김, 에이콘출판, 2015
2. 리처드 도너(감독), 〈레이디호크〉, 워너 브라더스, 20세기 폭스, 로렌 슐러 프로덕션(제작), 1985(미국), 1986(한국)
3. 리들리 스콧(감독), 〈레전드〉, 리젠시 엔터프라이즈, 1985
4. 어빙 피첼, 어니스트 B. 쇼드색(감독), 〈위험한 게임〉, 메트로 골드윈 메이어, 셔우드 프로덕션, 레너드 골드버그 컴퍼니(제작), 1983
5. 남희성, 《달빛 조각사》(1~58), 로크미디어, 2007~2020
6. 필립 K. 딕, 《유빅》, 김상훈 옮김, 폴라북스, 2012
7. 더 워쇼스키스(감독), 〈매트릭스〉, 실버 픽처스(제작), 1999
8. 임성순, 《우로보로스》, 민음사, 2018
9. 해당 광고 영상은 다음 링크에서 확인할 수 있다. 〈4K Restortion: 1984 Super Bowl APPLE

MACINTOSH Ad by Ridley Scott〉, Retro Recipes, 2023.02.13., YOUTUBE, https://www.youtube.com/watch?v=ErwS24cBZPc

10. 조지 오웰,《1984》, 권진아 옮김, 을유문화사, 2012

11. 무라카미 하루키,《1Q84》(1~3), 양윤옥 옮김, 문학동네, 2009~2010

12. 코리 닥터로우,《리틀 브라더》, 최세진 옮김, 아작, 2015

13. 김정화, 김윤식, 차호동 (2022), 〈메타버스 공간에서의 성폭력 범죄와 형사법적 규제에 대한 연구〉, 형사법의신동향, 제75호, 1~33쪽

14. 시몬 스톨렌하그,《일레트릭 스테이트》, 이유진 옮김, 황금가지, 2019

15. 제시 암스트롱(각본), 〈블랙 미러〉, 시즌2 에피소드4, "화이트 크리스마스", 찰리 브루커(감독), Channel4

16. 테드 창,《당신 인생의 이야기》, 〈외모 지상주의에 대한 소고: 다큐멘터리〉, 김상훈 옮김, 엘리, 2016

17. 리처드 K. 모건,《얼터드 카본》(1~2), 유소영 옮김, 황금가지, 2008

7장

1. 스티븐 킹,《스탠드》(1~3), 조재형 옮김, 황금가지, 2007

2. 우라사와 나오키,《20세기 소년》(1~22), 서현아 옮김, 학산문화사, 2000~2008

3. 제임스 본(제작), 엔데믹 크리에이션스(개발사), 〈전염병 주식회사〉, 앤데믹 크리에이션즈, 미니클립(배급), 2012

4 . 〈코로나19가 드러낸 '한국인의 세계' - 의외의 응답 편〉, 천관율 기자 (2020.06.02), 시사인.

5. 리들리 스콧(감독), 〈에이리언〉, 브랜디와인 프로덕션스, 20세기 폭스(제작), 1979(미국), 1987(한국)

6. 데이비드 콰멘,《진화를 묻다: 다윈 이후, 생명의 역사를 새롭게 밝혀낸 과학자들의 여정》, 이미경, 김태완 옮김, 프리렉, 2020

7. 그렉 카이저,《마니아를 위한 세계 SF 걸작선》, 〈나는 불타는 덤불이로소이다〉, 홍인기, 전영목 옮김, 도솔, 2002

8. 듀나,《브로콜리 평원의 혈투》, 〈브로콜리 평원의 혈투〉, 네오픽션, 2022

9. 스티븐 킹,《셀》(1~2), 조영학 옮김, 황금가지, 2006

10. 스즈키 고지,《링》(1~4), 김수영 옮김, 황금가지, 2015~2018

8장

1. 미야자키 하야오, 《바람계곡의 나우시카》(1~7), 서현아 옮김, 대원씨아이, 2001~2004
2. 김초엽, 《지구 끝의 온실》, 자이언트북스, 2021
3. 김효인, 《미세먼지》, 〈우주인, 조안〉, 안전가옥, 2019
4. 조반니 보카치오, 《데카메론》(1~3), 박상진 옮김, 민음사, 2012
5. 레이첼 카슨, 《침묵의 봄》, 김은령 옮김, 홍욱희 감수, 에코리브르, 2011
6. 정세랑, 《목소리를 드릴게요》, 〈리셋〉, 아작, 2020
7. 수전 프라인켈, 《플라스틱 사회: 플라스틱을 사용하지 않고 단 하루라도 살 수 있을까》, 김승진 옮김, 을유문화사, 2012
8. 사업기획팀 홍인화, "폐플라스틱을 원유로! 도시의 유전 기술, 열분해유," 한화토탈에너지스, 2023.07.27., https://www.chemi-in.com/795
9. 빌 게이츠, 《빌 게이츠, 기후재앙을 피하는 법: 우리가 가진 솔루션과 우리에게 필요한 돌파구》, 김민주, 이엽 옮김, 김영사, 2021
10. 심너울, 《나는 절대 저렇게 추하기 늙지 말아야지》, 〈한 터럭만이라도〉, 아작, 2020
11. 바이런 하워드, 미치 무어(감독), 〈주토피아〉, 월트 디즈니 픽처스, 월트 디즈니 애니메이션 스튜디오(제작), 2016
12. 앨런 와이즈만, 《인간 없는 세상》, 이한중 옮김, 최재천 감수, 알에이치코리아, 2020
13. 반다나 시바, 마리아 미즈, 《에코페미니즘》, 손덕수, 이난아 옮김, 창비, 2020

에필로그

1. 김보영, 《미래로 가는 사람들》, 새파란상상(파란미디어), 2020
2. 이산화, 《증명된 사실》, 〈증명된 사실〉, 아작, 2019
3. 이서영, 《유미의 연인》, 〈센서티브〉, 아작, 2021
4. 커트 보니것, 《고양이 요람》, 김송현정 옮김, 문학동네, 2020
5. 로버트 A. 하인라인(지은이), 로버트 실버버그(엮은이), 《SF 명예의 전당 2: 화성의 오디세이》, 〈길은 움직여야 한다〉, 최세진, 조호근, 이정, 정궁 옮김, 오멜라스(웅진), 2010

SF는 고양이 종말에 반대합니다

초판 1쇄 발행 2024년 1월 19일
초판 2쇄 발행 2024년 11월 1일

지은이 • 김보영, 이은희, 이서영

펴낸이 • 박선경
기획/편집 • 이유나, 지혜빈, 김슬기
홍보/마케팅 • 박언경, 황예린, 서민서
일러스트 • 주선녕
본문 디자인 • 디자인원
제작 • 디자인원(031-941-0991)

펴낸곳 • 도서출판 지상의책
출판등록 • 2016년 5월 18일 제2016-000085호
주소 • 경기도 고양시 일산동구 호수로 358-39 (백석동, 동문타워 I) 808호
전화 • 031)967-5596
팩스 • 031)967-5597
블로그 • blog.naver.com/kevinmanse
이메일 • kevinmanse@naver.com
페이스북 • www.facebook.com/galmaenamu
인스타그램 • www.instagram.com/galmaenamu.pub

ISBN 979-11-93301-01-2/43400
값 18,500원

• '지상의책'은 도서출판 갈매나무의 청소년 교양 브랜드입니다.
• 배본, 판매 등 관련 업무는 도서출판 갈매나무에서 관리합니다.